Я.И. ПЕРЕЛЬМАН

ЗАНИМАТЕЛЬНАЯ АЛГЕБРА
ЗАНИМАТЕЛЬНАЯ ГЕОМЕТРИЯ

Я.И. ПЕРЕЛЬМАН

ЗАНИМАТЕЛЬНАЯ АЛГЕБРА
ЗАНИМАТЕЛЬНАЯ ГЕОМЕТРИЯ

АСТ
Издательство
Москва
1999

ББК 22.1я721.6
П27

П27 **Перельман Я.И.**
Занимательная алгебра; Занимательная геометрия. — М.: ООО «Фирма «Издательство АСТ», 1999. — 480 с.

ISBN 5-237-03538-8

Перед вами одно из лучших классических пособий, выдержавшее множество переизданий. Простой язык, доступность изложения, занимательность облегчают работу с книгой. Задачи с необычными сюжетами, увлекательные исторические экскурсы и любопытные примеры из повседневной жизни несомненно заинтересуют читателя. Издание ставит своей целью привить ребенку вкус к изучению алгебры и геометрии, вызвать у него интерес к самостоятельным творческим занятиям, дать ему максимум знаний, дополняющих школьную программу, помочь в учебе.

ББК 22.1я721.6

ISBN 5-237-03538-8 © ООО «Фирма «Издательство АСТ», 1999

Занимательная алгебра

ИЗ ПРЕДИСЛОВИЯ АВТОРА К ТРЕТЬЕМУ ИЗДАНИЮ

Не следует на эту книгу смотреть как на легко понятный учебник алгебры для начинающих. Подобно прочим моим сочинениям той же серии, «Занимательная алгебра» — прежде всего не учебное руководство, а книга для вольного чтения. Читатель, которого она имеет в виду, должен уже обладать некоторыми познаниями в алгебре, хотя бы смутно усвоенными или полузабытыми. «Занимательная алгебра» ставит себе целью уточнить, воскресить и закрепить эти разрозненные и непрочные сведения, но главным образом — воспитать в читателе вкус к занятию алгеброй и возбудить охоту самостоятельно пополнить по учебным книгам пробелы своей подготовки.

Чтобы придать предмету привлекательность и поднять к нему интерес, я пользуюсь в книге разнообразными средствами: задачами с необычными сюжетами, подстрекающими любопытство, занимательными экскурсиями в область истории математики, неожиданными применениями алгебры к практической жизни и т. п.

ГЛАВА ПЕРВАЯ

ПЯТОЕ МАТЕМАТИЧЕСКОЕ ДЕЙСТВИЕ

Пятое действие

Алгебру называют нередко «арифметикой семи действий», подчеркивая, что к четырем общеизвестным математическим операциям она присоединяет три новых: возведение в степень и два ему обратных действия.

Наши алгебраические беседы начнутся с «пятого действия» — возведения в степень.

Вызвана ли потребность в этом новом действии практической жизнью? Безусловно. Мы очень часто сталкиваемся с ним в реальной действительности. Вспомним о многочисленных случаях вычисления площадей и объемов, где обычно приходится возводить числа во вторую и третью степени. Далее: сила всемирного тяготения, электростатическое и магнитное взаимодействия, свет, звук ослабевают пропорционально второй степени расстояния. Продолжительность обращения планет вокруг Солнца (и спутников вокруг планет) связана с расстояниями от центра обращения также степенной зависимостью: вторые степени времен обращения относятся между собою, как третьи степени расстояний.

Не надо думать, что практика сталкивает нас только со вторыми и третьими степенями, а более высокие показатели существуют только в упражнениях алгебраических задачников. Инженер, производя расчеты на прочность, сплошь и рядом имеет дело с четвертыми степенями, а при других вычислениях (например, диаметра паропровода) — даже с шестой степенью.

Исследуя силу, с какой текучая вода увлекает камни, гидротехник наталкивается на зависимость также шестой степени: если скорость течения в одной реке вчетверо больше, чем в другой, то быстрая река способна перекатывать по своему ложу камни в 4^6, т. е. в 4096 раз более тяжелые, чем медленная.[1]

С еще более высокими степенями встречаемся мы, изучая зависимость яркости раскаленного тела — например, нити накала в электрической лампочке от температуры. Общая яркость растет при белом калении с двенадцатой степенью температуры, а при красном — с тридцатой степенью температуры («абсолютной», т. е. считаемой от минус 273°). Это означает, что тело, нагретое, например, от 2000° до 4000° (абсолютных), т. е. в два раза сильнее, становится ярче в 2^{12}, иначе говоря, более чем в 4000 раз. О том, какое значение имеет эта своеобразная зависимость в технике изготовления электрических лампочек, мы еще будем говорить в другом месте.

Астрономические числа

Никто, пожалуй, не пользуется так широко пятым математическим действием, как астрономы. Исследователям вселенной на каждом шагу приходится встречаться с огромными числами, состоящими из одной-двух значащих цифр и длинного ряда нулей. Изображение обычным образом подобных числовых исполинов, справедливо называемых «астрономическими числами», неизбежно вело бы к большим неудобствам, особенно при вычислениях. Расстояние, например, до туманности Андромеды, написанное обычным порядком, представляется таким числом километров:

95 000 000 000 000 000 000.

При выполнении астрономических расчетов приходится к тому же выражать зачастую небесные расстояния не в километрах или более крупных единицах, а в сантиметрах. Рассмотренное расстояние изобразится в этом случае числом, имеющим на пять нулей больше:

9 500 000 000 000 000 000 000 000.

Массы звезд выражаются еще бо́льшими числами, особенно если их выражать, как требуется для многих расчетов, в граммах. Масса нашего Солнца в граммах равна:

---

[1] Подробнее об этом см. в моей книге «Занимательная механика», гл. IX.

1 983 000 000 000 000 000 000 000 000 000.

Легко представить себе, как затруднительно было бы производить вычисления с такими громоздкими числами и как легко было бы при этом ошибиться. А ведь здесь приведены далеко еще не самые большие астрономические числа.

Пятое математическое действие дает вычислителям простой выход из этого затруднения. Единица, сопровождаемая рядом нулей, представляет собой определенную степень десяти:

$$100 = 10^2, 1000 = 10^3, 10\,000 = 10^4 \text{ и т. д.}$$

Приведенные раньше числовые великаны могут быть поэтому представлены в таком виде:

первый . . . . $95 \cdot 10^{23}$;
второй . . . . $1983 \cdot 10^{30}$.

Делается это не только для сбережения места, но и для облегчения расчетов. Если бы потребовалось, например, оба эти числа перемножить, то достаточно было бы найти произведение $95 \times 1983 = 188\,385$ и поставить его впереди множителя $10^{23+30} = 10^{53}$:

$$950 \cdot 10^{23} \cdot 1983 \cdot 10^{30} = 188385 \cdot 10^{53}.$$

Это, конечно, гораздо удобнее, чем выписывать сначала число с 21 нулем, затем с 30 и, наконец, с 53 нулями, — не только удобнее, но и надежнее, так как при писании десятков нулей можно проглядеть один-два нуля и получить неверный результат.

Сколько весит весь воздух

Чтобы убедиться, насколько облегчаются практические вычисления при пользовании степенным изображением больших чисел, выполним такой расчет: определим, во сколько раз масса земного шара больше массы всего окружающего его воздуха.

На каждый кв. сантиметр земной поверхности воздух давит, мы знаем, с силой около килограмма. Это означает, что вес того столба атмосферы, который опирается на 1 *кв. см*, равен 1 *кг*. Атмосферная оболочка Земли как бы составлена вся из таких воздушных столбов; их столько, сколько кв. сантиметров содержит поверхность нашей планеты; столько же килограммов весит вся атмосфера. Заглянув в справочник, узнаем, что величина поверхности земного шара равна 510 млн. *кв. км*, т. е. $51 \cdot 10^7$ *кв. км*.

Рассчитаем, сколько квадратных сантиметров в квадратном километре. Линейный километр содержит 1000 *м*, по 100 *см* в каждом, т. е. равен 10^5 см, а кв. километр содержит $(10^5)^2 = 10^{10}$ кв. сантиметров. Во всей поверхности земного шара заключается поэтому:

$$51 \cdot 10^7 \cdot 10^{10} = 51 \cdot 10^{17}$$

кв. сантиметров. Столько же килограммов весит и атмосфера Земли. Переведя в тонны, получим:

$$51 \cdot 10^{17} : 1000 = 51 \cdot 10^{17} : 10^3 = 51 \cdot 10^{17-3} = 51 \cdot 10^{14}$$

Масса же земного шара выражается числом:

$$6 \cdot 10^{21} \text{ тонн.}$$

Чтобы определить, во сколько раз наша планета тяжелее ее воздушной оболочки, производим деление:

$$6 \cdot 10^{21} : 51 \cdot 10^{14} \approx 10^6,$$

т. е. масса атмосферы составляет примерно миллионную долю массы земного шара.[1]

Горение без пламени и жара

Если вы спросите у химика, почему дрова или уголь горят только при высокой температуре, он скажет вам, что соединение углерода с кислородом происходит, строго говоря, при *всякой* температуре, но при низких температурах процесс этот протекает чрезвычайно медленно (т. е. в реакцию вступает весьма незначительное число молекул) и потому ускользает от нашего наблюдения. Закон, определяющий скорость химических реакций, гласит, что с понижением температуры на 10° скорость реакции (число участвующих в ней молекул) *уменьшается в два раза*.

Применим сказанное к реакции соединения древесины с кислородом, т. е. к процессу горения дров. Пусть при температуре пламени 600° сгорает ежесекундно 1 грамм древесины. Во сколько времени сгорит 1 грамм дерева при 20°? Мы уже знаем, что при температуре, которая на $580 = 58 \times 10$ градусов ниже, скорость реакции меньше в

$$2^{58} \text{ раз,}$$

т. е. 1 грамм дерева сгорит в 2^{58} секунд.

---

[1] Знак $\approx$ означает приближенное равенство.

Скольким годам равен такой промежуток времени? Мы можем приблизительно подсчитать это, не производя 57 повторных умножений на два и обходясь без логарифмических таблиц. Воспользуемся тем, что

$$2^{10} = 1024 \approx 10^3.$$

Следовательно,

$$2^{58} = 2^{60-2} = 2^{60} : 2^2 = \frac{1}{4} \cdot 2^{60} = \frac{1}{4} \cdot \left(2^{10}\right)^6 \approx \frac{1}{4} \cdot 10^{18},$$

т. е. около четверти триллиона секунд. В году около 30 млн., т. е. $3 \cdot 10^7$, секунд; поэтому

$$\left(\frac{1}{4} \cdot 10^{18}\right) : \left(3 \cdot 10^7\right) = \frac{1}{12} \cdot 10^{11} \approx 10^{10}.$$

Десять миллиардов лет! Вот во сколько примерно времени сгорел бы грамм дерева без пламени и жара.

Итак, дерево, уголь горят и при обычной температуре, не будучи вовсе подожжены. Изобретение орудий добывания огня ускорило этот страшно медленный процесс в миллиарды раз.

Разнообразие погоды

ЗАДАЧА

Будем характеризовать погоду только по одному признаку, — покрыто ли небо облаками или нет, т. е. станем различать лишь дни ясные и пасмурные. Как вы думаете, много ли при таком условии возможно недель с различным чередованием погоды?

Казалось бы, немного: пройдет месяца два, и все комбинации ясных и пасмурных дней в неделе будут исчерпаны; тогда неизбежно повторится одна из тех комбинаций, которые уже наблюдались прежде.

Попробуем, однако, точно подсчитать, сколько различных комбинаций возможно при таких условиях. Это — одна из задач, неожиданно приводящих к пятому математическому действию.

Итак: сколькими различными способами могут на одной неделе чередоваться ясные и пасмурные дни?

РЕШЕНИЕ

Первый день недели может быть либо ясный, либо пасмурный; имеем, значит, пока две «комбинации».

В течение двухдневного периода возможны следующие чередования ясных и пасмурных дней:

ясный и ясный
ясный и пасмурный
пасмурный и ясный
пасмурный и пасмурный.

Итого в течение двух дней 2^2 различного рода чередований. В трехдневный промежуток каждая из четырех комбинаций первых двух дней сочетается с двумя комбинациями третьего дня; всех родов чередований будет

$$2^2 \cdot 2 = 2^3.$$

В течение четырех дней число чередований достигнет

$$2^3 \cdot 2 = 2^4.$$

За пять дней возможно 2^5, за шесть дней 2^6 и, наконец, за неделю $2^7 = 128$ различного рода чередований.

Отсюда следует, что недель с различным порядком следования ясных и пасмурных дней имеется 128. Спустя $128 \times 7 = 896$ дней необходимо должно повториться одно из прежде бывших сочетаний; повторение, конечно, может случиться и раньше, но 896 дней — срок, по истечении которого такое повторение неизбежно. И обратно: может пройти целых два года, даже больше (2 года и 166 дней), в течение которых ни одна неделя по погоде не будет похожа на другую.

Замо́к с секретом

ЗАДАЧА

В одном советском учреждении обнаружен был несгораемый шкаф, сохранившийся с дореволюционных лет. Отыскался и ключ к нему, но чтобы им воспользоваться, нужно было знать секрет замка; дверь шкафа открывалась лишь тогда, когда имевшиеся на двери 5 кружков с алфавитом на их ободах (36 букв) устанавливались на определенное слово. Так как никто этого слова не знал, то, чтобы не взламывать шкафа, решено было перепробовать все комбинации букв в кружках. На составление одной комбинации требовалось 3 секунды времени.

Можно ли надеяться, что шкаф будет открыт в течение ближайших 10 рабочих дней?

РЕШЕНИЕ

Подсчитаем, сколько всех буквенных комбинаций надо было перепробовать.

Каждая из 36 букв первого кружка может сопоставляться с каждой из 36 букв второго кружка. Значит, двухбуквенных комбинаций возможно

$$36 \cdot 36 = 36^2.$$

К каждой из этих комбинаций можно присоединить любую из 36 букв третьего кружка. Поэтому трехбуквенных комбинаций возможно

$$36^2 \cdot 36 = 36^3.$$

Таким же образом определяем, что четырехбуквенных комбинаций может быть 36^4, а пятибуквенных 36^5 или 60 466 176. Чтобы составить эти 60 с лишним миллионов комбинаций, потребовалось бы времени, считая по 3 секунды на каждую,

$$3 \times 60\ 466\ 176 = 181\ 398\ 528$$

секунд. Это составляет более 50 000 часов, или почти 6300 восьмичасовых рабочих дней — более 20 лет.

Значит, шансов на то, что шкаф будет открыт в течение ближайших 10 рабочих дней, имеется 10 на 6300, или один из 630. Это очень малая вероятность.

Суеверный велосипедист

ЗАДАЧА

До недавнего времени каждому велосипеду присваивался номер подобно тому, как это делается для автомашин. Эти номера были шестизначные.

Некто купил себе велосипед, желая выучиться ездить на нем. Владелец велосипеда оказался на редкость суеверным человеком. Узнав о существовании повреждения велосипеда, именуемого «восьмеркой», он решил, что удачи ему не будет, если ему достанется велосипедный номер, в котором будет хоть одна цифра 8. Однако, идя за получением номера, он утешал себя следующим рассуждением. В написании каждого числа могут участвовать 10 цифр: 0, 1, ... , 9. Из них «несчастливой» является только цифра 8. Поэтому имеется лишь один шанс из десяти за то, что номер окажется «несчастливым».
Правильно ли было это рассуждение?

РЕШЕНИЕ

Всего имелось 999 999 номеров: от 000 001, 000 002 и т. д. до 999 999. Подсчитаем, сколько существует «счастливых» номеров. На первом месте может стоять любая из девяти «счастливых» цифр: 0, 1, 2, 3, 4, 5, 6, 7, 9. На втором — также любая из этих девяти цифр. Поэтому существует $9 \cdot 9 = 9^2$ «счастливых» двухзначных комбинаций. К каждой из этих комбинаций можно приписать (на третьем месте) любую из девяти цифр, так что «счастливых» трехзначных комбинаций возможно $9^2 \cdot 9 = 9^3$.

Таким же образом определяем, что число шестизначных «счастливых» комбинаций равно 9^6. Следует, однако, учесть, что в это число входит комбинация 000 000, которая непригодна в качестве велосипедного номера. Таким образом, число «счастливых» велосипедных номеров равно $9^6 - 1 = 531\ 440$, что составляет немногим более 53% всех номеров, а не 90%, как предполагал велосипедист.

Предоставляем читателю самостоятельно убедиться в том, что среди семизначных номеров имеется больше «несчастливых» номеров, чем «счастливых».

Итоги повторного удвоения

Разительный пример чрезвычайно быстрого возрастания самой маленькой величины при повторном ее удвоении дает общеизвестная легенда о награде изобретателю шахматной игры.[1] Не останавливаясь на этом классическом примере, приведу другие, не столь широко известные.

ЗАДАЧА

Инфузория парамеция каждые 27 часов (в среднем) делится пополам. Если бы все нарождающиеся таким образом инфузории оставались в живых, то сколько понадобилось бы времени, чтобы потомство одной парамеции заняло объем, равный объему Солнца?

Данные для расчета: 40-е поколение парамеций, не погибающих после деления, занимает в объеме 1 *куб. м;* объем Солнца примем равным 10^{27} *куб. м.*

---

[1] См. мою книгу «Живая математика», гл. VII.

РЕШЕНИЕ

Задача сводится к тому, чтобы определить, сколько раз нужно удваивать 1 *куб. м*, чтобы получить объем в 10^{27} *куб. м*. Делаем преобразования:

$$10^{27} = \left(10^3\right)^9 \approx \left(2^{10}\right)^9 = 2^{90},$$

так как $2^{10} \approx 1000$.

Значит, сороковое поколение должно претерпеть еще 90 делений, чтобы вырасти до объема Солнца. Общее число поколений, считая от первого, равно $40 + 90 = 130$. Легко сосчитать, что это произойдет на 147-е сутки.

Заметим, что фактически одним микробиологом (Метальниковым) наблюдалось 8061 деление парамеции. Предоставляю читателю самому рассчитать, какой колоссальный объем заняло бы последнее поколение, если бы ни одна инфузория из этого количества не погибла...

Вопрос, рассмотренный в этой задаче, можно предложить, так сказать, в обратном виде:

Вообразим, что наше Солнце разделилось пополам, половина также разделилась пополам и т. д. Сколько понадобится таких делений, чтобы получились частицы величиной с инфузорию?

Хотя ответ уже известен читателям — 130, он все же поражает своею несоразмерной скромностью.

Мне предложили ту же задачу в такой форме:

Листок бумаги разрывают пополам, одну из полученных половин снова делят пополам и т. д. Сколько понадобится делений, чтобы получить частицы атомных размеров?

Допустим, что бумажный лист весит 1 г, и примем для веса атома величину порядка $\dfrac{1}{10^{24}}$ *г*. Так как в последнем выражении можно заменить 10^{24} приближенно равным ему выражением 2^{80}, то ясно, что делений пополам потребуется всего 80, а вовсе не миллионы, как приходится иногда слышать в ответ на вопрос этой задачи.

В миллионы раз быстрее

Электрический прибор, называемый *триггером*, содержит две электронные лампы [1] (т. е. примерно такие лампы, которые

---

[1] Существо дела не меняется, если вместо электронных ламп используются транзисторы или так называемые твердые (пленочные) схемы.

применяются в радиоприемниках). Ток в триггере может идти только через одну лампу: либо через «левую», либо через «правую». Триггер имеет два контакта, к которым может быть извне подведен кратковременный электрический сигнал (импульс), и два контакта, через которые с триггера поступает ответный импульс. В момент прихода извне электрического импульса триггер переключается: лампа, через которую шел ток, выключается, а ток начинает идти уже через другую лампу. Ответный импульс подается триггером в тот момент, когда выключается правая лампа и включается левая.

Проследим, как будет работать триггер, если к нему подвести один за другим несколько электрических импульсов. Будем характеризовать состояние триггера по его *правой* лампе: если ток через правую лампу *не идет*, то скажем, что триггер находится в «положении 0», а если ток через правую лампу идет, — то в «положении 1».

Первоначальное положение 0

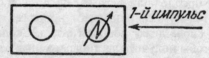

После первого импульса: положение 1

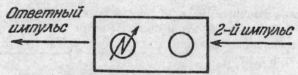

После второго импульса: положение 0
и подача ответного импульса

Рис. 1.

Пусть первоначально триггер находился в положении 0, т. е. ток шел через левую лампу (рис. 1). После первого импульса ток будет идти через правую лампу, т. е. триггер переключится в положение 1. При этом ответного импульса с триггера не поступит, так как ответный сигнал подается в момент выключения правой (а не левой) лампы.

После второго импульса ток будет идти уже через левую лампу, т. е. триггер снова попадет в положение 0. Однако при этом триггер подаст ответный сигнал (импульс).

В результате (после двух импульсов) триггер снова придет к начальному состоянию. Поэтому после третьего импульса триггер (как и после первого) попадет в положение 1, а после четвертого (как и после второго) — в положение 0 с одновременной подачей ответного сигнала и т. д. После каждых двух импульсов состояния триггера повторяются.

Представим себе теперь, что имеются несколько триггеров и что импульсы извне подводятся к первому триггеру, ответные импульсы первого триггера подводятся ко второму, ответные импульсы второго — к третьему и т. д. (на рис. 2 триггеры расположены один за другим справа налево). Проследим, как будет работать такая цепочка триггеров.

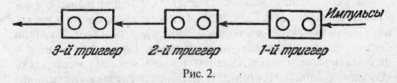

Рис. 2.

Пусть сначала все триггеры находились в положениях 0. Например, для цепочки, состоящей из пяти триггеров, мы имели комбинацию 00000. После первого импульса первый триггер (самый правый) попадет в положение 1, а так как ответного импульса при этом не будет, то все остальные триггеры останутся в положениях 0, т. е. цепочка будет характеризоваться комбинацией 00001. После второго импульса первый триггер выключится (попадает в положение 0), но подаст при этом ответный импульс, благодаря чему включится второй триггер. Остальные триггеры останутся в положениях 0, т. е. получится комбинация 00010. После третьего импульса включится первый триггер, а остальные не изменят своих положений. Мы будем иметь комбинацию 00011. После четвертого импульса выключится первый триггер, подав ответный сигнал; от этого ответного импульса выключится второй триггер и также даст ответный импульс; наконец, от этого последнего импульса включится третий триггер. В результате мы получим комбинацию 00100.

Аналогичные рассуждения можно продолжать и далее. Посмотрим, что при этом получается:

```
1-й импульс — комбинация 00001
2-й    »            »    00010
3-й    »            »    00011
4-й    »            »    00100
5-й    »            »    00101
6-й    »            »    00110
7-й    »            »    00111
8-й    »            »    01000
```

Мы видим, что цепочка триггеров «считает» поданные извне сигналы и своеобразным способом «записывает» число этих сигналов. Нетрудно видеть, что «запись» числа поданных импульсов происходит не в привычной для нас десятичной системе, а в двоичной системе счисления.

Всякое число в двоичной системе счисления записывается нулями и единицами. Единица следующего разряда не в десять раз (как в обычной десятичной записи), а только в два раза больше единицы предыдущего разряда. Единица, стоящая в двоичной записи на последнем (самом правом) месте, есть обычная единица. Единица следующего разряда (на втором месте справа) означает двойку, следующая единица означает четверку, затем восьмерку и т. д.

Например, число $19 = 16 + 2 + 1$ запишется в двоичной системе в виде 10011.

Итак, цепочка триггеров «подсчитывает» число поданных сигналов и «записывает» его по двоичной системе счисления. Отметим, что переключение триггера, т. е. регистрация одного приходящего импульса, продолжается всего... *стомиллионные доли секунды!* Современные триггерные счетчики могут «подсчитывать» десятки миллионов импульсов в секунду. Это в миллионы раз быстрее, чем счет, который может проводить человек без всяких приборов:
глаз человека может отчетливо различать сигналы, следующие друг за другом не чаще, чем через 0,1 *сек.*

Если составить цепочку из двадцати триггеров, т. е. записывать число поданных сигналов не более чем двадцатью цифрами двоичного разложения, то можно «считать» до $2^{20} - 1$; это число больше миллиона. Если же составить цепочку из 64 триггеров, то можно записать с их помощью знаменитое «шахматное число».

Возможность подсчитывать миллионы сигналов в секунду очень важна для экспериментальных работ, относящихся к ядерной физике. Например, можно подсчитывать число частиц того или иного вида, вылетающих при атомном распаде.

10000 действий в секунду

Замечательно, что триггерные схемы позволяют также производить *действия* над числами. Рассмотрим, например, как можно осуществить сложение двух чисел.

Пусть три цепочки триггеров соединены так, как указано на рис. 3. Верхняя цепочка триггеров служит для записи первого слагаемого, вторая цепочка — для записи второго слагаемого, а нижняя цепочка — для получения суммы. В момент включения прибора на триггеры нижней цепочки приходят импульсы от тех триггеров верхней и средней цепочек, которые находятся в положении 1.

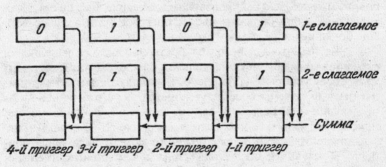

Рис. 3.

Пусть, например, как это указано на рис. 3, в первых двух цепочках записаны слагаемые 101 и 111 (двоичная система счисления). Тогда на первый (самый правый) триггер нижней цепочки приходят (в момент включения прибора) два импульса: от первых триггеров каждого из слагаемых. Мы уже знаем, что в результате получения двух импульсов первый триггер останется в положении 0, но даст ответный импульс на второй триггер. Кроме того, на второй триггер приходит сигнал от второго слагаемого. Таким образом, на второй триггер приходят два импульса, вследствие чего второй триггер окажется в положении 0 и пошлет ответный импульс на третий триггер. Кроме того, на третий триггер приходят еще два импульса (от каждого из слагаемых). В результате полученных трех сигналов третий триггер перейдет в положение 1 и даст ответный импульс. Этот ответный импульс переводит четвертый триггер в положение 1 (других сигналов на четвертый триггер не поступает). Таким образом, изображенный на рис. 3 прибор выполнил (в двоичной системе счисления) сложение двух чисел «столбиком»:

$$\begin{array}{r} 101 \\ + 111 \\ \hline 1100 \end{array}$$

или в десятичной системе: $5 + 7 = 12$. Ответные импульсы в нижней цепочке триггеров соответствуют тому, что прибор как бы «запоминает в уме» одну единицу и переносит ее в следующий разряд, т. е. выполняет то же, что мы делаем при сложении «столбиком».

Если бы в каждой цепочке было не 4, а скажем, 20 триггеров, то можно было бы производить сложение чисел в пределах миллиона, а при большем числе триггеров можно складывать еще большие числа.

Заметим, что в действительности прибор для выполнения сложения должен иметь несколько более сложную схему, чем та, которая изображена на рис. 3. В частности, в прибор должны быть включены особые устройства, осуществляющие «запаздывание» сигналов. В самом деле, при указанной схеме прибора сигналы от обоих слагаемых приходят на первый триггер нижней цепочки *одновременно* (в момент включения прибора). В результате оба сигнала сольются вместе и триггер воспримет их как *один* сигнал, а не как два. Во избежание этого нужно, чтобы сигналы от слагаемых приходили не одновременно, а с некоторым «запаздыванием» один после другого. Наличие таких «запаздываний» приводит к тому, что сложение двух чисел требует большего времени, чем регистрация одного сигнала в триггерном счетчике.

Изменив схему, можно заставить прибор выполнять не сложение, а вычитание. Можно также осуществить умножение (оно сводится к последовательному выполнению сложения и поэтому требует в несколько раз больше времени, чем сложение), деление и другие операции.

Устройства, о которых говорилось выше, применяются в современных вычислительных машинах. Эти машины могут выполнять десятки и даже сотни тысяч действий над числами в одну секунду! А в недалеком будущем будут созданы машины, рассчитанные на выполнение миллионов операций в секунду. Казалось бы, что такая головокружительная скорость выполнения действий ни к чему. Какая, например, может быть разница в том, сколько времени машина будет возводить в квадрат 15-значное число: одну десятитысячную долю секунды или, скажем, четверть секунды? И то и другое покажется нам «мгновенным» решением задачи...

Однако не спешите с выводами. Возьмем такой пример. Хороший шахматист, прежде чем сделать ход, анализирует десятки и даже сотни возможных вариантов. Если, скажем, исследование одного варианта требует нескольких секунд, то на разбор сотни вариантов нужны минуты и десятки минут. Нередко бывает, что в сложных партиях игроки попадают в «цейтнот», т. е. вынуждены быстро делать ходы, так как на обдумывание предыдущих ходов они затратили почти все положенное им время. А что, если исследование вариантов шахматной партии поручить машине? Ведь, делая тысячи вычислений в секунду, машина исследует все варианты «мгновенно» и никогда не попадет в цейтнот...

Вы, конечно, возразите, что одно дело — вычисления (хотя бы и очень сложные), а другое дело — игра в шахматы: машина не может этого делать! Ведь шахматист при исследовании вариантов не считает, а *думает*! Не будем спорить: мы еще вернемся к этому вопросу ниже.

Число возможных шахматных партий

Займемся приблизительным подсчетом числа различных шахматных партий, какие вообще могут быть сыграны на шахматной доске. Точный подсчет в этом случае немыслим, но мы познакомим читателя с попыткой приближенно оценить величину числа возможных шахматных партий. В книге бельгийского математика М. Крайчика «Математика игр и математические развлечения» находим такой подсчет:

«При первом ходе белые имеют выбор из 20 ходов (16 ходов восьми пешек, каждая из которых может передвинуться на одно или на два поля, и по два хода каждого коня). На каждый ход белых черные могут ответить одним из тех же 20 ходов.

Сочетая каждый ход белых с каждым ходом черных, имеем $20 \times 20 = 400$ различных партий после первого хода каждой стороны.

После первого хода число возможных ходов увеличивается. Если, например, белые сделали первый ход е2—е4, они для второго хода имеют выбор из 29 ходов. В дальнейшем число возможных ходов еще больше. Один только ферзь, стоя, например, на поле d5, имеет выбор из 27 ходов (предполагая, что все поля, куда он может стать, свободны). Однако ради упрощения расчета будем держаться следующих средних чисел:

по 20 возможных ходов для обеих сторон при первых пяти ходах;

по 30 возможных ходов для обеих сторон при последующих ходах.

Примем, кроме того, что среднее число ходов нормальной партии равно 40. Тогда для числа возможных партий найдем выражение

$$(20 \cdot 20)^5 \cdot (30 \cdot 30)^{35}\text{»}.$$

Чтобы определить приближенно величину этого выражения, пользуемся следующими преобразованиями и упрощениями:

$$(20 \cdot 20)^5 \cdot (30 \cdot 30)^{35} = 20^{10} \cdot 30^{70} = 2^{10} \cdot 3^{70} \cdot 10^{80}.$$

Заменяем 2^{10} близким ему числом 1000, т. е. 10^3.

Выражение 3^{70} представляем в виде:

$$3^{70} = 3^{68} \cdot 3^2 \approx 10 \, (3^4)^{17} \approx 10 \cdot 80^{17} = 10 \cdot 8^{17} \cdot 10^{17} = 2^{51} \cdot 10^{18} =$$
$$= 2 \, (2^{10})^5 \cdot 10^{18} \approx 2 \cdot 10^{15} \cdot 10^{18} = 2 \cdot 10^{33}.$$

Следовательно,

$$(20 \cdot 20)^5 \cdot (30 \cdot 30)^{35} \approx 10^3 \cdot 2 \cdot 10^{33} \cdot 10^{80} = 2 \cdot 10^{116}.$$

Число это оставляет далеко позади себя легендарное множество пшеничных зерен, испрошенных в награду за изобретение шахматной игры ($2^{64} - 1 \approx 18 \cdot 10^{18}$). Если бы все население земного шара круглые сутки играло в шахматы, делая ежесекундно по одному ходу, то для исчерпания всех возможных шахматных партий такая непрерывная поголовная игра должна была бы длиться не менее 10^{100} веков!

Секрет шахматного автомата

Вы, вероятно, очень удивитесь, узнав, что некогда существовали шахматные автоматы. Действительно, как примирить это с тем, что число комбинаций фигур на шахматной доске практически бесконечно?

Дело разъясняется очень просто. Существовал не шахматный автомат, а только вера в него. Особенной популярностью пользовался автомат венгерского механика Вольфганга фон Кемпелена (1734—1804), который показывал свою машину при австрийском и русском дворах, а затем демонстрировал публично в Париже и Лондоне. Наполеон I играл с этим автоматом, уверенный, что меряется силами с машиной. В середине прошлого века знаменитый автомат попал в Америку и кончил там свое существование во время пожара в Филадельфии.

Другие автоматы шахматной игры пользовались уже не столь громкой славой. Тем не менее вера в существование подобных автоматически действующих машин не иссякла и в позднейшее время.

В действительности ни одна шахматная машина не действовала автоматически. Внутри прятался искусный живой шахматист, который и двигал фигуры. Тот мнимый автомат, о котором мы сейчас упоминали, представлял собою объемистый ящик, заполненный сложным механизмом. На ящике имелась шахматная доска с фигурами, передвигавшимися рукой большой куклы. Перед началом игры публике давали возможность удостовериться, что внутри ящика нет ничего, кроме деталей механизма. Однако в нем оставалось достаточно места, чтобы скрыть человека небольшого роста (эту роль играли одно время знаменитые игроки Иоганн Альгайер и Вильям Льюис). Возможно, что пока публике показывали последовательно разные части ящика, спрятанный человек бесшумно перебирался в соседние отделения. Механизм же никакого участия в работе аппарата не принимал и лишь маскировал присутствие живого игрока.

Из всего сказанного можно сделать следующий вывод: число шахматных партий практически бесконечно, а машины, позволяющие автоматически выбрать самый правильный ход, существуют лишь в воображении легковерных людей. Поэтому шахматного кризиса опасаться не приходится.

Однако в последние годы произошли события, позволяющие усомниться в правильности этого вывода: сейчас *уже существуют* машины, «играющие» в шахматы. Это — сложные вычислительные машины, позволяющие выполнять многие тысячи вычислений в секунду. О таких машинах мы уже говорили выше. Как же может машина «играть» в шахматы?

Конечно, никакая вычислительная машина ничего, кроме действий над числами, делать не может. Но вычисления проводятся машиной по определенной схеме действий, по определенной *программе*, составленной заранее.

Шахматная «программа» составляется математиками на основе определенной *тактики* игры, причем под тактикой понимается система правил, позволяющая для каждой позиции выбрать единственный («наилучший» в смысле этой тактики) ход. Вот один из примеров такой тактики. Каждой фигуре приписывается определенное число очков (стоимость):

Король	+200 очков	Пешка	+1 очко
Ферзь	+9 очков	Отсталая пешка . . .	−0,5 очка
Ладья	+5 очков	Изолированная	
Слон	+3 очка	пешка	−0,5 очка
Конь	+3 очка	Сдвоенная пешка . .	−0,5 очка

Кроме того, определенным образом оцениваются позиционные преимущества (подвижность фигур, расположение фигур ближе к центру, чем к краям, и т. д.), которые выражаются в десятых долях очка. Вычтем из общей суммы очков для белых фигур сумму очков для черных фигур. Полученная разность до некоторой степени характеризует материальный и позиционный перевес белых над черными. Если эта разность положительна, то у белых более выгодное положение, чем у черных, если же она отрицательна — менее выгодное положение.

Вычислительная машина подсчитывает, как может измениться указанная разность в течение ближайших трех ходов, выбирает наилучший вариант из всех возможных трехходовых комбинаций и печатает его на специальной карточке: «ход сделан».[1] На один ход машина тратит очень немного времени (в зависимости от вида программы и скорости действия машины), так что опасаться «цейтнота» ей не приходится.

Конечно, «обдумывание» партии только на три хода вперед характеризует машину как довольно слабого «игро-

---

[1] Существуют и другие виды шахматной «тактики». Так, например, при вычислениях можно рассматривать не все возможные ответные ходы противника, а только «сильные» ходы (шах, взятие, нападение, защита и т. д.). Далее, при особо сильных ходах противника можно вести вычисления не на три, а на большее число ходов вперед. Можно также использовать иную шкалу стоимости фигур. В зависимости от выбора той или иной тактики меняется «стиль игры» машины.

ка».[1] Но можно не сомневаться в том, что при происходящем сейчас быстром совершенствовании вычислительной техники машины скоро «научатся» гораздо лучше «играть» в шахматы.

Более подробно рассказать о составлении шахматной программы для вычислительных машин было бы в этой книге затруднительно. Некоторые простейшие виды программ мы рассмотрим схематически в следующей главе.

Тремя двойками

Всем, вероятно, известно, как следует написать три цифры, чтобы изобразить ими возможно большее число. Надо взять три девятки и расположить их так:

$$9^{9^9},$$

т. е. написать третью «сверхстепень» от 9.

Число это столь чудовищно велико, что никакие сравнения не помогают уяснить себе его грандиозность. Число электронов видимой вселенной ничтожно по сравнению с ним. В моей «Занимательной арифметике» (гл. X) уже говорилось об этом. Возвращаюсь к этой задаче лишь потому, что хочу предложить здесь по ее образцу другую:

Тремя двойками, не употребляя знаков действий, написать возможно большее число.

РЕШЕНИЕ

Под свежим впечатлением трехъярусного расположения девяток вы, вероятно, готовы дать и двойкам такое же расположение:

$$2^{2^2}.$$

Однако на этот раз ожидаемого эффекта не получается. Написанное число невелико — меньше даже, чем 222. В самом деле: ведь мы написали всего лишь 2^4, т. е. 16.

Подлинно наибольшее число из трех двоек — не 222 и не 22^2 (т. е. 484), а

$$2^{22} = 4\ 194\ 304.$$

---

[1] В партиях лучших мастеров шахматной игры встречаются комбинации, рассчитанные за 10 и более ходов вперед.

Пример очень поучителен. Он показывает, что в математике опасно поступать по аналогии; она легко может повести к ошибочным заключениям.

Тремя тройками

ЗАДАЧА

Теперь, вероятно, вы осмотрительнее приступите к решению следующей задачи:

Тремя тройками, не употребляя знаков действий, написать возможно большее число.

РЕШЕНИЕ

Трехъярусное расположение и здесь не приводит к ожидаемому эффекту, так как

$$3^{3^3}$$, т. е. 3^{27}, меньше чем 3^{33}.

Последнее расположение и дает ответ на вопрос задачи.

Тремя четверками

ЗАДАЧА

Тремя четверками, не употребляя знаков действий, написать возможно большее число.

РЕШЕНИЕ

Если в данном случае вы поступите по образцу двух предыдущих задач, т. е. дадите ответ

$$4^{44},$$

то ошибетесь, потому что на этот раз трехъярусное расположение

$$4^{4^4}$$

как раз дает большее число. В самом деле, $4^4 = 256$, а 4^{256} больше чем 4^{44}.

Тремя одинаковыми цифрами

Попытаемся углубиться в это озадачивающее явление и установить, почему одни цифры порождают числовые исполины при трехъярусном расположении, другие — нет. Рассмотрим общий случай.

Тремя одинаковыми цифрами, не употребляя знаков действий, изобразить возможно большее число.

Обозначим цифру буквой a. Расположению
$$2^{22}, 3^{33}, 4^{44}$$
соответствует написание
$$a^{10a+a}, \text{ т. е. } a^{11a}.$$

Расположение же трехъярусное представится в общем виде так:
$$a^{a^a}.$$

Определим, при каком значении a последнее расположение изображает бо́льшее число, нежели первое. Так как оба выражения представляют степени с равными целыми основаниями, то бо́льшая величина отвечает бо́льшему показателю. Когда же
$$a^a > 11a?$$

Разделим обе части неравенства на a. Получим:
$$a^{a-1} > 11.$$

Легко видеть, что a^{a-1} больше 11 только при условии, что a больше 3, потому что
$$4^{4-1} > 11,$$
между тем как степени
$$3^2 \text{ и } 2^1$$
меньше 11.

Теперь понятны те неожиданности, с которыми мы сталкивались при решении предыдущих задач: для двоек и троек надо было брать одно расположение, для четверок и бо́льших чисел — другое.

Четырьмя единицами

ЗАДАЧА

Четырьмя единицами, не употребляя никаких знаков математических действий, написать возможно большее число.

РЕШЕНИЕ

Естественно приходящее на ум число — 1111 — не отвечает требованию задачи, так как степень во много раз больше. Вычислять это число десятикратным умножением на 11 едва ли у кого хватит терпения. Но можно оценить его величину гораздо быстрее с помощью логарифмических таблиц.

Число это превышает 285 миллиардов и, следовательно, больше числа 1111 в 25 с лишним млн. раз.

Четырьмя двойками

ЗАДАЧА

Сделаем следующий шаг в развитии задач рассматриваемого рода и поставим наш вопрос для четырех двоек.

При каком расположении четыре двойки изображают наибольшее число?

РЕШЕНИЕ

Возможны 8 комбинаций:
$$2222, 222^2, 22^{22}, 2^{222},$$
$$22^{2^2}, 2^{22^2}, 2^{2^{22}}, 2^{2^{2^2}}.$$

Какое же из этих чисел наибольшее?

Займемся сначала верхним рядом, т. е. числами в двухъярусном расположении.

Первое — 2222, — очевидно, меньше трех прочих. Чтобы сравнить следующие два —
$$222^2 \text{ и } 22^{22},$$
преобразуем второе из них:
$$22^{22} = 22^{2\cdot 11} = \left(22^2\right)^{11} = 484^{11}.$$

Последнее число больше, нежели 222^2, так как и основание, и показатель у степени 484^{11} больше, чем у степени 222^2.

Сравним теперь 22^{22} с четвертым числом первой строки — с 2^{222}. Заменим 22^{22} бо́льшим числом 32^{22} и покажем, что даже это большее число уступает по величине числу 2^{222}. В самом деле,
$$32^{22} = (2^5)^{22} = 2^{110}$$
— степень меньшая, нежели 2^{222}.

Итак, наибольшее число верхней строки — 2^{222}. Теперь нам остаётся сравнить между собой пять чисел — сейчас полученное и следующие четыре:

$$22^{2^2}, 2^{22^2}, 2^{2^{22}}, 2^{2^{2^2}}.$$

Последнее число, равное всего 2^{16}, сразу выбывает из состязания. Далее, первое число этого ряда, равное 22^4 и меньшее, чем 32^4 или 2^{20}, меньше каждого из двух следующих. Подлежат сравнению, следовательно, три числа, каждое из которых есть степень 2. Больше, очевидно, та степень 2, показатель которой больше. Но из трех показателей

$$222, 484 \text{ и } 2^{20+2} (= 2^{10 \cdot 2} \cdot 2^2 \approx 10^6 \cdot 4)$$

последний — явно наибольший.

Поэтому наибольшее число, какое можно изобразить четырьмя двойками, таково:

$$2^{2^{22}}.$$

Не обращаясь к услугам логарифмических таблиц, мы можем составить себе приблизительное представление о величине этого числа, пользуясь приближенным равенством

$$2^{10} \approx 1000.$$

В самом деле,

$$2^{22} = 2^{20} \cdot 2^2 \approx 4 \cdot 10^6,$$

$$2^{2^{22}} \approx 2^{4000000} > 10^{1200000}.$$

Итак, в этом числе — свыше миллиона цифр.

ГЛАВА ВТОРАЯ

ЯЗЫК АЛГЕБРЫ

Искусство составлять уравнения

Язык алгебры — уравнения. «Чтобы решить вопрос, относящийся к числам или к отвлеченным отношениям величин, нужно лишь перевести задачу с родного языка на язык алгебраический», — писал великий Ньютон в своем учебнике алгебры, озаглавленном «Всеобщая арифметика». Как именно выполняется такой перевод с родного языка на алгебраический, Ньютон показал на примерах. Вот один из них:

На родном языке:	*На языке алгебры:*
Купец имел некоторую сумму денег.	x
В первый год он истратил 100 фунтов.	$x - 100$
К оставшейся сумме добавил третью ее часть.	$(x-100) + \dfrac{x-100}{3} = \dfrac{4x-400}{3}$
В следующем году он вновь истратил 100 фунтов	$\dfrac{4x-400}{3} - 100 = \dfrac{4x-700}{3}$
И увеличил оставшуюся сумму на третью ее часть.	$\dfrac{4x-700}{3} + \dfrac{4x-700}{9} = \dfrac{16x-2800}{9}$
В третьем году он опять истратил 100 фунтов.	$\dfrac{16x-2800}{9} - 100 = \dfrac{16x-3700}{9}$

После того как он добавил к остатку третью его часть,	$\dfrac{16x-3700}{9}+\dfrac{16x-3700}{27}=$ $=\dfrac{64x-14800}{27}$
капитал его стал вдвое больше первоначального.	$\dfrac{64x-14800}{27}=2x$

Чтобы определить первоначальный капитал купца, остается только решить последнее уравнение.

Решение уравнений — зачастую дело нетрудное; составление уравнений по данным задачи затрудняет больше. Вы видели сейчас, что искусство составлять уравнения действительно сводится к умению переводить «с родного языка на алгебраический». Но язык алгебры весьма немногословен; поэтому перевести на него удается без труда далеко не каждый оборот родной речи. Переводы попадаются различные по трудности, как убедится читатель из ряда приведенных далее примеров на составление уравнений первой степени.

Жизнь Диофанта

ЗАДАЧА

История сохранила нам мало черт биографии замечательного древнего математика Диофанта. Все, что известно о нем, почерпнуто из надписи на его гробнице — надписи, составленной в форме математической задачи. Мы приведем эту надпись.

На родном языке:	*На языке алгебры:*
Путник! Здесь прах погребен Диофанта. И числа поведать Могут, о чудо, сколь долог был век его жизни.	x
Часть шестую его представляло прекрасное детство.	$\dfrac{x}{6}$
Двенадцатая часть протекла еще жизни — покрылся Пухом тогда подбородок.	$\dfrac{x}{12}$

Седьмую в бездетном Браке провел Диофант.	$\dfrac{x}{7}$
Прошло пятилетие; он Был осчастливен рожденьем прекрасного первенца сына,	5
Коему рок половину лишь жизни прекрасной и светлой Дал на земле по сравненью с отцом.	$\dfrac{x}{2}$
И в печали глубокой Старец земного удела конец воспринял, переживши Года четыре с тех пор, как сына лишился.	$x = \dfrac{x}{6} + \dfrac{x}{12} + \dfrac{x}{7} + 5 + \dfrac{x}{2} + 4$
Скажи, сколько лет жизни достигнув, Смерть воспринял Диофант?	

РЕШЕНИЕ

Решив уравнение и найдя, что $x = 84$, узнаем следующие черты биографии Диофанта: он женился 21 года, стал отцом на 38 году, потерял сына на 80-м году и умер 84 лет.

Лошадь и мул

ЗАДАЧА

Вот еще несложная старинная задача, легко переводимая с родного языка на язык алгебры.

«Лошадь и мул шли бок о бок с тяжелой поклажей на спине. Лошадь жаловалась на свою непомерно тяжелую ношу. «Чего ты жалуешься? — отвечал ей мул. — Ведь если я возьму у тебя один мешок, ноша моя станет вдвое тяжелее твоей. А вот если бы ты сняла с моей спины один мешок, твоя поклажа стала бы одинакова с моей».

Скажите же, мудрые математики, сколько мешков несла лошадь и сколько нес мул?».

РЕШЕНИЕ

Если я возьму у тебя один мешок,	$x - 1$
ноша моя	$y + 1$

станет вдвое тяжелее твоей.	$y+1=2(x-1)$
А вот если бы ты сняла с моей спины один мешок,	$y-1$
твоя поклажа	$x+1$
стала бы одинакова с моей.	$y-1=x+1$

Мы привели задачу к системе уравнений с двумя неизвестными:

$$\left. \begin{array}{l} y+1=2(x-1) \\ y-1=x+1 \end{array} \right\} \text{ или } \begin{cases} 2x-y=3 \\ y-x=2 \end{cases}.$$

Решив ее, находим: $x=5$, $y=7$. Лошадь несла 5 мешков и 7 мешков — мул.

Четверо братьев

ЗАДАЧА

У четырех братьев 45 рублей. Если деньги первого увеличить на 2 рубля, деньги второго уменьшить на 2 рубля, деньги третьего увеличить вдвое, а деньги четвертого уменьшить вдвое, то у всех окажется поровну. Сколько было у каждого?

РЕШЕНИЕ

У четырех братьев 45 руб.	$x+y+z+t=45$
Если деньги первого увеличить на 2 руб.,	$x+2$
деньги второго уменьшить на 2 руб.,	$y-2$
деньги третьего увеличить вдвое,	$2z$
деньги четвертого уменьшить вдвое,	$\dfrac{t}{2}$
то у всех окажется поровну.	$x+2=y-2=2z=\dfrac{t}{2}$

Расчленяем последнее уравнение на три отдельных:

$$x+2=y-2,$$
$$x+2=2z,$$
$$x+2=\frac{t}{2},$$

откуда
$$y = x + 4,$$
$$z = \frac{x+2}{2},$$
$$t = 2x + 4.$$

Подставив эти значения в первое уравнение, получаем:
$$x + x + 4 + \frac{x+2}{2} + 2x + 4 = 45,$$

откуда $x = 8$. Далее находим: $y = 12$, $z = 5$, $t = 20$. Итак, у братьев было:

8 руб., 12 руб., 5 руб., 20 руб.

Птицы у реки

ЗАДАЧА

У одного арабского математика XI века находим следующую задачу.

На обоих берегах реки растет по пальме, одна против другой. Высота одной — 30 локтей, другой — 20 локтей; расстояние между их основаниями — 50 локтей. На верхушке каждой пальмы сидит птица. Внезапно обе птицы заметили рыбу, выплывшую к поверхности воды между пальмами; они кинулись к ней разом и достигли ее одновременно.

Рис. 4.

На каком расстоянии от основания более высокой пальмы появилась рыба?

РЕШЕНИЕ

Из схематического чертежа (рис. 5), пользуясь теоремой Пифагора, устанавливаем:
$$AB^2 = 30^2 + x^2, \quad AC^2 = 20^2 + (50-x)^2.$$

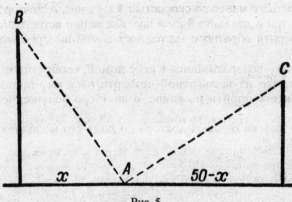

Рис. 5.

Но $AB = AC$, так как обе птицы пролетели эти расстояния в одинаковое время. Поэтому
$$30^2 + x^2 = 20^2 + (50-x)^2.$$

Раскрыв скобки и сделав упрощения, получаем уравнение первой степени $100x = 2000$, откуда $x = 20$. Рыба появилась в 20 локтях от той пальмы, высота которой 30 локтей.

Прогулка

ЗАДАЧА

— Зайдите ко мне завтра днем, — сказал старый доктор своему знакомому.

— Благодарю вас. Я выйду в три часа. Может быть, и вы надумаете прогуляться, так выходите в то же время, встретимся на полпути.

— Вы забываете, что я старик, шагаю в час всего только 3 *км*, а вы, молодой человек, проходите при самом медленном шаге 4 *км* в час. Не грешно бы дать мне небольшую льготу.

— Справедливо. Так как я прохожу больше вас на 1 *км* в час, то, чтобы уравнять нас, дам вам этот километр, т. е. выйду на четверть часа раньше. Достаточно?

— Очень любезно с вашей стороны, — поспешил согласиться старик.

Молодой человек так и сделал: вышел из дому в три четверти третьего и шел со скоростью 4 *км* в час. А доктор вышел ровно в три и делал по 3 *км* в час. Когда они встретились, старик повернул обратно и направился домой вместе с молодым другом.

Только возвратившись к себе домой, сообразил молодой человек, что из-за льготной четверти часа ему пришлось в общем итоге пройти не вдвое, а вчетверо больше, чем доктору.

Как далеко от дома доктора до дома его молодого знакомого?

РЕШЕНИЕ

Обозначим расстояние между домами через x (*км*).

Молодой человек всего прошел $2x$, а доктор вчетверо меньше, т. е. $\frac{x}{2}$. До встречи доктор прошел половину пройденного им пути, т. е. $\frac{x}{4}$, а молодой человек — остальное, т. е. $\frac{3x}{4}$. Свою часть пути доктор прошел в $\frac{x}{12}$ часа, а молодой человек — в $\frac{3x}{16}$ часа, причем мы знаем, что он был в пути на $\frac{1}{4}$ часа дольше, чем доктор.

Имеем уравнение

$$\frac{3x}{16} - \frac{x}{12} = \frac{1}{4},$$

откуда $x = 2,4$ *км*.

От дома молодого человека до дома доктора 2,4 *км*.

Артель косцов

Известный физик А. В. Цингер в своих воспоминаниях о Л. Н. Толстом рассказывает о следующей задаче, которая очень нравилась великому писателю:

«Артели косцов надо было скосить два луга, один вдвое больше другого. Половину дня артель косила большой луг. После этого артель разделилась пополам: первая половина осталась на большом лугу и докосила его к вечеру до конца; вторая же половина косила малый луг, на котором к вечеру еще остался участок, скошенный на другой день одним косцом за один день работы.

Сколько косцов было в артели?».

Рис. 6.

РЕШЕНИЕ

В этом случае, кроме главного неизвестного — числа косцов, которое мы обозначим через x, — удобно ввести еще и вспомогательное, именно — размер участка, скашиваемого одним косцом в 1 день; обозначим его через y. Хотя задача и не требует его определения, оно облегчит нам нахождение главного неизвестного.

Выразим через x и y площадь большого луга. Луг этот косили полдня x косцов; они скосили $x \cdot \frac{1}{2} \cdot y = \frac{xy}{2}$.

Вторую половину дня его косила только половина артели, т. е. $\frac{x}{2}$ косцов; они скосили

$$\frac{x}{2} \cdot \frac{1}{2} \cdot y = \frac{xy}{4}.$$

Так как к вечеру скошен был весь луг, то площадь его равна

$$\frac{xy}{2} + \frac{xy}{4} = \frac{3xy}{4}.$$

Выразим теперь через x и y площадь меньшего луга. Его полдня косили $\frac{x}{2}$ косцов и скосили площадь $\frac{x}{2} \cdot \frac{1}{2} \cdot y = \frac{xy}{4}$. Прибавим недокошенный участок, как раз равный y (площади, скашиваемой одним косцом в 1 рабочий день), и получим площадь меньшего луга:

$$\frac{xy}{4} + y = \frac{xy + 4y}{4}.$$

Остается перевести на язык алгебры фразу: «первый луг вдвое больше второго», — и уравнение составлено:

$$\frac{3xy}{4} : \frac{xy+4y}{4} = 2, \quad \text{или} \quad \frac{3xy}{xy+4y} = 2.$$

Сократим дробь в левой части уравнения на y; вспомогательное неизвестное благодаря этому исключается, и уравнение принимает вид

$$\frac{3x}{x+4} = 2, \text{ или } 3x = 2x + 8,$$

откуда $x = 8$.

В артели было 8 косцов.

После напечатания первого издания «Занимательной алгебры» проф. А. В. Цингер прислал мне подробное и весьма интересное сообщение, касающееся этой задачи. Главный эффект задачи, по его мнению, в том, что «она совсем не алгебраическая, а арифметическая и притом крайне простая, затрудняющая только своей нешаблонной формой».

«История этой задачи такова, — продолжает проф. А. В. Цингер. — В Московском университете на математическом факультете в те времена, когда там учились мой отец и мой дядя И. И. Раевский (близкий друг Л. Толстого), среди прочих предметов преподавалось нечто вроде педагогики. Для этой цели студенты должны были посещать отведенную для университета городскую народную школу и там в сотрудничестве с опытными искусными учителями упражняться в преподавании. Среди товарищей Цингера и Раевского был некий студент Петров, по рассказам — чрезвычайно одаренный и оригинальный человек. Этот Петров (умерший очень молодым, кажется, от чахотки) утверждал, что на уроках арифметики учеников портят, приучая их к шаблонным задачам и к шаблонным способам решения. Для подтверждения своей мысли Петров изобретал задачи, которые вследствие нешаблонности очень затрудняли «опытных искусных учителей», но легко решались более способными учениками, еще не испорченными учебой. К числу таких задач (их Петров сочинил несколько) относится и задача об артели косцов. Опытные учителя, разумеется, легко могли решать ее при помощи уравнения, но простое арифметическое решение от них ускользало. Между тем, задача настолько проста, что привлекать для ее решения алгебраический аппарат совсем не стоит.

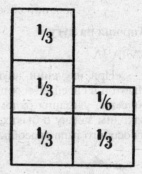

Рис. 7.

Если большой луг полдня косила вся артель и полдня пол-артели, то ясно, что в полдня пол-артели скашивает $\frac{1}{3}$ луга. Следовательно, на малом лугу остался нескошенным участок в $\frac{1}{2} - \frac{1}{3} = \frac{1}{6}$. Если один косец в день скашивает $\frac{1}{6}$ луга, а скошено было $\frac{6}{6} + \frac{2}{6} = \frac{8}{6}$, то косцов было 8.

Толстой, всю жизнь любивший фокусные, не слишком хитрые задачи, эту задачу знал от моего отца еще с молодых лет. Когда об этой задаче пришлось беседовать мне с Толстым — уже стариком, его особенно восхитило то, что задача делается гораздо яснее и прозрачнее, если при решении пользоваться самым примитивным чертежом (рис. 7)».

Ниже нам встретятся еще несколько задач, которые при некоторой сообразительности проще решаются арифметически, чем алгебраически.

Коровы на лугу

ЗАДАЧА

«При изучении наук задачи полезнее правил», — писал Ньютон в своей «Всеобщей арифметике» и сопровождал теоретические указания рядом примеров. В числе этих упражнений находим задачу о быках, пасущихся на лугу, — родоначальницу особого типа своеобразных задач наподобие следующей.

Рис. 8.

«Трава на всем лугу растет одинаково густо и быстро. Известно, что 70 коров поели бы ее в 24 дня, а 30 коров — в 60 дней. Сколько коров поели бы всю траву луга в 96 дней?».

Задача эта послужила сюжетом для юмористического рассказа, напоминающего чеховский «Репетитор». Двое взрослых, родственники школьника, которому эту задачу задали для решения, безуспешно трудятся над нею и недоумевают:

— Выходит что-то странное, — говорит один из решающих: — если в 24 дня 70 коров поедают всю траву луга, то сколько коров съедят ее в 96 дней? Конечно, $\frac{1}{4}$ от 70, т. е. $17\frac{1}{2}$ коров... Первая нелепость! А вот вторая: 30 коров поедают траву в 60 дней; сколько коров съедят ее в 96 дней? Получается еще хуже: $18\frac{3}{4}$ коровы. Кроме того: если 70 коров поедают траву в 24 дня, то 30 коров употребляют на это 56 дней, а вовсе не 60, как утверждает задача.

— А приняли вы в расчет, что трава все время растет? — спрашивает другой.

Замечание резонное: трава непрерывно растет, и если этого не учитывать, то не только нельзя решить задачи, но и само условие ее будет казаться противоречивым.

Как же решается задача?

РЕШЕНИЕ

Введем и здесь вспомогательное неизвестное, которое будет обозначать суточный прирост травы в долях ее запаса на лугу. В одни сутки прирастает y, в 24 дня — $24y$; если общий запас принять за 1, то в течение 24 дней коровы съедают

$$1 + 24y.$$

В сутки все стадо (из 70 коров) съедает

$$\frac{1+24y}{24},$$

а одна корова съедает

$$\frac{1+24y}{24\cdot 70}.$$

Подобным же образом из того, что 30 коров поели бы траву того же луга в 60 суток, выводим, что одна корова съедает в сутки

$$\frac{1+60y}{30\cdot 60}.$$

Но количество травы, съедаемое коровой в сутки, для обоих стад одинаково. Поэтому

$$\frac{1+24y}{24\cdot 70} = \frac{1+60y}{30\cdot 60},$$

откуда

$$y = \frac{1}{480}.$$

Найдя y (величину прироста), легко уже определить, какую долю первоначального запаса травы съедает одна корова в сутки:

$$\frac{1+24y}{24\cdot 70} = \frac{1+24\cdot\frac{1}{480}}{24\cdot 70} = \frac{1}{1600}.$$

Наконец, составляем уравнение для окончательного решения задачи: если искомое число коров x, то

$$\frac{1+96 \cdot \frac{1}{480}}{96x} = \frac{1}{1600},$$

откуда $x = 20$.

20 коров поели бы всю траву в 96 дней.

Задача Ньютона

Рассмотрим теперь ньютонову задачу о быках, по образцу которой составлена сейчас рассмотренная.

Задача, впрочем, придумана не самим Ньютоном; она является продуктом народного математического творчества.

«Три луга, покрытые травой одинаковой густоты и скорости роста, имеют площади: $3\frac{1}{3}$ га, 10 га и 24 га. Первый прокормил 12 быков в продолжение 4 недель; второй — 21 быка в течение 9 недель. Сколько быков может прокормить третий луг в течение 18 недель?».

РЕШЕНИЕ

Введем вспомогательное неизвестное y, означающее, какая доля первоначального запаса травы прирастает на 1 га в течение недели. На первом лугу в течение недели прирастает травы $3\frac{1}{3}y$, а в течение 4 недель $3\frac{1}{3}y \cdot 4 = \frac{40}{3}y$ того запаса, который первоначально имелся на 1 га. Это равносильно тому, как если бы первоначальная площадь луга увеличилась и сделалась равной

$$\left(3\frac{1}{3} + \frac{40}{3}y\right)$$

гектаров. Другими словами, быки съели столько травы, сколько покрывает луг площадью в $3\frac{1}{3} + \frac{40}{3}y$ гектаров. В одну неделю 12 быков поели четвертую часть этого количества, а 1 бык в неделю $\frac{1}{48}$ часть, т. е. запас, имеющийся на площади

$$\left(3\frac{1}{3}+\frac{40y}{3}\right):48=\frac{10+40y}{144}$$

гектаров.

Подобным же образом находим площадь луга, кормящего одного быка в течение недели, из данных для второго луга:

недельный прирост на   1 *га* = y,
9-недельный прирост на   1 *га* = $9y$,
9-недельный прирост на   10 *га* = $90y$.

Площадь участка, содержащего запас травы для прокормления 21 быка в течение 9 недель, равна

$$10+90y.$$

Площадь, достаточная для прокормления 1 быка в течение недели, —

$$\frac{10+90y}{9\cdot 21}=\frac{10+90y}{189}$$

гектаров. Обе нормы прокормления должны быть одинаковы:

$$\frac{10+40y}{144}=\frac{10+90y}{189}.$$

Решив это уравнение, находим $y=\frac{1}{12}$.

Определим теперь площадь луга, наличный запас травы которого достаточен для прокормления одного быка в течение недели:

$$\frac{10+40y}{144}=\frac{10+40\cdot\frac{1}{12}}{144}=\frac{5}{54}$$

гектаров. Наконец, приступаем к вопросу задачи. Обозначив искомое число быков через x, имеем:

$$\frac{24+24\cdot 18\cdot\frac{1}{12}}{18x}=\frac{5}{54},$$

откуда $x = 36$. Третий луг может прокормить в течение 18 недель 36 быков.

Перестановка часовых стрелок

ЗАДАЧА

Биограф и друг известного физика А. Эйнштейна А. Мошковский, желая однажды развлечь своего приятеля во время болезни, предложил ему следующую задачу (рис. 9):

«Возьмем, — сказал Мошковский, — положение стрелок в 12 часов. Если бы в этом положении большая и малая стрелки обменялись местами, они дали бы все же правильные показания. Но в другие моменты, — например, в 6 часов, взаимный обмен стрелок привел бы к абсурду, к положению, какого на правильно идущих часах быть не может: минутная стрелка не может стоять на 6, когда часовая показывает 12. Возникает вопрос: когда и как часто стрелки часов занимают такие положения, что замена одной другою дает новое положение, тоже возможное на правильных часах?

— Да, — ответил Эйнштейн, — это вполне подходящая задача для человека, вынужденного из-за болезни оставаться в постели: достаточно интересная и не слишком легкая. Боюсь только, что развлечение продлится недолго: я уже напал на путь к решению.

И приподнявшись на постели, он несколькими штрихами набросал на бумаге схему, изображающую условие задачи. Для решения ему понадобилось не больше времени, чем мне на формулировку задачи...»

Как же решается эта задача?

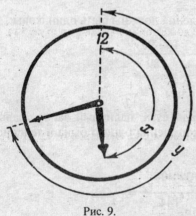

Рис. 9.

РЕШЕНИЕ

Будем измерять расстояния стрелок по кругу циферблата от точки, где стоит цифра 12, в 60-х долях окружности.

Пусть одно из требуемых положений стрелок наблюдалось тогда, когда часовая стрелка отошла от цифры 12 на x делений, а минутная — на y делений. Так как часовая стрелка проходит 60 делений за 12 часов, т. е. 5 делений в час, то x делений она прошла за $\frac{x}{5}$ часов. Иначе говоря, после того как часы показывали 12, прошло $\frac{x}{5}$ часов. Минутная стрелка прошла y делений за y минут, т. е. за $\frac{y}{60}$ часов. Иначе говоря, цифру 12 минутная стрелка прошла $\frac{y}{60}$ часов тому назад, или через

$$\frac{x}{5}-\frac{y}{60}$$

часов после того, как обе стрелки были на двенадцати. Это число является целым (от нуля до 11), так как оно показывает, сколько полных часов прошло после двенадцати.

Когда стрелки обменяются местами, мы найдем аналогично, что с двенадцати часов до времени, показываемого стрелками, прошло

$$\frac{y}{5}-\frac{x}{60}$$

полных часов. Это число также является целым (от нуля до 11).

Имеем систему уравнений

$$\begin{cases} \frac{x}{5}-\frac{y}{60}=m, \\ \frac{y}{5}-\frac{x}{60}=n, \end{cases}$$

где m и n — целые числа, которые могут меняться от 0 до 11. Из этой системы находим:

$$x=\frac{60(12m+n)}{143},$$

$$y=\frac{60(12n+m)}{143}.$$

Давая m и n значения от 0 до 11, мы определим все требуемые положения стрелок. Так как каждое из 12 значений m можно сопоставлять с каждым из 12 значений n, то, казалось бы, число всех решений равно $12 \cdot 12 = 144$. Но в действительности оно равно 143, потому что при $m = 0$, $n = 0$ и при $m = 11$, $n = 11$ получается одно и то же положение стрелок.

При $m = 11$, $n = 11$ имеем:

$$x = 60, \quad y = 60,$$

т. е. часы показывают 12, как и в случае $m = 0, n = 0$.

Всех возможных положений мы рассматривать не станем; возьмем лишь два примера. Первый пример:

$$m = 1, n = 1;$$

$$x = \frac{60 \cdot 13}{143} = 5\frac{5}{11}, \quad y = 5\frac{5}{11}$$

т. е. часы показывают 1 час $5\frac{5}{11}$ мин.; в этот момент стрелки совмещаются; их, конечно, можно обменять местами (как и при всех других совмещениях стрелок).

Второй пример:

$$m = 8, n = 5;$$

$$x = \frac{60(5 + 12 \cdot 8)}{143} \approx 42{,}38, \quad y = \frac{60(8 + 12 \cdot 5)}{143} \approx 28{,}53.$$

Соответствующие моменты: 8 час. 28,53 мин. и 5 час. 42,38 мин.

Число решений мы знаем: 143. Чтобы найти все точки циферблата, которые дают требуемые положения стрелок, надо окружность циферблата разделить на 143 равные части: получим 143 точки, являющиеся искомыми. В промежуточных точках требуемые положения стрелок невозможны.

Совпадение часовых стрелок

ЗАДАЧА

Сколько есть положений на правильно идущих часах, когда часовая и минутная стрелки совмещаются?

РЕШЕНИЕ

Мы можем воспользоваться уравнениями, выведенными при решении предыдущей задачи: ведь если часовая и минутная стрелки совместились, то их можно обменять местами — от этого ничего не изменится. При этом обе стрелки прошли одинаковое число делений от цифры 12, т. е. $x = y$. Таким образом, из рассуждений, относящихся к предыдущей задаче, мы выводим уравнение

$$\frac{x}{5} - \frac{x}{60} = m,$$

где *m* — целое число от 0 до 11. Из этого уравнения находим:

$$x = \frac{60m}{11}.$$

Из двенадцати возможных значений для *m* (от нуля до 11) мы получаем не 12, а только 11 различных положений стрелок, так как при *m* = 11 мы находим *x* = 60, т. е. обе стрелки прошли 60 делений и находятся на цифре 12; это же получается при *m* = 0.

Искусство отгадывать числа

Каждый из вас, несомненно, встречался с «фокусами» по отгадыванию чисел. Фокусник обычно предлагает выполнить действия следующего характера: задумай число, прибавь 2, умножь на 3, отними 5, отними задуманное число и т. д. — всего пяток, а то и десяток действий. Затем фокусник спрашивает, что у вас получилось в результате, и, получив ответ, мгновенно сообщает задуманное вами число.

Секрет «фокуса», разумеется, очень прост, и в основе его лежат все те же уравнения.

Пусть, например, фокусник предложил вам выполнить программу действий, указанную в левой колонке следующей таблицы:

Задумай число,	x
прибавь 2,	$x + 2$
умножь результат на 3,	$3x + 6$
отними 5,	$3x + 1$
отними задуманное число,	$2x + 1$
умножь на 2,	$4x + 2$
отними 1	$4x + 1$

Затем фокусник просит вас сообщить окончательный результат и, получив его, моментально называет задуманное число. Как он это делает?

Чтобы понять это, достаточно обратиться к правой колонке таблицы, где указания фокусника переведены на язык алгебры.

Из этой колонки видно, что если вы задумали какое-то число x, то после всех действий у вас должно получиться $4x + 1$. Зная это, нетрудно «отгадать» задуманное число.

Пусть, например, вы сообщили фокуснику, что получилось 33. Тогда фокусник быстро решает в уме уравнение $4x + 1 = 33$ и находит: $x = 8$. Иными словами, от окончательного результата надо отнять единицу ($33 - 1 = 32$) и затем полученное число разделить на 4 ($32 : 4 = 8$); это и дает задуманное число (8). Если же у вас получилось 25, то фокусник в уме проделывает действия $25 - 1 = 24$, $24 : 4 = 6$ и сообщает вам, что вы задумали 6.

Как видите, все очень просто: фокусник заранее знает, что надо сделать с результатом, чтобы получить задуманное число.

Поняв это, вы можете еще более удивить и озадачить ваших приятелей, предложив им *самим*, по своему усмотрению, выбрать характер действий над задуманным числом. Вы предлагаете приятелю задумать число и производить в любом порядке действия следующего характера: прибавлять или отнимать известное число (скажем: прибавить 2, отнять 5 и т. д.), умножать [1] на известное число (на 2, на 3 и т. п.), прибавлять или отнимать задуманное число. Ваш приятель нагромождает, чтобы запутать вас, ряд действий. Например, он задумывает число 5 (этого он вам не сообщает) и, выполняя действия, говорит:

— Я задумал число, умножил его на 2, прибавил к результату 3, затем прибавил задуманное число; теперь я прибавил 1, умножил на 2, отнял задуманное число, отнял 3, еще отнял задуманное число, отнял 2. Наконец, я умножил результат на 2 и прибавил 3.

Решив, что он уже совершенно вас запутал он с торжествующим видом сообщает вам:

— Получилось 49.

К его изумлению вы немедленно сообщаете ему, что он задумал число 5.

Как вы это делаете? Теперь это уже достаточно ясно. Когда ваш приятель сообщает вам о действиях, которые он выполняет над задуманным числом, вы одновременно действуете в уме с неизвестным x. Он вам говорит: «Я задумал число...», а вы про себя твердите: «значит, у нас есть x». Он говорит: «...умножил его на 2...» (и он в самом деле производит умножение чисел), а вы про себя продолжаете: «теперь $2x$». Он говорит: «...прибавил к результату 3...», и вы немедленно следите: $2x + 3$, и т. д. Когда

---

[1] Делить лучше не разрешайте, так как это очень усложнит «фокус».

он «запутал» вас окончательно и выполнил все те действия, которые перечислены выше, у вас получилось то, что указано в следующей таблице (левая колонка содержит то, что вслух говорит ваш приятель, а правая — те действия, которые вы выполняете в уме):

Я задумал число,	x
умножил его на 2,	$2x$
прибавил к результату 3.	$2x + 3$
затем прибавил задуманное число,	$3x + 3$
теперь я прибавил 1,	$3x + 4$
умножил на 2,	$6x + 8$
отнял задуманное число,	$5x + 8$
отнял 3,	$5x + 5$
еще отнял задуманное число,	$4x + 5$
отнял 2,	$4x + 3$
наконец, я умножил результат на 2	$8x + 6$
и прибавил 3	$8x + 9$

В конце концов вы про себя подумали: окончательный результат $8x + 9$. Теперь он говорит: «У меня получилось 49». А у вас готово уравнение: $8x + 9 = 49$. Решить его — пара пустяков, и вы немедленно сообщаете ему, что он задумал число 5.

Фокус этот особенно эффектен потому, что не вы предлагаете те операции, которые надо произвести над задуманным числом, а сам товарищ ваш «изобретает» их.

Есть, правда, один случай, когда фокус не удается. Если, например, после ряда операций вы (считая про себя) получили $x + 14$, а затем ваш товарищ говорит: «...теперь я отнял задуманное число; у меня получилось 14», то вы следите за ним: $(x + 14) - x = 14$ — в самом деле получилось 14, но никакого уравнения нет и отгадать задуманное число вы не в состоянии. Что же в таком случае делать? Поступайте так: как только у вас получается результат, не содержащий неизвестного x, вы прерываете товарища словами: «Стоп! Теперь я могу, ничего не спрашивая, сказать, сколько у тебя получилось: у тебя 14». Это уже совсем озадачит вашего приятеля — ведь он совсем ничего вам не говорил! И, хотя вы так и не узнали задуманное число, фокус получился на славу!

Вот пример (по-прежнему в левой колонке стоит то, что говорит ваш приятель):

Я задумал число,	x
прибавил к нему 2	$x + 2$
и результат умножил на 2,	$2x + 4$
теперь я прибавил 3,	$2x + 7$
отнял задуманное число,	$x + 7$
прибавил 5,	$x + 12$
затем я отнял задуманное число...	12

В тот момент, когда у вас получилось число 12, т. е. выражение, не содержащее больше неизвестного x, вы и прерываете товарища, сообщив ему, что теперь у него получилось 12.

Немного поупражнявшись, вы легко сможете показывать своим приятелям такие «фокусы».

Мнимая нелепость

ЗАДАЧА

Вот задача, которая может показаться совершенно абсурдной:

Чему равно 84, если $8 \cdot 8 = 54$?

Этот странный вопрос далеко не лишен смысла, и задача может быть решена с помощью уравнений.

Попробуйте расшифровать ее.

РЕШЕНИЕ

Вы догадались, вероятно, что числа, входящие в задачу, написаны не по десятичной системе, — иначе вопрос «чему равно 84» был бы нелепым. Пусть основание неизвестной системы счисления есть x. Число «84» означает тогда 8 единиц второго разряда и 4 единицы первого, т. е.

$$«84» = 8x + 4.$$

Число «54» означает $5x + 4$.

Имеем уравнение $8 \cdot 8 = 5x + 4$, т. е. в десятичной системе $64 = 5x + 4$, откуда $x = 12$.

Числа написаны по двенадцатеричной системе, и «84» = $8 \cdot 12 + 4 = 100$. Значит, если $8 \cdot 8 =$ «54», то «84» = 100.

Подобным же образом решается и другая задача в этом роде: Чему равно 100, когда $5 \cdot 6 = 33$?

Ответ: 81 (девятеричная система счисления).

Уравнение думает за нас

Если вы сомневаетесь в том, что уравнение бывает иной раз предусмотрительнее нас самих, решите следующую задачу: Отцу 32 года, сыну 5 лет. Через сколько лет отец будет в 10 раз старше сына?

Обозначим искомый срок через x. Спустя x лет, отцу будет $32 + x$ лет, сыну $5 + x$. И так как отец должен тогда быть в 10 раз старше сына, то имеем уравнение

$$32 + x = 10(5 + x).$$

Решив его, получаем $x = -2$.

«Через минус 2 года» означает «два года назад». Когда мы составляли уравнение, мы не подумали о том, что возраст отца никогда *в будущем* не окажется в 10 раз превосходящим возраст сына — такое соотношение могло быть только *в прошлом*. Уравнение оказалось вдумчивее нас и напомнило о сделанном упущении.

Курьезы и неожиданности

При решении уравнений мы наталкиваемся иногда на ответы, которые могут поставить в тупик малоопытного математика. Приведем несколько примеров.

I. Найти двузначное число, обладающее следующими свойствами. Цифра десятков на 4 меньше цифры единиц. Если из числа, записанного теми же цифрами, но в обратном порядке, вычесть искомое число, то получится 27.

Обозначив цифру десятков через x, а цифру единиц — через y, мы легко составим систему уравнений для этой задачи:

$$\begin{cases} x = y - 4, \\ (10y + x) - (10x - y) = 27. \end{cases}$$

Подставив во второе уравнение значение x из первого, найдём:

$$10y + y - 4 - [10(y-4) + y] = 27,$$

а после преобразований:

$$36 = 27.$$

У нас не определились значения неизвестных, зато мы узнали, что $36 = 27$... Что это значит?

Это означает лишь, что двузначного числа, удовлетворяющего поставленным условиям, не существует и что составленные уравнения противоречат одно другому.

В самом деле: умножив обе части первого уравнения на 9, мы найдём из него:

$$9y - 9x = 36,$$

а из второго (после раскрытия скобок и приведения подобных членов):

$$9y - 9x = 27.$$

Одна и та же величина $9y - 9x$ согласно первому уравнению равна 36, а согласно второму 27. Это безусловно невозможно, так как $36 \neq 27$.

Подобное же недоразумение ожидает решающего следующую систему уравнений:

$$\begin{cases} x^2 y^2 = 8 \\ xy = 4 \end{cases}$$

Разделив первое уравнение на второе, получаем:

$$xy = 2,$$

а сопоставляя полученное уравнение со вторым, видим, что

$$\begin{cases} xy = 4, \\ xy = 2, \end{cases}$$

т. е. $4 = 2$. Чисел, удовлетворяющих этой системе, не существует. (Системы уравнений, которые, подобно сейчас рассмотренным, не имеют решений, называются несовместными.)

II. С иного рода неожиданностью встретимся мы, если несколько изменим условие предыдущей задачи. Именно будем считать, что цифра десятков не на 4, а на 3 меньше, чем цифра единиц, а в остальном оставим условие задачи тем же. Что это за число?

Составляем уравнение. Если цифру десятков обозначим через x, то число единиц выразится через $x + 3$. Переводя задачу на язык алгебры, получим:

$$10(x+3)+x-[10x+(x+3)]=27.$$

Сделав упрощения, приходим к равенству $27 = 27$.

Это равенство неоспоримо верно, но оно ничего не говорит нам о значении x. Значит ли это, что чисел, удовлетворяющих требованию задачи, не существует?

Напротив, это означает, что составленное нами уравнение есть тождество, т. е. что оно верно при любом значении неизвестного x. Действительно, легко убедиться в том, что указанным в задаче свойством обладает каждое двузначное число, у которого цифра единиц на 3 больше цифры десятков:

$$14 + 27 = 41, \quad 47 + 27 = 74,$$
$$25 + 27 = 52, \quad 58 + 27 = 85,$$
$$36 + 27 = 63, \quad 69 + 27 = 96.$$

III. Найти трехзначное число, обладающее следующими свойствами:

1) цифра десятков 7;
2) цифра сотен на 4 меньше цифры единиц;
3) если цифры этого числа разместить в обратном порядке, то новое число будет на 396 больше искомого.

Составим уравнение, обозначив цифру единиц через x:

$$100x+70+x-4-[100(x-4)+70+x]=396.$$

Уравнение это после упрощений приводит к равенству

$$396 = 396.$$

Читатели уже знают, как надо толковать подобный результат. Он означает, что каждое трехзначное число, в котором первая цифра на 4 меньше третьей,[1] увеличивается на 396, если цифры поставить в обратном порядке.

До сих пор мы рассматривали задачи, имеющие более или менее искусственный, книжный характер; их назначение — помочь приобрести навык в составлении и решении уравнений. Теперь, вооруженные теоретически, займемся несколькими примерами задач практических — из области производства, обихода, военного дела, спорта.

---

[1] Цифра десятков роли не играла.

В парикмахерской

ЗАДАЧА

Может ли алгебра понадобиться в парикмахерской? Оказывается, что такие случаи бывают. Мне пришлось убедиться в этом, когда однажды в парикмахерской подошел ко мне мастер с неожиданной просьбой:

— Не поможете ли нам разрешить задачу, с которой мы никак не справимся?

— Уж сколько раствора испортили из-за этого! — добавил другой.

— В чем задача? — осведомился я.

— У нас имеется два раствора перекиси водорода: 30-процентный и 3-процентный. Нужно их смешать так, чтобы составился 12-процентный раствор. Не можем подыскать правильной пропорции...

Мне дали бумажку, и требуемая пропорция была найдена. Она оказалась очень простой. Какой именно?

РЕШЕНИЕ

Задачу можно решить и арифметически, но язык алгебры приводит здесь к цели проще и быстрее. Пусть для составления 12-процентной смеси требуется взять x граммов 3-процентного раствора и y граммов 30-процентного. Тогда в первой порции содержится $0{,}03x$ граммов чистой перекиси водорода, во второй $0{,}3y$, а всего

$$0{,}03x + 0{,}3y.$$

В результате получается $(x+y)$ граммов раствора, в котором чистой перекиси должно быть $0{,}12\,(x+y)$. Имеем уравнение

$$0{,}03x + 0{,}3y = 0{,}12(x+y).$$

Из этого уравнения находим $x = 2y$, т. е. 3-процентного раствора надо взять вдвое больше, чем 30-процентного.

Трамвай и пешеход

ЗАДАЧА

Идя вдоль трамвайного пути, я заметил, что каждые 12 минут меня нагоняет трамвай, а каждые 4 минуты я сам встречаю трамвай. И я и трамваи движемся равномерно.

Через сколько минут один после другого покидают трамвайные вагоны свои конечные пункты?

РЕШЕНИЕ

Если вагоны покидают свои конечные пункты каждые x минут, то это означает, что в то место, где я встретился с одним из трамваев, через x минут приходит следующий трамвай. Если он догоняет меня, то в оставшиеся $12-x$ минут он должен пройти тот путь, который я успеваю пройти в 12 минут. Значит, тот путь, который я прохожу в 1 минуту, трамвай проходит в $\dfrac{12-x}{12}$ минут.

Если же трамвай идет мне навстречу, то он встретит меня через 4 минуты после предыдущего, а в оставшиеся $(x-4)$ минуты он пройдет тот путь, который я успел пройти в эти 4 минуты. Следовательно, тот путь, который я прохожу в 1 минуту, трамвай проходит в $\dfrac{x-4}{4}$ минуты. Получаем уравнение

$$\dfrac{12-x}{12} = \dfrac{x-4}{4}.$$

Отсюда $x=6$. Вагоны отходят каждые 6 минут. Можно также предложить следующее (по сути дела арифметическое) решение задачи. Обозначим расстояние между двумя следующими один за другим трамваями через a. Тогда между мной и трамваем, двигающимся навстречу, расстояние уменьшается на $\dfrac{a}{4}$ в минуту (так как расстояние между только что прошедшим трамваем и следующим, равное a, мы вместе проходим за 4 минуты). Если же трамвай догоняет меня, то расстояние между нами ежеминутно уменьшается на $\dfrac{a}{12}$. Предположим теперь, что я в течение минуты шел вперед, а затем повернул назад и минуту шел обратно (т. е. вернулся на прежнее место). Тогда между мной и трамваем, двигавшимся вначале мне навстречу, за первую минуту расстояние уменьшилось на $\dfrac{a}{4}$, а за вторую минуту (когда этот трамвай уже догонял меня) на $\dfrac{a}{12}$. Итого за

2 минуты расстояние между нами уменьшилось на $\frac{a}{4}+\frac{a}{12}=\frac{a}{3}$. То же было бы, если бы я стоял все время на месте, так как в итоге я все равно вернулся назад. Итак, если бы я не двигался, то за минуту (а не за две) трамвай приблизился бы ко мне на $\frac{a}{3}:2=\frac{a}{6}$, а все расстояние a он проехал бы за 6 минут. Это означает, что мимо неподвижно стоящего наблюдателя трамваи проходят с интервалом в 6 минут.

Пароход и плоты

ЗАДАЧА

Из города A в город B, расположенный ниже по течению реки, пароход шел (без остановок) 5 часов. Обратно, против течения, он шел (двигаясь с той же собственной скоростью и также не останавливаясь) 7 часов. Сколько часов идут из A в B плоты (плоты движутся со скоростью течения реки)?

РЕШЕНИЕ

Обозначим через x время (в часах), нужное пароходу для того, чтобы пройти расстояние от A до B в стоячей воде (т.е. при движении с собственной скоростью), а через y — время движения плотов. Тогда за час пароход проходит — расстояния AB, а плоты (течение) $\frac{1}{y}$ этого расстояния. Поэтому вниз по реке пароход проходит за час $\frac{1}{x}+\frac{1}{y}$ расстояния AB, а вверх (против течения) $\frac{1}{x}-\frac{1}{y}$. Мы же знаем из условия задачи, что вниз по реке пароход проходит за час $\frac{1}{5}$ расстояния, а вверх $\frac{1}{7}$. Получаем систему

$$\begin{cases} \dfrac{1}{x}+\dfrac{1}{y}=\dfrac{1}{5}, \\ \dfrac{1}{x}-\dfrac{1}{y}=\dfrac{1}{7}. \end{cases}$$

Заметим, что для решения этой системы не следует освобождаться от знаменателей: нужно просто вычесть из первого уравнения второе. В результате мы получим:

$$\frac{2}{y} = \frac{2}{35},$$

откуда $y = 35$. Плоты идут из A в B 35 часов.

Две жестянки кофе

ЗАДАЧА

Две жестянки, наполненные кофе, имеют одинаковую форму и сделаны из одинаковой жести. Первая весит 2 *кг* и имеет в высоту 12 *см;* вторая весит 1 *кг* и имеет в высоту 9,5 *см*. Каков чистый вес кофе в жестянках?

РЕШЕНИЕ

Обозначим вес содержимого большей жестянки через x, меньшей — через y. Вес самих жестянок обозначим соответственно через z и t. Имеем уравнения

$$\begin{cases} x + z = 2, \\ y + t = 1. \end{cases}$$

Так как веса содержимого полных жестянок относятся, как их объемы, т. е. как кубы их высот,[1] то

$$\frac{x}{y} = \frac{12^3}{9,5^3} \approx 2,02 \text{ или } x = 2,02y.$$

Веса же пустых жестянок относятся, как их полные поверхности, т. е. как квадраты их высот. Поэтому

$$\frac{z}{t} = \frac{12^2}{9,5^2} \approx 1,60 \text{ или } z = 1,60t.$$

Подставив значения x и z в первое уравнение, получаем систему

---

[1] Пропорцией этой позволительно пользоваться лишь в том случае, когда стенки жестянок не слишком толсты (так как наружная и внутренняя поверхности жестянок, строго говоря, не подобны и, кроме того, высота внутренней полости банки, строго говоря, отличается от высоты самой банки).

$$\begin{cases} 2{,}02y + 1{,}60t = 2, \\ y + t = 1. \end{cases}$$

Решив ее, узнаем:

$$y = \frac{20}{21} = 0{,}95, \quad t = 0{,}05.$$

И следовательно,

$$x = 1{,}92,\ z = 0{,}08.$$

Вес кофе без упаковки: в большей жестянке 1,92 *кг*, в меньшей — 0,94 *кг*.

Вечеринка

ЗАДАЧА

На вечеринке было 20 танцующих. Мария танцевала с семью танцорами, Ольга — с восемью, Вера — с девятью и так далее до Нины, которая танцевала со всеми танцорами. Сколько танцоров (мужчин) было на вечеринке?

РЕШЕНИЕ

Задача решается очень просто, если удачно выбрать неизвестное. Будем искать число не танцоров, а танцорок, которое обозначим через x:

1-я, Мария,	танцевала	с 6 + 1	танцорами
2-я, Ольга,	»	с 6 + 2	»
3-я. Вера,	»	с 6 + 3	»
. . . .			
x-я, Нина,	»	с 6 + x	»

Имеем уравнение

$$x + (6 + x) = 20,$$

откуда

$$x = 7,$$

а следовательно, число танцоров —

$$20 - 7 = 13.$$

Морская разведка

ЗАДАЧА 1

Разведчику (разведывательному кораблю), двигавшемуся в составе эскадры, дано задание обследовать район моря на 70 миль в направлении движения эскадры. Скорость эскадры — 35 миль в час, скорость разведчика — 70 миль в час. Требуется определить, через сколько времени разведчик возвратится к эскадре.

Рис. 10.

РЕШЕНИЕ

Обозначим искомое число часов через x. За это время эскадра успела пройти $35x$ миль, разведывательный же корабль $70x$. Разведчик прошел вперед 70 миль и часть этого пути обратно, эскадра же прошла остальную часть того же пути. Вместе они прошли путь в $70x + 35x$, равный $2 \cdot 70$ миль. Имеем уравнение

$$70x + 35x = 140,$$

откуда

$$x = \frac{140}{105} = 1\frac{1}{3}$$

часов. Разведчик возвратится к эскадре через 1 час 20 минут.

ЗАДАЧА 2

Разведчик получил приказ произвести разведку впереди эскадры по направлению ее движения. Через 3 часа судно это должно вернуться к эскадре. Спустя сколько времени после оставления эскадры разведывательное судно должно повернуть назад, если скорость его 60 узлов, а скорость эскадры 40 узлов?

РЕШЕНИЕ

Пусть разведчик должен повернуть спустя x часов; значит, он удалялся от эскадры x часов, а шел навстречу ей $3-x$ часов. Пока все корабли шли в одном направлении, разведчик успел за x часов удалиться от эскадры на разность пройденных ими путей, т. е. на

$$60x - 40x = 20x.$$

При возвращении разведчика он прошел путь навстречу эскадре $60(3-x)$, сама же эскадра прошла $40(3-x)$. Тот и другой прошли вместе $10x$. Следовательно,

$$60(3-x) + 40(3-x) = 20x.$$

откуда

$$x = 2\frac{1}{2}.$$

Разведчик должен изменить курс на обратный спустя 2 часа 30 мин. после того, как он покинул эскадру.

На велодроме

ЗАДАЧА

По круговой дороге велодрома едут два велосипедиста с неизменными скоростями. Когда они едут в противоположных направлениях, то встречаются каждые 10 секунд; когда же едут в одном направлении, то один настигает другого каждые 170 секунд. Какова скорость каждого велосипедиста, если длина круговой дороги 170 *м*?

РЕШЕНИЕ

Если скорость первого велосипедиста x, то в 10 секунд он проезжает $10x$ метров. Второй же, двигаясь ему навстречу, проезжает от встречи до встречи остальную часть круга, т. е. $170 - 10x$ метров. Если скорость второго y, то это составляет $10y$ метров; итак,

$$170 - 10x = 10y.$$

Если же велосипедисты едут один вслед другому, то в 170 секунд первый проезжает $170x$ метров, а второй $170y$ метров. Если первый едет быстрее второго, то от одной встречи до другой он проезжает на один круг больше второго, т. е.

$$170x - 170y = 170.$$

После упрощения этих уравнений получаем:

$$x + y = 17, \quad x - y = 1,$$

откуда

$$x = 9, y = 8 \text{ (метров в секунду)}.$$

Состязание мотоциклов

ЗАДАЧА

При мотоциклетных состязаниях одна из трех стартовавших одновременно машин, делавшая в час на 15 *км* меньше первой и на 3 *км* больше третьей, пришла к конечному пункту на 12 минут позже первой и на 3 минуты раньше третьей. Остановок в пути не было.

Требуется определить:
а) Как велик участок пути?
б) Как велика скорость каждой машины?
в) Какова продолжительность пробега каждой машины?

РЕШЕНИЕ

Хотя требуется определить семь неизвестных величин, мы обойдемся при решении задачи только двумя: составим систему двух уравнений с двумя неизвестными.

Обозначим скорость второй машины через x. Тогда скорость первой выразится через $x + 15$, а третьей — через $x - 3$.

Длину участка пути обозначим буквой y. Тогда продолжительность пробега обозначится:

для первой машины через $\dfrac{y}{x+15}$,

для второй » » $\dfrac{y}{x}$,

для третьей » » $\dfrac{y}{x-3}$.

Мы знаем, что вторая машина была в пути на 12 минут (т. е. на $\dfrac{1}{5}$ часа) дольше первой. Поэтому

$$\dfrac{y}{x} - \dfrac{y}{x+15} = \dfrac{1}{5}.$$

Третья машина была в пути на 3 минуты (т. е. на $\dfrac{1}{20}$ часа) больше второй. Следовательно,

$$\dfrac{y}{x-3} - \dfrac{y}{x} = \dfrac{1}{20}.$$

Второе из этих уравнений умножим на 4 и вычтем из первого:

$$\dfrac{y}{x} - \dfrac{y}{x+15} - 4\left(\dfrac{y}{x-3} - \dfrac{y}{x}\right) = 0.$$

Разделим все члены этого уравнения на y (эта величина, как мы знаем, не равна нулю) и после этого освободимся от знаменателей. Мы получим:

$$(x+15)(x-3) - x(x-3) - 4x(x+15) + 4(x+15)(x-3) = 0.$$

или после раскрытия скобок и приведения подобных членов:

$$3x - 225 = 0,$$

откуда

$$x = 75.$$

Зная x, находим y из первого уравнения:

$$\dfrac{y}{75} - \dfrac{y}{90} = \dfrac{1}{5},$$

откуда $y = 90$.

Итак, скорости машин определены:

90, 75 и 72 километра в час.

Длина всего пути = 90 *км*.

Разделив длину пути на скорость каждой машины, найдем продолжительность пробегов:

первой машины	....	1 час,
второй машины	....	1 час 12 мин.,
третьей машины	....	1 час 15 мин.

Таким образом, все семь неизвестных определены.

Средняя скорость езды

ЗАДАЧА

Автомобиль проехал расстояние между двумя городами со скоростью 60 километров в час и возвратился со скоростью 40 километров в час. Какова была средняя скорость его езды?

РЕШЕНИЕ

Обманчивая простота задачи вводит многих в заблуждение. Не вникнув в условия вопроса, вычисляют среднее арифметическое между 60 и 40, т. е. находят полусумму

$$\frac{60+40}{2}=50.$$

Это «простое» решение было бы правильно, если бы поездка в одну сторону и в обратном направлении длилась одинаковое время. Но ясно, что обратная поездка (с меньшей скоростью) должна была отнять больше времени, чем езда туда. Учтя это, мы поймем, что ответ 50 — неверен.

И действительно, уравнение дает другой ответ. Составить уравнение нетрудно, если ввести вспомогательное неизвестное — именно величину l расстояния между городами. Обозначив искомую среднюю скорость через x, составляем уравнение

$$\frac{2l}{x}=\frac{l}{60}+\frac{l}{40}.$$

Так как l не равно нулю, можем уравнение разделить на l; получаем:

$$\frac{2}{x}=\frac{1}{60}+\frac{1}{40},$$

откуда

$$x = \frac{2}{\frac{1}{60} + \frac{1}{40}} = 48.$$

Итак, правильный ответ не 50 километров в час, а 48.

Если бы мы решали эту же задачу в буквенных обозначениях (туда автомобиль ехал со скоростью a километров в час, обратно — со скоростью b километров в час), то получили бы уравнение

$$\frac{2l}{x} = \frac{l}{a} + \frac{l}{b},$$

откуда для x получаем значение

$$\frac{2}{\frac{1}{a} + \frac{1}{b}}.$$

Эта величина называется *средним гармоническим* для величин a и b.

Итак, средняя скорость езды выражается не средним арифметическим, а средним гармоническим для скоростей движения. Для положительных a и b среднее гармоническое всегда меньше, чем их среднее арифметическое

$$\frac{a+b}{2},$$

что мы и видели на численном примере (48 меньше, чем 50).

Быстродействующие вычислительные машины

Беседа об уравнениях в плане «Занимательной алгебры» не может пройти мимо решения уравнений на вычислительных машинах. Мы уже говорили о том, что вычислительные машины могут «играть» в шахматы (или шашки). Математические машины могут выполнять и другие задания, например, перевод с одного языка на другой, оркестровку музыкальной мелодии и т. д. Нужно только разработать соответствующую «программу», по которой машина будет действовать.

Конечно, мы не будем рассматривать здесь «программы» для игры в шахматы или для перевода с одного языка на другой: эти «программы» крайне сложны. Мы разберем лишь две очень простенькие «программы». Однако вначале нужно сказать несколько слов об устройстве вычислительной машины.

Выше (в гл. I) мы говорили об устройствах, которые позволяют производить многие тысячи вычислений в секунду. Эта часть вычислительной машины, служащая для непосредственного выполнения действий, называется *арифметическим устройством*. Кроме того, машина содержит *управляющее устройство* (регулирующее работу всей машины) и так называемую *память*. Память, или, иначе, запоминающее устройство, представляет собой хранилище для чисел и условных сигналов. Наконец, машина снабжена особыми устройствами для ввода новых цифровых данных и для выдачи готовых результатов. Эти готовые результаты машина печатает (уже в десятичной системе) на специальных карточках.

Всем хорошо известно, что звук можно записать на пластинку или на пленку и затем воспроизвести. Но запись звука на пластинку может быть произведена лишь один раз: для новой записи нужна уже новая пластинка. Несколько иначе осуществляется запись звука в магнитофоне: при помощи намагничивания особой ленты. Записанный звук можно воспроизвести нужное число раз, а если запись оказалась уже ненужной, ее можно «стереть» и произвести на той же ленте новую запись. На одной и той же ленте можно произвести одну за другой несколько записей, причем при каждой новой записи предыдущая «стирается».

На подобном же принципе основано действие запоминающих устройств. Числа и условные сигналы записываются (при помощи электрических, магнитных или механических сигналов) на специальном барабане, ленте или другом устройстве. В нужный момент записанное число может быть «прочтено», а если оно уже больше не нужно, то его можно стереть, а на его месте записать другое число. «Запоминание» и «чтение» числа или условного сигнала длятся всего лишь миллионные доли секунды.

«Память» может содержать несколько тысяч ячеек, каждая ячейка — несколько десятков элементов, например магнитных. Для записи чисел по двоичной системе счисления условимся считать, что каждый намагниченный элемент изображает цифру 1, а ненамагниченный — цифру 0. Пусть, например, каждая ячейка памяти содержит 25 элементов (или, как говорят, 25 «двоичных разрядов», причем первый элемент ячейки служит для обозначения знака числа (+ или −), следующие 14 разрядов служат для записи целой части числа, а последние 10 разрядов — для записи дробной части. На рис. 11 схематически изображены две ячейки памяти; в каждой по 25 разрядов. Намагниченные элементы обозначены знаком +, ненамагниченные обозначены знаком −. Рассмотрим верхнюю из изображенных ячеек (запятая показывает, где начинается дробная часть числа, а пунктирная линия отделяет первый разряд, служащий для записи знака, от остальных). В ней записано (в двоичной системе счисления) число +1011,01 или — в привычной для нас десятичной системе счисления — число 11,25.

Кроме чисел в ячейках памяти записываются *приказы*, из которых состоит программа. Рассмотрим, как выглядят приказы для так называемой *трехадресной* машины. В этом случае при записи приказа ячейка памяти разбивается на 4 части (пунктирные линии на нижней ячейке, рис. 11). Первая часть служит для обозначения операции, причем операции записываются числами (номерами).

Например,

    сложение   — операция 1,
    вычитание — операция 2,
    умножение — операция 3 и т. д.

Приказы расшифровываются так: первая часть ячейки — номер операции, вторая и третья части — номера ячеек (*адреса*), из которых надо взять числа для выполнения этой операции, четвертая часть — номер ячейки (*адрес*), куда следует отправить полученный результат. Например, на рис. 11 (нижняя строка) записаны в двоичной системе числа 11, 11, 111, 1011 или в десятичной системе: 3, 3, 7, 11, что означает следующий приказ: выполнить операцию 3 (т. е. умножение) над числами, находящимися в *третьей* и *седьмой* ячейках памяти, а полученный результат «запомнить» (т. е. записать) в *одиннадцатой* ячейке.

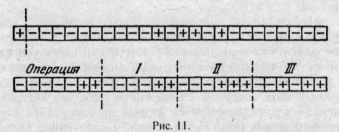

Рис. 11.

В дальнейшем мы будем записывать числа и приказы не условными значками, как на рис. 11, а прямо в десятичной системе счисления. Например, приказ, изображенный в нижней строке рис. 11, запишется так:

умножение   3   7   11

Рассмотрим теперь два простеньких примера программ.

Программа 1
1) сложение   4   5   4
2) умножение   4   4   →
3)   п. у.   1
4)   0
5)   1

Посмотрим, как будет работать машина, у которой в первых пяти ячейках записаны эти данные.

1-й приказ: сложить числа, записанные в 4-й и 5-й ячейках, и отправить результат снова в 4-ю ячейку (вместо того, что там было записано ранее). Таким образом, машина запишет в 4-ю ячейку число $0 + 1 = 1$. После выполнения 1-го приказа в 4-й и 5-й ячейках будут следующие числа:

4) 1,
5) 1.

2-й приказ: умножить число, имеющееся в 4-й ячейке, на себя (т. е. возвести его в квадрат) и результат, т. е. 1^2, выписать на карточку (стрелка означает выдачу готового результата).

3-й приказ: передача управления в 1-ю ячейку. Иначе говоря, приказ п. у. означает, что надо снова по порядку выполнять все приказы, начиная с 1-го. Итак, снова 1-й приказ.

1-й приказ: сложить числа, имеющиеся в 4-й и 5-й ячейках, и результат снова записать в 4-й ячейке. В результате в 4-й ячейке будет число $1+1 = 2$:

4) 2,
5) 1.

2-й приказ: возвысить в квадрат число, стоящее в 4-й ячейке, и полученный результат, т. е. 2^2, выписать на карточку (стрелка — выдача результата).

3-й приказ: передача управления в первую ячейку (т. е. опять переход к 1-му приказу).

1-й приказ: число $2 + 1 = 3$ отправить в 4-ю ячейку:

4) 3,
5) 1.

2-й приказ: выписать на карточку число 3^2.

3-й приказ: передача управления в 1-ю ячейку и т. д.

Мы видим, что машина вычисляет один за другим *квадраты целых чисел* и выписывает их на карточку. Заметьте, что каждый раз набирать новое число вручную не надо: машина сама перебирает подряд целые числа и возводит их в квадрат. Действуя по этой программе, машина вычислит квадраты всех целых чисел, скажем, от 1 до 10 000 в течение нескольких секунд (или даже долей секунды).

Следует отметить, что в действительности программа для вычисления квадратов целых чисел должна быть несколько сложнее той, которая приведена выше. Это прежде всего относится ко 2-му приказу. Дело в том, что выписывание готового результата на карточку требует во много раз больше времени, чем выполнение машиной одной операции. Поэтому готовые результаты сначала «запоминаются» в свободных ячейках «памяти», а уже после этого («не спеша») выписываются на карточку. Таким образом, первый окончательный результат должен «запоминаться» в 1-й свободной ячейке «памяти», второй результат — во 2-й свободной ячейке, третий — в 3-й и т. д. В приведенной выше упрощенной программе это никак не было учтено.

Кроме того, машина не может долго заниматься вычислением квадратов — не хватит ячеек «памяти», — а «угадать», когда машина уже вычислила нужное нам число квадратов, чтобы в этот момент выключить ее, — невозможно (ведь машина производит многие тысячи операций в секунду!). Поэтому предусмотрены особые приказы для остановки машины в нужный момент. Например, программа может быть составлена таким образом, что машина вычислит квадраты всех целых чисел от 1 до 10000 и после этого автоматически выключится.

Есть и другие более сложные виды приказов, на которых мы здесь для простоты не останавливаемся.

Вот как выглядит в действительности программа для вычисления квадратов всех целых чисел от 1 до 10000:

Программа 1а
1) сложение   8   9   8
2) умножение   8   8   10
3) сложение   2   6   2

```
   4) у. п. у.   8    7    1
   5) стоп
   6)             0    0    1
   7) 10000
   8) 0
   9) 1
  10) 0
  11) 0
  12) 0
```
. . . .

Первые два приказа мало отличаются от тех, которые были в предыдущей упрощенной программе. После выполнения этих двух приказов в 8-й, 9-й и 10-й ячейках будут следующие числа:

```
   8) 1
   9) 1
  10) 1²
```

Третий приказ очень интересен: надо сложить то, что стоит во 2-й и 6-й ячейках, и результаты снова записать во 2-й ячейке, после чего 2-я ячейка будет иметь вид

```
   2) умножение   8    8    11.
```

Как видите, после выполнения третьего приказа *меняется второй приказ*, вернее меняется один из адресов 2-го приказа. Ниже мы выясним, для чего это делается.

Четвертый приказ: условная передача управления (вместо 3-го приказа в рассмотренной ранее программе). Этот приказ выполняется так: если число, стоящее в 8-й ячейке, *меньше* числа, стоящего в 7-й ячейке, то передается управление в 1-ю ячейку; в противном случае выполняется следующий (т. е. 5-й) приказ. В нашем случае действительно 1 < 10000, так что происходит передача управления в 1-ю ячейку. Итак, снова 1-й приказ.

После выполнения 1-го приказа в 8-й ячейке будет число 2.
Второй приказ, который теперь имеет вид

```
   2) умножение   8    8    11,
```

заключается в том, что число 2^2 направляется в 11-ю ячейку. Теперь ясно, зачем был выполнен ранее 3-й приказ: новое число, т. е. 2^2, должно попасть не в 10-ю ячейку, которая уже занята, а в следующую. После выполнения 1-го и 2-го приказов у нас будут следующие числа:

8) 2
9) 1
10) 1^2
11) 2^2

После выполнения 3-го приказа 2-я ячейка примет вид

2) умножение 8 8 12,

т. е. машина «подготовилась» к тому, чтобы записать новый результат в следующую, 12-ю ячейку. Так как в 8-й ячейке все еще стоит меньшее число, чем в 9-й ячейке, то 4-й приказ означает снова передачу управления в 1-ю ячейку.

Теперь после выполнения 1-го и 2-го приказов получим:

8) 3
9) 1
10) 1^2
11) 2^2
12) 3^2

До каких пор машина будет по этой программе вычислять квадраты? До тех пор, пока в 8-й ячейке не появится число 10000, т.е. пока не будут вычислены квадраты чисел от 1 до 10000. После этого 4-й приказ уже не передаст управления в 1-ю ячейку (так как в 8-й ячейке будет стоять число, не *меньшее*, а равное числу, стоящему в 7-й ячейке), т. е. после 4-го приказа машина выполнит 5-й приказ: остановится (выключится).

Рассмотрим теперь более сложный пример программы: решение систем уравнений. При этом мы рассмотрим упрощенную программу. При желании читатель сам подумает о том, как должна выглядеть такая программа в полном виде.

Пусть задана система уравнений

$$\begin{cases} ax + by = c, \\ dx + ey = f. \end{cases}$$

Эту систему нетрудно решить:

$$x = \frac{ce - bf}{ae - bd}, \quad y = \frac{af - cd}{ae - bd}.$$

Для решения такой системы (с заданными числовыми значениями коэффициентов *a, b, c, d, e, f*) вам потребуется, вероятно, несколько десятков секунд. Машина же может решить в секунду *тысячи* таких систем.

Рассмотрим соответствующую программу. Будем считать, что даны сразу несколько систем:

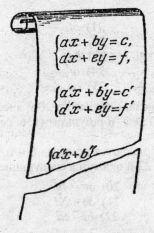

с числовыми значениями коэффициентов $a, b, c, d, e, f, a', b', \ldots$

Вот соответствующая программа:

Программа 2

						26)	a
1) ×28	30	20	14)+	3	19	3	27)	b
2) ×27	31	21	15)+	4	19	4	28)	c
3) ×26	30	22	16)+	5	19	5	29)	d
4) ×27	29	23	17)+	6	19	6	30)	e
5) ×26	31	24	18) п. у.			1	31)	f
6) ×28	29	25	19)	6	6	0	32)	a'
7) −20	21	20	20)	0			33)	b'
8) −22	23	21	21)	0			34)	c'
9) −24	25	22	22)	0			35)	d'
10) : 20	21	→	23)	0			36)	e'
11) : 22	21	→	24)	0			37)	f'
12) + 1	19	1	25)	0			38)	a''
13) + 2	19	2					. . . .	

1-й приказ: составить произведение чисел, стоящих в 28-й и 30-й ячейках, и направить результат в 20-ю ячейку. Иначе говоря, в 20-й ячейке будет записано число ce.

Аналогично выполняются приказы 2-й—6-й. После их выполнения в ячейках 20-й—25-й будут находиться следующие числа:

20) *ce*
21) *bf*
22) *ae*
23) *bd*
24) *af*
25) *cd*

7-й приказ: из числа, стоящего в 20-й ячейке, вычесть число, стоящее в 21-й ячейке, и результат (т. е. *ce* – *bf*) снова записать в 20-ю ячейку.

Аналогично выполняются приказы 8-й и 9-й. В результате в ячейках 20-й, 21-й, 22-й окажутся следующие числа:

20) *ce* – *bf*
21) *ae* – *bd*
22) *af* – *cd*

10-й и 11-й приказы: составляются частные

$$\frac{ce-bf}{ae-bd} \quad \text{и} \quad \frac{af-cd}{ae-bd}$$

и выписываются на карточку (т. е. выдаются как готовые результаты). Это и есть значения неизвестных, получаемых из первой системы уравнений.

Итак, первая система решена. Зачем же дальнейшие приказы? Дальнейшая часть программы (ячейки 12-я — 19-я) предназначена для того, чтобы заставить машину «подготовиться» к решению второй системы уравнений. Посмотрим, как это происходит. Приказы с 10-го по 17-й заключаются в том, что к содержимому ячеек 1-й — 6-й прибавляется запись, имеющаяся в 19-й ячейке, а результаты снова остаются в ячейках 1-й — 6-й. Таким образом, после выполнения 17-го приказа первые шесть ячеек будут иметь следующий вид:

1) × 34 36 20
2) × 33 37 21
3) × 32 36 22
4) × 33 35 23
5) × 32 37 24
6) × 34 35 25

18-й приказ: передача управления в первую ячейку.

Чем же отличаются новые записи в первых шести ячейках от прежних записей? Тем, что первые два адреса в этих ячейках имеют номера не от 26 до 31, как прежде, а номера от 32 до 37. Иначе говоря, машина снова будет производить те же действия, но числа будет брать не из ячеек 26-й—31-й, а из ячеек 32-й—37-й, где стоят коэффициенты второй системы уравнений. В результате машина решит вторую систему уравнений. После решения второй системы машина перейдет к третьей и т. д.

Из сказанного становится ясным, как важно уметь составить правильную «программу». Ведь машина «сама» ничего делать не «умеет». Она может лишь выполнять заданную ей программу. Имеются программы для вычисления корней, логарифмов, синусов, для решения уравнений высших степеней и т. д. Мы уже говорили выше о том, что существуют программы для игры в шахматы, для перевода с иностранного языка... Конечно, чем сложнее задание, тем сложнее соответствующая программа.

Заметим в заключение, что существуют так называемые *программирующие программы*, т. е. такие, с помощью которых сама машина может составить требуемую для решения задачи программу. Это значительно облегчает составление программы, которое часто бывает очень трудоемким.

ГЛАВА ТРЕТЬЯ

В ПОМОЩЬ АРИФМЕТИКЕ

Арифметика зачастую не в силах собственными средствами строго доказать правильность некоторых из ее утверждений. Ей приходится в таких случаях прибегать к обобщающим приемам алгебры. К подобным арифметическим положениям, обосновываемым алгебраически, принадлежат, например, многие правила сокращенного выполнения действий, любопытные особенности некоторых чисел, признаки делимости и др. Рассмотрению вопросов этого рода и посвящается настоящая глава.

Мгновенное умножение

Вычислители-виртуозы во многих случаях облегчают себе вычислительную работу, прибегая к несложным алгебраическим преобразованиям. Например, вычисление 988^2 выполняется так:

$$988 \cdot 988 = (988 + 12) \cdot (988 - 12) + 12^2 =$$
$$= 1000 \cdot 976 + 144 = 976\,144.$$

Легко сообразить, что вычислитель в этом случае пользуется следующим алгебраическим преобразованием:

$$a^2 = a^2 - b^2 + b^2 = (a+b)(a-b) + b^2.$$

На практике мы можем с успехом пользоваться этой формулой для устных выкладок.

Например:

$$27^2 = (27+3)(27-3) + 3^2 = 729,$$

$$63^2 = 66 \cdot 60 + 3^2 = 3969,$$
$$18^2 = 20 \cdot 16 + 2^2 = 324,$$
$$37^2 = 40 \cdot 34 + 3^2 = 1369,$$
$$48^2 = 50 \cdot 46 + 2^2 = 2304,$$
$$54^2 = 58 \cdot 50 + 4^2 = 2916.$$

Далее, умножение $986 \cdot 997$ выполняется так:
$$986 \cdot 997 = (986 - 3) \cdot 1000 + 3 \cdot 14 = 983\,042.$$

На чем основан этот прием? Представим множители в виде
$$(1000 - 14) \cdot (1000 - 3)$$
и перемножим эти двучлены по правилам алгебры:
$$1000 \cdot 1000 - 1000 \cdot 14 - 1000 \cdot 3 + 14 \cdot 3.$$

Делаем преобразования:
$$1000\,(1000 - 14) - 1000 \cdot 3 + 14 \cdot 3 =$$
$$= 1000 \cdot 986 - 1000 \cdot 3 + 14 \cdot 3 =$$
$$= 1000\,(986 - 3) + 14 \cdot 3.$$

Последняя строка и изображает прием вычислителя.

Интересен способ перемножения двух трехзначных чисел, у которых число десятков одинаково, а цифры единиц составляют в сумме 10. Например, умножение
$$783 \cdot 787$$
выполняется так:
$$78 \cdot 79 = 6162; \quad 3 \cdot 7 = 21;$$
результат:
$$616\,221.$$

Обоснование способа ясно из следующих преобразований:
$$(780 + 3)(780 + 7) =$$
$$= 780 \cdot 780 + 780 \cdot 3 + 780 \cdot 7 + 3 \cdot 7 =$$
$$= 780 \cdot 780 + 780 \cdot 10 + 3 \cdot 7 =$$
$$= 780\,(780 + 10) + 3 \cdot 7 = 780 \cdot 790 + 21 =$$
$$= 616\,200 + 21.$$

Другой прием для выполнения подобных умножений еще проще:
$$783 \cdot 787 = (785 - 2)(785 + 2) = 785^2 - 4 = 616\,225 - 4 = 616\,221.$$

В этом примере нам приходилось возводить в квадрат число 785.

Для быстрого возведения в квадрат чисел, оканчивающихся на 5, очень удобен следующий способ:

35^2; $3 \cdot 4 = 12$.   Отв. 1225.
65^2; $6 \cdot 7 = 42$.   Отв. 4225.
75^2; $7 \cdot 8 = 56$.   Отв. 5625.

Правило состоит в том, что умножают число десятков на число, на единицу большее, и к произведению приписывают 25.

Прием основан на следующем. Если число десятков a, то все число можно изобразить так:
$$10a + 5.$$
Квадрат этого числа как квадрат двучлена равен
$$100a^2 + 100a + 25 = 100a(a+1) + 25.$$
Выражение $a(a+1)$ есть произведение числа десятков на ближайшее высшее число. Умножить число на 100 и прибавить 25 — все равно, что приписать к числу 25.

Из того же приема вытекает простой способ возводить в квадрат числа, состоящие из целого и $\frac{1}{2}$. Например:

$$\left(3\frac{1}{2}\right)^2 = 3{,}5^2 = 12{,}25 = 12\frac{1}{4},$$

$$\left(7\frac{1}{2}\right)^2 = 56\frac{1}{4}, \quad \left(8\frac{1}{2}\right)^2 = 72\frac{1}{4} \text{ и т. п.}$$

Цифры 1, 5 и 6

Вероятно, все заметили, что от перемножения ряда чисел, оканчивающихся единицей или пятеркой, получается число, оканчивающееся той же цифрой. Менее известно, что сказанное относится и к числу 6. Поэтому, между прочим, всякая степень числа, оканчивающегося шестеркой, также оканчивается шестеркой.

Например, $46^2 = 2116$; $46^3 = 97\,336$.

Эту любопытную особенность цифр 1, 5 и 6 можно обосновать алгебраическим путем. Рассмотрим ее для 6.

Числа, оканчивающиеся шестеркой, изображаются так:
$$10a + 6, \quad 10b + 6 \text{ и т. д.,}$$
где a и b — целые числа.

Произведение двух таких чисел равно

$$100ab + 60b + 60a + 36 =$$
$$= 10(10ab + 6b + 6a) + 30 + 6 =$$
$$= 10(10ab + 6b + 6a + 3) + 6.$$

Как видим, произведение составляется из некоторого числа десятков и из цифры 6, которая, разумеется, должна оказаться на конце.

Тот же прием доказательства можно приложить к 1 и к 5. Сказанное дает нам право утверждать, что, например,

386^{2567} оканчивается на 6,
815^{723} » » 5,
491^{1732} » » 1 и т. п.

Числа 25 и 76

Имеются и двузначные числа, обладающие тем же свойством, как и числа 1, 5 и 6. Это число 25 и — что, вероятно, для многих будет неожиданностью, — число 76. Всякие два числа, оканчивающиеся на 76, дают в произведении число, оканчивающееся на 76.

Докажем это. Общее выражение для подобных чисел таково:

$$100a + 76, \quad 100b + 76 \text{ и т. д.}$$

Перемножим два числа этого вида; получим:
$$10\,000ab + 7600b + 7600a + 5776 =$$
$$= 10000ab + 7600b + 7600a + 5700 + 76 =$$
$$= 100(100ab + 76b + 76a + 57) + 76.$$

Положение доказано: произведение будет оканчиваться числом 76.

Отсюда следует, что всякая *степень* числа, оканчивающегося на 76, есть подобное же число:

$$376^2 = 141\,376, \quad 576^3 = 191\,102\,976 \text{ и т. п.}$$

Бесконечные «числа»

Существуют и более длинные группы цифр, которые, находясь на конце чисел, сохраняются и в их произведении. Число таких групп цифр, как мы покажем, бесконечно велико.

Мы знаем двузначные группы цифр, обладающие этим свойством: это 25 и 76. Для того чтобы найти трехзначные группы, нужно *приписать* к числу 25 или 76 спереди такую цифру, чтобы полученная трехзначная группа цифр тоже обладала требуемым свойством.

Какую же цифру следует приписать к числу 76? Обозначим ее через k. Тогда искомое трехзначное число изобразится:

$$100k + 76.$$

Общее выражение для чисел, оканчивающихся этой группой цифр, таково:

$$1000a + 100k + 76,\ 1000b + 100k + 76 \text{ и т. д.}$$

Перемножим два числа этого вида; получим:

$1\,000\,000ab + 100\,000ak + 100\,000bk + 76\,000a +$
$ + 76\,000b + 10\,000k^2 + 15\,200k + 5776.$

Все слагаемые, кроме двух последних, имеют на конце не менее трех нулей. Поэтому произведение оканчивается на $100k + 76$, если разность

$15200k + 5776 - (100k + 76) = 15\,100k + 5700 =$
$ = 15\,000k + 5000 + 100\,(k + 7)$

делится на 1000. Это, очевидно, будет только при $k = 3$.

Итак, искомая группа цифр имеет вид 376. Поэтому и всякая степень числа 376 оканчивается на 376. Например:

$$376^2 = 141\,376.$$

Если мы теперь захотим найти четырехзначную группу цифр, обладающую тем же свойством, то должны будем приписать к 376 еще одну цифру спереди. Если эту цифру обозначим через l, то придем к задаче: при каком l произведение

$$(10\,000a + 1000l + 376)\,(10\,000b + 1000l + 376)$$

оканчивается на $1000l + 376$? Если в этом произведении раскрыть скобки и отбросить все слагаемые, которые оканчиваются на 4 нуля и более, то останутся члены

$$752\,000l + 141\,376.$$

Произведение оканчивается на $1000l + 376$, если разность

$752\,000l + 141\,376 - (1\,000l + 376) = 751\,000l + 141\,000 =$
$ = (750\,000l + 140\,000) + 1000\,(l + 1)$

делится на 10 000. Это, очевидно, будет только при $l = 9$.

Искомая четырехзначная группа цифр 9376. Полученную четырехзначную группу цифр можно дополнить еще одной

78

цифрой, для чего нужно рассуждать точно так же, как и выше. Мы получим 09376. Проделав еще один шаг, найдем группу цифр 109376, затем 7109376 и т. д.

Такое приписывание цифр слева можно производить неограниченное число раз. В результате мы получим «число», у которого *бесконечно много* цифр:

$$...7109\,376.$$

Подобные «числа» можно складывать и умножать по обычным правилам: ведь они записываются *справа налево*, а сложение и умножение («столбиком») также производятся справа налево, так что в сумме и произведении двух таких чисел можно вычислять одну цифру за другой — сколько угодно цифр.

Интересно, что написанное выше бесконечное «число» удовлетворяет, как это ни кажется невероятным, уравнению

$$x^2 = x.$$

В самом деле, квадрат этого «числа» (т. е. произведение его на себя) оканчивается на 76, так как каждый из сомножителей имеет на конце 76; по той же причине квадрат написанного «числа» оканчивается на 376; оканчивается на 9376 и т. д. Иначе говоря, вычисляя одну за другой цифры «числа» x^2, где $x = ...7109376$, мы будем получать те же цифры, которые имеются в числе x, так что $x^2 = x$.

Мы рассмотрели группы цифр, оканчивающиеся на 76.[1] Если аналогичные рассуждения провести для групп цифр, оканчивающихся на 5, то мы получим такие группы цифр:

5, 25, 625, 0625, 90625, 890 625, 2 890 625 и т. д.

В результате мы сможем написать еще одно бесконечное «число»

$$...2\,890\,625,$$

также удовлетворяющее уравнению $x^2 = x$. Можно было бы показать, что это бесконечное «число» «равно»

---

[1] Заметим, что двузначная группа цифр 76 может быть найдена при помощи рассуждений; аналогичных приведенным выше: достаточно решить вопрос о том, какую цифру надо спереди приписать к цифре 6, чтобы полученная двузначная группа цифр обладала рассматриваемым свойством. Поэтому «число» ...7109 376 можно получить, приписывая спереди одну за другой цифры к шестерке.

Полученный интересный результат на языке бесконечных «чисел» формулируется так: уравнение $x^2 = x$ имеет (кроме обычных $x = 0$ и $x = 1$) два «бесконечных» решения:

$$x = \ldots 7\ 109\ 376 \text{ и } x = \ldots 2\ 890\ 625,$$

а других решений (в десятичной системе счисления) не имеет.[1]

Доплата

СТАРИННАЯ НАРОДНАЯ ЗАДАЧА

Однажды в старые времена произошел такой случай. Двое прасолов продали принадлежавший им гурт волов, получив при этом за каждого вола столько рублей, сколько в гурте было волов. На вырученные деньги купили стадо овец по 10 рублей за овцу и одного ягненка. При дележе поровну одному досталась лишняя овца, другой же взял ягненка и получил с компаньона соответствующую доплату. Как велика была доплата (предполагается, что доплата выражается целым числом рублей)?

РЕШЕНИЕ

Задача не поддается прямому переводу «на алгебраический язык», для нее нельзя составить уравнения. Приходится решать ее особым путем, так сказать, по свободному математическому соображению. Но и здесь алгебра оказывает арифметике существенную помощь.

Стоимость всего стада в рублях есть точный квадрат, так как стадо приобретено на деньги от продажи n волов по n рублей за вола. Одному из компаньонов досталась лишняя овца, следовательно, число овец нечетное; нечетным, значит, является и число десятков в числе n^2. Какова же цифра единиц?

Можно доказать, что если в точном квадрате число десятков нечетное, то цифра единиц в нем может быть только 6.

В самом деле, квадрат всякого числа из a десятков и b единиц, т. е. $(10a + b)^2$, равен

$$100a^2 + 20ab + b^2 = (10a^2 + 2ab) \cdot 10 + b^2.$$

---

[1] Бесконечные «числа» можно рассматривать не только в десятичной, а и в других системах счисления. Такие числа, рассматриваемые в системе счисления с основанием p, называются p-адическими числами. Кое-что об этих числах можно прочесть в книге Е. Б. Дынкина и В. А. Успенского «Математические беседы» (Гостехиздат, 1952).

Десятков в этом числе $10a^2 + 2ab$, да еще некоторое число десятков, заключающихся в b^2. Но $10a^2 + 2ab$ делится на 2 — это число четное. Поэтому число десятков, заключающихся в $(10a + b)^2$, будет нечетным, лишь если в числе b^2 окажется нечетное число десятков. Вспомним, что такое b^2. Это — квадрат цифры единиц, т. е. одно из следующих 10 чисел:

$$0, 1, 4, 9, 16, 25, 36, 49, 64, 81.$$

Среди них нечетное число десятков имеют только 16 и 36 — оба оканчивающиеся на 6. Значит, точный квадрат

$$100a^2 + 20ab + b^2$$

может иметь нечетное число десятков только в том случае, если оканчивается на 6.

Теперь легко найти ответ на вопрос задачи. Ясно, что ягненок пошел за 6 рублей. Компаньон, которому он достался, получил, следовательно, на 4 рубля меньше другого. Чтобы уравнять доли, обладатель ягненка должен дополучить от своего компаньона 2 рубля.

Доплата равна 2 рублям.

Делимость на 11

Алгебра весьма облегчает отыскание признаков, по которым можно заранее, не выполняя деления, установить, делится ли данное число на тот или иной делитель. Признаки делимости на 2, 3, 4, 5, 6, 8, 9, 10 общеизвестны. Выведем признак делимости на 11; он довольно прост и практичен.

Пусть многозначное число N имеет цифру единиц a, цифру десятков b, цифру сотен c, цифру тысяч d и т. д., т. е.

$$N = a + 10b + 100c + 1000d + ... = a + 10(b + 10c + 100d + ...),$$

где многоточие означает сумму дальнейших разрядов. Вычтем из N число $11(b + 10c + 100d + ...)$, кратное одиннадцати. Тогда полученная разность, равная, как легко видеть,

$$a - b - 10(c + 10d + ...),$$

будет иметь тот же остаток от деления на 11, что и число N. Прибавив к этой разности число $11(c + 10d + ...)$, кратное одиннадцати, мы получим число

$$a - b + c + 10(d + ...),$$

также имеющее тот же остаток от деления на 11, что и число N. Вычтем из него число $11(d + ...)$, кратное одиннадцати, и т. д. В результате мы получим число

$$a - b + c - d + ... = (a + c + ...) - (b + d + ...),$$

имеющее тот же остаток от деления на 11, что и исходное число N.

Отсюда вытекает следующий признак делимости на 11: надо из суммы всех цифр, стоящих на нечетных местах, вычесть сумму всех цифр, занимающих четные места; если в разности получится 0 либо число (положительное или отрицательное), кратное 11, то и испытуемое число кратно 11; в противном случае наше число не делится без остатка на 11.

Испытаем, например, число 87 635 064:

$$8 + 6 + 5 + 6 = 25,$$
$$7 + 3 + 0 + 4 = 14,$$
$$25 - 14 = 11.$$

Значит, данное число делится на 11.

Существует и другой признак делимости на 11, удобный для не очень длинных чисел. Он состоит в том, что испытуемое число разбивают справа налево на грани по две цифры в каждой и складывают эти грани. Если полученная сумма делится без остатка на 11, то и испытуемое число кратно 11, в противном случае — нет. Например, пусть требуется, испытать число 528. Разбиваем число на грани (5/28) и складываем обе грани:

$$5 + 28 = 33.$$

Так как 33 делится без остатка на 11, то и число 528 кратно 11:

$$528 : 11 = 48.$$

Докажем этот признак делимости. Разобьем многозначное число N на грани. Тогда мы получим двузначные (или однозначные [1]) числа, которые обозначим (справа налево) через a, b, c и т. д., так что число N можно будет записать в виде

$$N = a + 100b + 10\,000c + ... = a + 100\,(b + 100c + ...).$$

Вычтем из N число $99\,(b + 100c + ...)$, кратное одиннадцати. Полученное число

---

[1] Если число N имело нечетное число цифр, то последняя (самая левая) грань будет однозначной. Кроме того, грань вида 03 также следует рассматривать как однозначное число 3.

$$a + (b + 100c + ...) = a + b + 100(c + ...)$$

будет иметь тот же остаток от деления на 11, что и число N. Из этого числа вычтем число 99 (с + ...), кратное одиннадцати, и т. д. В результате мы найдем, что число N имеет тот же остаток от деления на 11, что и число

$$a + b + c + ...$$

Номер автомашины

ЗАДАЧА

Прогуливаясь по городу, трое студентов-математиков заметили, что водитель автомашины грубо нарушил правила уличного движения. Номер машины (четырехзначный) ни один из студентов не запомнил, но, так как они были математиками, каждый из них приметил некоторую особенность этого четырехзначного числа. Один из студентов вспомнил, что две первые цифры числа были одинаковы. Второй вспомнил, что две последние цифры также совпадали между собой. Наконец, третий утверждал, что все это четырехзначное число является точным квадратом. Можно ли по этим данным узнать номер машины?

РЕШЕНИЕ

Обозначим первую (и вторую) цифру искомого числа через a, а третью (и четвертую) — через b. Тогда все число будет равно:

$$1000a + 100a + 10b + b = 1100a + 11b = 11(100a + b).$$

Число это делится на 11, а потому (будучи точным квадратом) оно делится и на 11^2. Иначе говоря, число $100a + b$ делится на 11. Применяя любой из двух вышеприведенных признаков делимости на 11, найдем, что на 11 делится число $a + b$. Но это значит, что

$$a + b = 11,$$

так как каждая из цифр a, b меньше десяти.

Последняя цифра b числа, являющегося точным квадратом, может принимать только следующие значения:

$$0, 1, 4, 5, 6, 9.$$

Поэтому для цифры a, которая равна $11 - b$, находим такие возможные значения:

11, 10, 7, 6, 5, 2.

Первые два значения непригодны, и остаются следующие возможности:

$$b = 4, \quad a = 7;$$
$$b = 5, \quad a = 6;$$
$$b = 6, \quad a = 5;$$
$$b = 9, \quad a = 2;$$

Мы видим, что номер автомашины нужно искать среди следующих четырех чисел:

$$7744, \ 6655, \ 5566, \ 2299.$$

Но последние три из этих чисел не являются точными квадратами: число 6655 делится на 5, но не делится на 25; число 5566 делится на 2, но не делится на 4; число $2299 = 121 \cdot 19$ также не является квадратом. Остается только одно число $7744 = 88^2$; оно и дает решение задачи.

Делимость на 19

Обосновать следующий признак делимости на 19.

Число делится без остатка на 19 тогда и только тогда, когда число его десятков, сложенное с удвоенным числом единиц, кратно 19.

РЕШЕНИЕ

Всякое число N можно представить в виде

$$N = 10x + y,$$

где x — число десятков (не цифра в разряде десятков, а общее число целых десятков во всем числе), y — цифра единиц. Нам нужно показать, что N кратно 19 тогда и только тогда, когда

$$N' = x + 2y$$

кратно 19. Для этого умножим N' на 10 и из этого произведения вычтем N; получим:

$$10N' - N = 10(x + 2y) - (10x + y) = 19y.$$

Отсюда видно, что если N' кратно 19, то и

$$N = 10N' - 19y$$

делится без остатка на 19; и обратно, если N делится без остатка на 19, то

$$10N' = N + 19y$$

кратно 19, а тогда, очевидно, и N' делится без остатка на 19.

Пусть, например, требуется определить, делится ли на 19 число 47 045 881.

Применяем последовательно наш признак делимости:

```
    4 7 0 4 5 8 8 |1
              +   2
    ─────────────
    4 7 0 4 5 9 0
          +   1 8
    ─────────────
      4 7 0 6 3
            + 6
    ─────────────
        4 7 1 2
          + 4
    ─────────────
          4 7 5
      +   1 0
    ─────────────
            5 7
      + 1 4
    ─────────────
            1 9
```

Так как 19 делится на 19 без остатка, то кратны 19 и числа 57, 475, 4712, 47063, 470 459, 4 704 590, 47 045 881.

Итак, наше число делится на 19.

Теорема Софии Жермен

Вот задача, предложенная известным французским математиком Софией Жермен:

Доказать, что каждое число вида $a^4 + 4$ есть составное (если a не равно 1).

РЕШЕНИЕ

Доказательство вытекает из следующих преобразований:
$$a^4 + 4 = a^4 + 4a^2 + 4 - 4a^2 = (a^2 + 2)^2 - 4a^2 =$$
$$= (a^2 + 2)^2 - (2a)^2 = (a^2 + 2 - 2a)(a^2 + 2 + 2a).$$

Число $a^4 + 4$ может быть, как мы убеждаемся, представлено в виде произведения двух множителей, не равных ему самому и единице,[1] иными словами, оно — составное.

Составные числа

Число так называемых простых чисел, т. е. целых чисел, бо́льших единицы, не делящихся без остатка ни на какие другие целые числа, кроме единицы и самих себя, бесконечно велико.

Начинаясь числами 2, 3, 5, 7, 11, 13, 17, 19, 23, 29, 31, ..., ряд их простирается без конца. Вклиниваясь между числами составными, они разбивают натуральный ряд чисел на более или менее длинные участки составных чисел. Какой длины бывают эти участки? Следует ли где-нибудь подряд, например, тысяча составных чисел, не прерываясь ни одним простым числом?

Можно доказать, — хотя это и может показаться неправдоподобным, — что участки составных чисел между простыми бывают любой длины. Нет границы для длины таких участков: они могут состоять из тысячи, из миллиона, из триллиона и т. д. составных чисел.

Для удобства будем пользоваться условным символом $n!$, который обозначает произведение всех чисел от 1 до n включительно. Например $5! = 1 \cdot 2 \cdot 3 \cdot 4 \cdot 5$. Мы сейчас докажем, что ряд

[(n+1)!+2], [(n+1)!+3], [(n+1)!+4], ...

до [(n+1)!+n+1] включительно

состоит из n последовательных составных чисел.

Числа эти идут непосредственно друг за другом в натуральном ряду, так как каждое следующее на 1 больше предыдущего. Остается доказать, что все они — составные.

Первое число

$$(n + 1)! + 2 = 1 \cdot 2 \cdot 3 \cdot 4 \cdot 5 \cdot 6 \cdot 7 \cdot \ldots \cdot (n + 1) + 2$$

— четное, так как оба его слагаемых содержат множитель 2. А всякое четное число, большее 2, — составное.

Второе число

$$(n + 1)! + 3 = 1 \cdot 2 \cdot 3 \cdot 4 \cdot 5 \cdot 6 \cdot 7 \cdot \ldots \cdot (n + 1) + 3$$

состоит из двух слагаемых, каждое из которых кратно 3. Значит, и это число составное.

---

[1] Последнее — потому, что

$a^2 + 2 - 2a = (a^2 - 2a + 1) + 1 = (a - 1)^2 + 1 \neq 1$, если $a \neq 1$.

Третье число
$$(n+1)! + 4 = 1 \cdot 2 \cdot 3 \cdot 4 \cdot 5 \cdot 6 \cdot 7 \ldots \cdot (n+1) + 4$$
делится без остатка на 4, так как состоит из слагаемых, кратных 4.

Подобным же образом устанавливаем, что следующее число
$$(n+1)! + 5$$
кратно 5 и т. д. Иначе говоря, каждое число нашего ряда содержит множитель, отличный от единицы и его самого; оно является, следовательно, составным.

Если вы желаете написать, например, пять последовательных составных чисел, вам достаточно в приведенный выше ряд подставить вместо *n* число 5. Вы получите ряд
$$722, 723, 724, 725, 726.$$
Но это — не единственный ряд из пяти последовательных составных чисел. Имеются и другие, например,
$$62, 63, 64, 65, 66.$$
Или еще меньшие числа:
$$24, 25, 26, 27, 28.$$

Попробуем теперь решить задачу:
Написать десять последовательных составных чисел.

РЕШЕНИЕ

На основании ранее сказанного устанавливаем, что в качестве первого из искомых десяти чисел можно взять
$$1 \cdot 2 \cdot 3 \cdot 4 \cdot \ldots \cdot 10 \cdot 11 + 2 = 39\,816\,802.$$
Искомой серией чисел, следовательно, может служить такая:
$$39\,816\,802,\ 39\,816\,803,\ 39\,816\,804 \text{ и т. д.}$$
Однако существуют серии из десяти гораздо меньших последовательных составных чисел. Так, можно указать на серию даже не из десяти, а из тринадцати составных последовательных чисел уже во второй сотне:

114, 115, 116, 117 и т. д. до 126 включительно.

Число простых чисел

Существование сколь угодно длинных серий последовательных *составных* чисел способно возбудить сомнение в том, действительно ли ряд *простых* чисел не имеет конца. Не лишним будет поэтому привести здесь доказательство бесконечности ряда простых чисел.

Доказательство это принадлежит древнегреческому математику Евклиду и входит в его знаменитые «Начала». Оно относится к разряду доказательств «от противного». Предположим, что ряд простых чисел конечен, и обозначим последнее простое число в этом ряду буквой N. Составим произведение

$$1 \cdot 2 \cdot 3 \cdot 4 \cdot 5 \cdot 6 \cdot 7 \cdot \ldots \cdot N = N!$$

и прибавим к нему 1. Получим:

$$N! + 1.$$

Это число, будучи целым, должно содержать хотя бы один простой множитель, т. е. должно делиться хотя бы на одно простое число. Но все простые числа, по предположению, не превосходят N, число же $N! + 1$ не делится без остатка ни на одно из чисел, меньших или равных N, — всякий раз получится остаток 1.

Итак, нельзя было принять, что ряд простых чисел конечен: предположение это приводит к противоречию. Таким образом, какую бы длинную серию последовательных составных чисел мы ни встретили в ряду натуральных чисел, мы можем быть убеждены в том, что за нею найдется еще бесконечное множество простых чисел.

Наибольшее известное простое число

Одно дело быть уверенным в том, что *существуют* как угодно большие простые числа, а другое дело — *знать*, какие числа являются простыми. Чем больше натуральное число, тем больше вычислений надо провести, чтобы узнать, является оно простым или нет. Вот наибольшее число, о котором в настоящее время известно, что оно просто:

$$2^{2281} - 1.$$

Это число имеет около семисот десятичных знаков. Вычисления, с помощью которых было установлено, что это число является простым, проводились на современных вычислительных машинах (см. гл. I, II).

Ответственный расчет

В вычислительной практике встречаются такие чисто арифметические выкладки, выполнение которых без помощи облегчающих методов алгебры чрезвычайно затруднительно. Пусть требуется, например, найти результат таких действий:

$$\frac{2}{1+\dfrac{1}{90\,000\,000\,000}}.$$

(Вычисление это необходимо для того, чтобы установить, вправе ли техника, имеющая дело со скоростями движения тел, малыми по сравнению со скоростью распространения электромагнитных волн, пользоваться прежним законом сложения скоростей, не считаясь с теми изменениями, которые внесены в механику теорией относительности. Согласно старой механике тело, участвующее в двух одинаково направленных движениях со скоростями v_1 и v_2 километров в секунду, имеет скорость ($v_1 + v_2$) километров в секунду. Новое же учение дает для скорости тела выражение

$$\frac{v_1 + v_2}{1+\dfrac{v_1 v_2}{c^2}} \text{ километров в секунду,}$$

где c — скорость распространения света в пустоте, равная приблизительно 300 000 километров в секунду. В частности, скорость тела, участвующего в двух одинаково направленных движениях, каждое со скоростью 1 километр в секунду, по старой механике равно 2 километрам в секунду, а по новой как раз

$$\frac{2}{1+\dfrac{1}{90\,000\,000\,000}} \text{ километров в секунду.}$$

Насколько же разнятся эти результаты? Уловима ли разница для тончайших измерительных приборов? Для выяснения этого важного вопроса и приходится выполнить указанное выше вычисление.)

Сделаем это вычисление двояко: сначала обычным арифметическим путем, а затем покажем, как получить результат приемами алгебры. Достаточно одного взгляда на приведенные далее длинные ряды цифр, чтобы убедиться в неоспоримых преимуществах алгебраического способа.

Прежде всего преобразуем нашу «многоэтажную» дробь:

$$\frac{2}{1+\dfrac{1}{90\,000\,000\,000}} = \frac{180\,000\,000\,000}{90\,000\,000\,000}.$$

Произведем теперь деление числителя на знаменатель:

```
  180 000 000 000  | 90 000 000 000
   90 000 000 001  | 1,999 999 999 977...
  ───────────────
   899 999 999 990
   810 000 000 009
  ───────────────
   899 999 999 810
   810 000 000 009
  ───────────────
   899 999 998 010
   810 000 000 009
  ───────────────
   899 999 980 010
   810 000 000 009
  ───────────────
   899 999 800 010
   810 000 000 009
  ───────────────
   899 998 000 010
   810 000 000 009
  ───────────────
   899 980 000 010
   810 000 000 009
  ───────────────
   899 800 000 010
   810 000 000 009
  ───────────────
   898 000 000 010
   810 000 000 009
  ───────────────
   880 000 000 010
   810 000 000 009
  ───────────────
   700 000 000 010
   630 000 000 007
  ───────────────
    70 000 000 003
```

Вычисление, как видите, утомительное, кропотливое; в нем легко запутаться и ошибиться. Между тем, для решения задачи важно в точности знать, на котором именно месте обрывается ряд девяток и начинается серия других цифр.

Сравните теперь, как коротко справляется с тем же расчетом алгебра. Она пользуется следующим приближенным равенством: если a — весьма малая дробь, то

$$\frac{1}{1+a} \approx 1-a,$$

где знак $\approx$ означает «приближенно равно».

Убедиться в справедливости этого утверждения очень просто: сравним делимое 1 с произведением делителя на частное:

$$1 = (1+a)(1-a),$$

т. е.

$$1 = 1 - a^2.$$

Так как a — весьма малая дробь (например, 0,001), то a^2 еще меньшая дробь (0,000 001), и ею можно пренебречь.

Применим сказанное к нашему расчету:[1]

$$\frac{2}{1+\dfrac{1}{90\,000\,000\,000}} = \frac{2}{1+\dfrac{1}{9 \cdot 10^{10}}} \approx$$

$$\approx 2(1 - 0{,}111\ldots \cdot 10^{-10}) =$$
$$= 2 - 0{,}000\,000\,000\,022\,2\ldots = 1{,}999\,999\,999\,977\,7\ldots$$

Мы пришли к тому же результату, что и раньше, но гораздо более коротким путем.

(Читателю, вероятно, интересно знать, каково значение полученного результата в поставленной нами задаче из области механики. Этот результат показывает, что ввиду малости рассмотренных скоростей по сравнению со скоростью света уклонение от старого закона сложения скоростей практически не обнаруживается: даже при таких огромных скоростях, как 1 *км/сек,* оно сказывается на одиннадцатой цифре определяемого числа, а в обычной технике ограничиваются 4—6 цифрами. Мы вправе поэтому утверждать, что новая, эйнштейнова, механика практически ничего не меняет в технических расчетах, относящихся к «медленно» (по сравнению с распространением света) движущимся телам. Есть, однако, одна область современной жизни, где этот безоговорочный вывод следует принимать с

---

[1] Мы пользуемся далее приближенным равенством

$$\frac{A}{1+a} \approx A(1-a).$$

осторожностью. Речь идет о космонавтике. Ведь уже сегодня мы достигли скоростей порядка 10 *км/сек* (при движении спутников и ракет). В этом случае расхождение классической и эйнштейновой механики скажется уже на девятом знаке. А ведь не за горами еще большие скорости...)

Когда без алгебры проще

Наряду со случаями, когда алгебра оказывает арифметике существенные услуги, бывают и такие, когда вмешательство алгебры вносит лишь ненужное усложнение. Истинное знание математики состоит в умении так распоряжаться математическими средствами, чтобы избирать всегда самый прямой и надежный путь, не считаясь с тем, относится ли метод решения задачи к арифметике, алгебре, геометрии и т. п. Полезно будет поэтому рассмотреть случай, когда привлечение алгебры способно лишь запутать решающего. Поучительным примером может служить следующая задача.

Найти наименьшее из всех тех чисел, которые при делении

на	2	дают	в	остатке	1
»	3	»	»	»	2
»	4	»	»	»	3
»	5	»	»	»	4
»	6	»	»	»	5
»	7	»	»	»	6
»	8	»	»	»	7
»	9	»	»	»	8

РЕШЕНИЕ

Задачу эту предложили мне со словами: «Как вы решили бы такую задачу? Здесь слишком много уравнений; не выпутаться из них».

Ларчик просто открывается; никаких уравнений, никакой алгебры для решения задачи не требуется — она решается несложным арифметическим рассуждением.

Прибавим к искомому числу единицу. Какой остаток даст оно тогда при делении на 2? Остаток $1 + 1 = 2$; другими словами, число разделится на 2 без остатка.

Точно так же разделится оно без остатка и на 3, на 4, на 5, на 6, на 7, на 8 и на 9. Наименьшее из таких чисел есть $9 \cdot 8 \cdot 7 \cdot 5 = 2520$, а искомое число равно 2519, что нетрудно проверить испытанием.

ГЛАВА ЧЕТВЕРТАЯ

ДИОФАНТОВЫ УРАВНЕНИЯ

Покупка свитера

ЗАДАЧА

Вы должны уплатить за купленный в магазине свитер 19 руб. У вас одни лишь трехрублевки, у кассира — только пятирублевки. Можете ли вы при наличии таких денег расплатиться с кассиром и как именно?

Вопрос задачи сводится к тому, чтобы узнать, сколько должны вы дать кассиру трехрублевок, чтобы, получив сдачу пятирублевками, уплатить 19 рублей. Неизвестных в задаче два — число (x) трехрублевок и число (y) пятирублевок. Но можно составить только одно уравнение:

$$3x - 5y = 19.$$

Хотя одно уравнение с двумя неизвестными имеет бесчисленное множество решений, но отнюдь еще не очевидно, что среди них найдется хоть одно с целыми положительными x и y (вспомним, что это — числа кредитных билетов). Вот почему алгебра разработала метод решения подобных «неопределенных» уравнений. Заслуга введения их в алгебру принадлежит первому европейскому представителю этой науки, знаменитому математику древности Диофанту, отчего такие уравнения часто называют «диофантовыми».

РЕШЕНИЕ

На приведенном примере покажем, как следует решать подобные уравнения.

Надо найти значения x и y в уравнении
$$3x - 5y = 19,$$
зная при этом, что x и y — числа целые и положительные.

Уединим то неизвестное, коэффициент которого меньше, т. е. член $3x$; получим:
$$3x = 19 + 5y,$$
откуда
$$x = \frac{19 + 5y}{3} = 6 + y + \frac{1 + 2y}{3}.$$

Так как x, 6 и y — числа целые, то равенство может быть верно лишь при условии, что $\frac{1+2y}{3}$ есть также целое число. Обозначим его буквой t. Тогда
$$x = 6 + y + t,$$
где
$$t = \frac{1 + 2y}{3},$$
и, значит,
$$3t = 1 + 2y, \quad 2y = 3t - 1.$$

Из последнего уравнения определяем y:
$$y = \frac{3t - 1}{2} = t + \frac{t - 1}{2}.$$

Так как y и t — числа целые, то и $\frac{t-1}{2}$ должно быть некоторым целым числом t_1. Следовательно,
$$y = t + t_1,$$
причём
$$t_1 = \frac{t - 1}{2},$$
откуда
$$2t_1 = t - 1 \text{ и } t = 2t_1 + 1.$$

Значение $t = 2t_1 + 1$ подставляем в предыдущие равенства:
$$y = t + t_1 = (2t_1 + 1) + t_1 = 3t_1 + 1,$$
$$x = 6 + y + t = 6 + (3t_1 + 1) + (2t_1 + 1) = 8 + 5t_1.$$

Итак, для x и y мы нашли выражения [1]

$$x = 8 + 5t_1,$$
$$y = 1 + 3t_1.$$

Числа x и y, мы знаем, — не только целые, но и положительные, т. е. бо́льшие чем 0. Следовательно,

$$8 + 5t_1 > 0,$$
$$1 + 3t_1 > 0.$$

Из этих неравенств находим:

$$5t_1 > -8 \quad \text{и} \quad t_1 > -\frac{8}{5},$$

$$3t_1 > -1 \quad \text{и} \quad t_1 > -\frac{1}{3}.$$

Этим величина t_1 ограничивается; она больше чем $-\frac{1}{3}$ (и, значит, подавно больше чем $-\frac{8}{5}$). Но так как t_1 — число целое, то заключаем, что для него возможны лишь следующие значения:

$$t_1 = 0, 1, 2, 3, 4, \ldots$$

Соответствующие значения для x и y таковы:

$$x = 8 + 5t_1 = 8, 13, 18, 23, \ldots,$$
$$y = 1 + 3t_1 = 1, 4, 7, 10, \ldots$$

Теперь мы установили, как может быть произведена уплата: вы либо платите 8 трехрублевок, получая одну пятирублевку сдачи:

$$8 \cdot 3 - 5 = 19,$$

либо платите 13 трехрублевок, получая сдачи 4 пятирублевки:

$$13 \cdot 3 - 4 \cdot 5 = 19$$

и т. д.

---

[1] Строго говоря, мы доказали только то, что всякое целочисленное решение уравнения $3x - 5y = 19$ имеет вид $x = 8 + 5\,t_1$, $y = 1 + 3\,t_1$, где t_1 — некоторое целое число. Обратное (т. е. то, что при любом целом t_1 мы получаем некоторое целочисленное решение данного нам уравнения) доказано не было. Однако в этом легко убедиться, проводя рассуждения в обратном порядке или подставив найденные значения x и y в первоначальное уравнение.

Теоретически задача имеет бесчисленный ряд решений, практически же число решений ограничено, так как ни у покупателя, ни у кассира нет бесчисленного множества кредитных билетов. Если, например, у каждого всего по 10 билетов, то расплата может быть произведена только одним способом: выдачей 8 трехрублевок и получением 5 рублей сдачи. Как видим, неопределенные уравнения практически могут давать вполне определенные пары решений.

Возвращаясь к нашей задаче, предлагаем читателю в качестве упражнения самостоятельно решить ее вариант, а именно рассмотреть случай, когда у покупателя только пятирублевки, а у кассира только трехрублевки. В результате получится такой ряд решений:

$$x = 5, 8, 11, ...,$$
$$y = 2, 7, 12, ...$$

Действительно,

$$5 \cdot 5 - 2 \cdot 3 = 19,$$
$$8 \cdot 5 - 7 \cdot 3 = 19,$$
$$11 \cdot 5 - 12 \cdot 3 = 19,$$
$$\cdots \cdots \cdots \cdots$$

Мы могли бы получить эти результаты также и из готового уже решения основной задачи, воспользовавшись простым алгебраическим приемом. Так как *давать* пятирублевки и *получать* трехрублевки все равно, что «*получать* отрицательные пятирублевки» и «*давать* отрицательные трехрублевки», то новый вариант задачи решается тем же уравнением, которое мы составили для основной задачи:

$$3x - 5y = 19,$$

но при условии, что x и y — числа отрицательные. Поэтому из равенств

$$x = 8 + 5t_1,$$
$$y = 1 + 3t_1.$$

мы, зная, что $x < 0$ и $y < 0$, выводим:

$$8 + 5t_1 < 0,$$
$$1 + 3t_1 < 0.$$

и, следовательно,

$$t_1 < -\frac{8}{5}.$$

Принимая $t_1 = -2, -3, -4$ и т. д., получаем из предыдущих формул следующие значения для x и y:

$$t_1 = -2, -3, -4,$$
$$x = -2, -7, -12,$$
$$y = -5, -8, -11.$$

Первая пара решений, $x = -2$, $y = -5$, означает, что покупатель «платит минус 2 трехрублевки» и «получает минус 5 пятирублевок», т. е. в переводе на обычный язык — платит 5 пятирублевок и получает сдачи 2 трехрублевки. Подобным же образом истолковываем и прочие решения.

Ревизия магазина

ЗАДАЧА

При ревизии торговых книг магазина одна из записей оказалась залитой чернилами и имела такой вид:

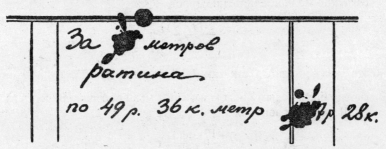

Невозможно было разобрать число проданных метров, но было несомненно, что число это не дробное; в вырученной сумме можно было различить только последние три цифры, да установить еще, что перед ними были три какие-то другие цифры.

Может ли ревизионная комиссия по этим следам установить запись?

РЕШЕНИЕ

Обозначим число метров через x. Вырученная сумма выразится в копейках через

$$4936x.$$

Число, выражаемое тремя залитыми цифрами в записи денежной суммы, обозначим через y. Это, очевидно, число тысяч копеек, а вся сумма в копейках изобразится так:

$$1000y + 728.$$

Имеем уравнение

$$4936x = 1000y + 728,$$

или, после сокращения на 8,

$$617x - 125y = 91.$$

В этом уравнении x и y — числа целые и притом y не больше 999, так как более чем из трех цифр оно состоять не может. Решаем уравнение, как раньше было указано:

$$125y = 617x - 91,$$

$$y = 5x - 1 + \frac{34 - 8x}{125} = 5x - 1 + \frac{2(17 - 4x)}{125} = 5x - 1 + 2t.$$

(Здесь мы приняли $\frac{617}{125} = 5 - \frac{8}{125}$, так как нам выгодно иметь возможно меньшие остатки. Дробь

$$\frac{2(17 - 4x)}{125}$$

есть целое число, а так как 2 не делится на 125, то $\frac{17 - 4x}{125}$ должно быть целым числом, которое мы и обозначили через t.)

Далее из уравнения

$$\frac{17 - 4x}{125} = t$$

имеем:

$$17 - 4x = 125t,$$

$$x = 4 - 31t + \frac{1 - t}{4} = 4 - 31t + t_1,$$

где

$$t_1 = \frac{1 - t}{4},$$

и, следовательно,

$$4t_1 = 1 - t;$$
$$t = 1 - 4t_1;$$

$$x = 125t_1 - 27$$
$$y = 617t_1 - 134.\,^1$$

Мы знаем, что
$$100 \le y < 1000.$$

Следовательно,
$$100 \le 617t_1 - 134 < 1000,$$

откуда
$$t_1 \ge \frac{234}{617} \text{ и } t_1 < \frac{1134}{617}.$$

Очевидно, для t_1 существует только одно целое значение:
$$t_1 = 1,$$

и тогда
$$x = 98, y = 483,$$

т. е. было отпущено 98 метров на сумму 4837 р. 28 к. Запись восстановлена.

Покупка почтовых марок.

ЗАДАЧА

Требуется на один рубль купить 40 штук почтовых марок — копеечных, 4-копеечных и 12-копеечных. Сколько окажется марок каждого достоинства?

РЕШЕНИЕ

В этом случае у нас имеется два уравнения с тремя неизвестными:
$$x + 4y + 12z = 100,$$
$$x + y + z = 40.$$

где x — число копеечных марок, y — 4-копеечных, z — 12-копеечных.

Вычитая из первого уравнения второе, получим одно уравнение с двумя неизвестными:

---

[1] Обратите внимание на то, что коэффициенты при t_1 равны коэффициентам при x и y в исходном уравнении
$$617x - 125y = 91,$$
причем у одного из коэффициентов при t_1 знак обратный. Это не случайность: можно доказать, что так должно быть всегда, если коэффициенты при x и y — взаимно простые.

Находим y:

$$3y + 11z = 60.$$

$$y = 20 - 11 \cdot \frac{z}{3}.$$

Очевидно, $\frac{z}{3}$ — число целое. Обозначим его через t. Имеем:

$$y = 20 - 11t,$$
$$z = 3t.$$

Подставляем выражения для y и z во второе из исходных уравнений:

$$x + 20 - 11t + 3t = 40;$$

получаем:

$$x = 20 + 8t.$$

Так как $x \geq 0, y \geq 0$ и $z \geq 0$, то нетрудно установить границы для t:

$$0 \leq t \leq 1\frac{9}{11},$$

откуда заключаем, что для t возможны только два целых значения:

$$t = 0 \text{ и } t = 1.$$

Соответствующие значения x, y и z таковы:

t =	0	1
x =	20	28
y =	20	9
z =	0	3

Проверка:

$$20 \cdot 1 + 20 \cdot 4 + 0 \cdot 12 = 100,$$
$$28 \cdot 1 + 9 \cdot 4 + 3 \cdot 12 = 100.$$

Итак, покупка марок может быть произведена только двумя способами (а если потребовать, чтобы была куплена *хотя бы одна* марка каждого достоинства, — то только одним способом).

Следующая задача — в том же роде.

Покупка фруктов

ЗАДАЧА

На 5 руб. куплено 100 штук разных фруктов. Цены на фрукты таковы:

арбуз, штука .... 50 коп.
яблоки, » .... 10 »
сливы, » .... 1 »

Сколько фруктов каждого рода было куплено?

Рис. 12.

РЕШЕНИЕ

Обозначив число арбузов через x, яблок через y и слив через z, составляем два уравнения:

$$\begin{cases} 50x + 10y + 1z = 500, \\ x + y + z = 100. \end{cases}$$

Вычтя из первого уравнения второе, получим одно уравнение с двумя неизвестными:

$$49x + 9y = 400.$$

Дальнейший ход решения таков:

$$y = \frac{400 - 49x}{9} = 44 - 5x + \frac{4(1-x)}{9} = 44 - 5x + 4t,$$

$$t = \frac{1-x}{9}, \quad x = 1 - 9t,$$

$$y = 44 - 5(1 - 9t) + 4t = 39 + 49t.$$

Из неравенств

$$1 - 9t \geq 0 \text{ и } 39 + 49t \geq 0$$

устанавливаем, что

$$\frac{1}{9} \geq t \geq -\frac{39}{49}$$

и, следовательно, $t = 0$. Поэтому
$$x = 1, y = 39.$$

Подставив эти значения x и y во второе уравнение, получаем: $z = 60$.

Итак, куплены были 1 арбуз, 39 яблок и 60 слив. Других комбинаций быть не может.

Отгадать день рождения

ЗАДАЧА

Умение решать неопределенные уравнения дает возможность выполнить следующий математический фокус.
Вы предлагаете товарищу умножить число даты его рождения на 12, а номер месяца — на 31. Он сообщает вам сумму обоих произведений, и вы вычисляете по ней дату рождения.

Если, например, товарищ ваш родился 9 февраля, то он выполняет следующие выкладки:
$$9 \cdot 12 = 108, \quad 2 \cdot 31 = 62, \quad 108 + 62 = 170.$$

Это последнее число, 170, он сообщает сам, и вы определяете задуманную дату. Как?

РЕШЕНИЕ

Задача сводится к решению неопределенного уравнения
$$12x + 31y = 170$$
в целых и положительных числах, причем число месяца x не больше 31, а номер месяца y не больше 12.

$$x = \frac{170 - 31y}{12} = 14 - 3y + \frac{2 + 5y}{12} = 14 - 3y + t,$$

$$2 + 5y = 12t,$$

$$y = \frac{-2 + 12t}{5} = 2t - 2 \cdot \frac{1-t}{5} = 2t - 2t_1.$$

$$1 - t = 5t_1, \quad t = 1 - 5t_1,$$

$$y = 2(1 - 5t_1) - 2t_1 = 2 - 12t_1,$$

$$x = 14 - 3(2 - 12t_1) + 1 - 5t_1 = 9 + 31t_1.$$

Зная, что $31 \geq x > 0$ и $12 \geq y > 0$, находим границы для t_1:

$$-\frac{9}{31} < t_1 < \frac{1}{6}.$$

Следовательно,

$$t_1 = 0, x = 9, y = 2.$$

Дата рождения 9-е число второго месяца, т. е. 9 февраля.

Можно предложить и другое решение, не использующее уравнений. Нам сообщено число $a = 12x + 31y$. Так как $12x + 24y$ делится на 12, то числа $7y$ и a имеют одинаковые остатки от деления на 12. Умножив на 7, найдём, что $49y$ и $7a$ имеют одинаковые остатки от деления на 12. Но $49y = 48y + y$, а $48y$ делится на 12. Значит, y и $7a$ имеют одинаковые остатки от деления на 12. Иными словами, если a не делится на 12, то y равен остатку от деления числа $7a$ на 12; если же a делится на 12, то $y = 12$. Этим число y (номер месяца) вполне определяется. Ну, а зная y, уже ничего не стоит узнать x.

Маленький совет: прежде чем узнавать остаток от деления числа $7a$ на 12, замените само число a его остатком от деления на 12 — считать будет проще. Например, если $a = 170$, то вы должны произвести в уме следующие вычисления:

$$170 = 12 \cdot 14 + 2 \text{ (остаток, значит, равен 2);}$$

$$2 \cdot 7 = 14; \ 14 = 12 \cdot 1 + 2 \text{ (значит, } y = 2);$$

$$x = \frac{170 - 31y}{12} = \frac{170 - 31 \cdot 2}{12} = \frac{108}{12} = 9 \text{ (значит, } x = 2).$$

Теперь вы можете сообщить товарищу дату его рождения: 9 февраля.

Докажем, что фокус всегда удаётся без отказа, т. е. что уравнение всегда имеет только одно решение в целых положительных числах. Обозначим число, которое сообщил ваш товарищ, через a, так что нахождение даты его рождения сводится к решению уравнения

$$12x + 31y = a.$$

Станем рассуждать «от противного». Предположим, что это уравнение имеет два различных решения в целых положительных числах, а именно решение x_1, y_1 и решение x_2, y_2, причём x_1 и x_2 не превосходят 31, а y_1 и y_2 не превосходят 12. Мы имеем:

$$12x_1 + 31y_1 = a,$$
$$12x_2 + 31y_2 = a.$$

Вычитая из первого равенства второе, получим:

$$12(x_1 - x_2) + 31(y_1 - y_2) = 0.$$

Из этого равенства вытекает, что число $12(x_1 - x_2)$ делится на 31. Так как x_1 и x_2 — положительные числа, не превосходящие 31, то их разность $x_1 - x_2$ по величине меньше чем 31. Поэтому число $12(x_1 - x_2)$ может делиться на 31 только в том случае, когда $x_1 = x_2$, т.е. когда первое решение совпадает со вторым. Таким образом, предположение о существовании двух *различных* решений приводит к противоречию.

Продажа кур

СТАРИННАЯ ЗАДАЧА

Три сестры пришли на рынок с курами. Одна принесла для продажи 10 кур, другая 16, третья 26. До полудня они продали часть своих кур по одной и той же цене. После полудня, опасаясь, что не все куры будут проданы, они понизили цену и распродали оставшихся кур снова по одинаковой цене. Домой все трое вернулись с одинаковой выручкой: каждая сестра получила от продажи 35 рублей.

По какой цене продавали они кур до и после полудня?

РЕШЕНИЕ

Обозначим число кур, проданных каждой сестрой до полудня, через x, y, z. Во вторую половину дня они продали $10 - x$, $16 - y$, $26 - z$ кур. Цену до полудня обозначим через m, после полудня — через n. Для ясности сопоставим эти обозначения:

	Число проданных кур			Цена
До полудня	x	y	z	m
После полудня . . .	$10 - x$	$16 - y$	$26 - z$	n

Первая сестра выручила:

$mx + n(10 - x)$; следовательно, $mx + n(10 - x) = 35$;

вторая:

$my + n(16-y)$; следовательно, $my + n(16-y) = 35$;

третья:

$mz + n(26-z)$; следовательно, $mz + n(26-z) = 35$.

Преобразуем эти три уравнения:

$$\begin{cases}(m-n)x+10n=35,\\(m-n)y+16n=35,\\(m-n)z+26n=35.\end{cases}$$

Вычтя из третьего уравнения первое, затем второе, получим последовательно:

$$\begin{cases}(m-n)(z-x)+16n=0,\\(m-n)(z-y)+10n=0,\end{cases}$$

или

$$\begin{cases}(m-n)(x-z)=16n,\\(m-n)(y-z)=10n.\end{cases}$$

Делим первое из этих уравнений на второе:

$$\frac{x-z}{y-z}=\frac{8}{5}, \text{ или } \frac{x-z}{8}=\frac{y-z}{5}.$$

Так как x, y, z — числа целые, то и разности $x-z$, $y-z$ — тоже целые числа. Поэтому для существования равенства

$$\frac{x-z}{8}=\frac{y-z}{5}$$

необходимо, чтобы $x-z$ делилось на 8, а $y-z$ на 5. Следовательно,

$$\frac{x-z}{8}=t=\frac{y-z}{5},$$

откуда

$$x = z + 8t,\\y = z + 5t.$$

Заметим, что число t — не только целое, но и положительное, так как $x > z$ (в противном случае первая сестра не могла бы выручить столько же, сколько третья).

Так как $x < 10$, то

$$z + 8t < 10.$$

При целых и положительных z и t последнее неравенство удовлетворяется только в одном случае: когда $z = 1$ и $t = 1$. Подставив эти значения в уравнения

$$x = z + 8t,$$
$$y = z + 5t.$$

находим: $x = 9$, $y = 6$.

Теперь, обращаясь к уравнениям

$$mx + n(10 - x) = 35;$$
$$my + n(16 - y) = 35;$$
$$mz + n(26 - z) = 35.$$

и подставив в них найденные значения x, y, z, узнаем цены, по каким продавались куры:

$$m = 3\frac{3}{4} \text{ руб.}, \quad n = 1\frac{1}{4} \text{ руб.}$$

Итак, куры продавались до полудня по 3 руб. 75 коп., после полудня по 1 руб. 25 коп.

Два числа и четыре действия

ЗАДАЧА

Предыдущую задачу, которая привела к трем уравнениям с пятью неизвестными, мы решили не по общему образцу, а по свободному математическому соображению. Точно так же будем решать и следующие задачи, приводящие к неопределенным уравнениям второй степени.

Вот первая из них.

Над двумя целыми положительными числами были выполнены следующие четыре действия:

1) их сложили;
2) вычли из большего меньшее;
3) перемножили;
4) разделили большее на меньшее. Полученные результаты сложили — составилось 243. Найти эти числа.

РЕШЕНИЕ

Если большее число x, меньшее y, то

$$(x + y) + (x - y) + xy + \frac{x}{y} = 243.$$

Если это уравнение умножить на y, затем раскрыть скобки и привести подобные члены, то получим:
$$x(2y+y^2+1)=243y.$$
Но $2y+y^2+1=(y+1)^2$. Поэтому
$$x=\frac{243y}{(y+1)^2}.$$

Чтобы x было целым числом, знаменатель $(y+1)^2$ должен быть одним из делителей числа 243 (потому что y не может иметь общие множители с $y+1$). Зная, что $243 = 3^5$, заключаем, что 243 делится только на следующие числа, являющиеся точными квадратами: $1, 3^2, 9^2$. Итак, $(y+1)^2$ должно быть равно 1, 3^2 или 9^2, откуда (вспоминая, что y должно быть положительным) находим, что y равно 8 или 2.

Тогда x равно
$$\frac{243\cdot 8}{81} \text{ или } \frac{243\cdot 2}{9}.$$

Итак, искомые числа: 24 и 8 или 54 и 2.

Какой прямоугольник?

ЗАДАЧА

Стороны прямоугольника выражаются целыми числами. Какой длины должны они быть, чтобы периметр прямоугольника числено равнялся его площади?

РЕШЕНИЕ

Обозначив стороны прямоугольника через x и y, составляем уравнение
$$2x+2y=xy,$$
откуда
$$x=\frac{2y}{y-2}.$$

Так как x и y должны быть положительными, то положительным должно быть и число $y-2$, т. е. y должно быть больше 2. Заметим теперь, что
$$x=\frac{2y}{y-2}=\frac{2(y-2)+4}{y-2}=2+\frac{4}{y-2}.$$

Так как x должно быть целым числом, то выражение $\dfrac{4}{y-2}$ должно быть целым числом. Но при $y > 2$ это возможно лишь, если y равно 3, 4 или 6. Соответствующие значения x будут 6, 4, 3.

Итак, искомая фигура есть либо прямоугольник со сторонами 3 и 6, либо квадрат со стороной 4.

Два двузначных числа

ЗАДАЧА

Числа 46 и 96 обладают любопытной особенностью: их произведение не меняет своей величины, если переставить их цифры.

Действительно,

$$46 \cdot 96 = 4416 = 64 \cdot 69.$$

Требуется установить, существуют ли еще другие пары двузначных чисел с тем же свойством. Как разыскать их все?

РЕШЕНИЕ

Обозначив цифры искомых чисел через x и y, z и t, составляем уравнение

$$(10x + y)(10z + t) = (10y + x)(10t + z).$$

Раскрыв скобки, получаем после упрощений:

$$xz = yt,$$

где x, y, z, t — целые числа, меньшие 10. Для разыскания решений составляем из 9 цифр все пары с равными произведениями:

$1 \cdot 4 = 2 \cdot 2$ $2 \cdot 8 = 4 \cdot 4$
$1 \cdot 6 = 2 \cdot 3$ $2 \cdot 9 = 3 \cdot 6$
$1 \cdot 8 = 2 \cdot 4$ $3 \cdot 8 = 4 \cdot 6$
$1 \cdot 9 = 3 \cdot 3$ $4 \cdot 9 = 6 \cdot 6$
$2 \cdot 6 = 3 \cdot 4$

Всех равенств 9. Из каждого можно составить одну или две искомые группы чисел. Например, из равенства $1 \cdot 4 = 2 \cdot 2$ составляем одно решение:

$$12 \cdot 42 = 21 \cdot 24.$$

Из равенства $1 \cdot 6 = 2 \cdot 3$ находим два решения:

12 · 63 = 21 · 36,   13 · 62 = 31 · 26.

Таким образом разыскиваем следующие 14 решений:

12 · 42 = 21 · 24   23 · 96 = 32 · 69
12 · 63 = 21 · 36   24 · 63 = 42 · 36
12 · 84 = 21 · 48   24 · 84 = 42 · 48
13 · 62 = 31 · 26   26 · 93 = 62 · 39
13 · 93 = 31 · 39   34 · 86 = 43 · 68
14 · 82 = 41 · 28   36 · 84 = 63 · 48
23 · 64 = 32 · 46   46 · 96 = 64 · 69

Пифагоровы числа

Удобный и очень точный способ, употребляемый землемерами для проведения на местности перпендикулярных линий, состоит в следующем. Пусть через точку *A* требуется к прямой *MN* провести перпендикуляр (рис. 13). Откладывают от *A* по направлению *AM* три раза какое-нибудь расстояние *a*. Затем завязывают на шнуре три узла, расстояния между которыми равны 4*a* и 5*a*. Приложив крайние узлы к точкам *A* и *B*, натягивают шнур за средний узел. Шнур расположится треугольником, в котором угол *A* — прямой.

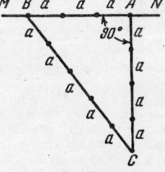

Рис. 13.

Этот древний способ, по-видимому, применявшийся еще тысячелетия назад строителями египетских пирамид, основан на том, что каждый треугольник, стороны которого относятся, как 3 : 4 : 5, согласно общеизвестной теореме Пифагора, — прямоугольный, так как

$$3^2 + 4^2 = 5^2.$$

Кроме чисел 3, 4, 5, существует, как известно, бесчисленное множество целых положительных чисел *a*, *b*, *c*, удовлетворяющих соотношению

$$a^2 + b^2 = c^2.$$

Они называются *пифагоровыми числами*. Согласно теореме Пифагора такие числа могут служить длинами сторон некоторого прямоугольного треугольника; поэтому a и b называют «катетами», а c — «гипотенузой».

Ясно, что если a, b, c есть тройка пифагоровых чисел, то и pa, pb, pc, где p — целочисленный множитель, — пифагоровы числа. Обратно, если пифагоровы числа имеют общий множитель, то на этот общий множитель можно их все сократить, и снова получится тройка пифагоровых чисел. Поэтому будем вначале исследовать лишь тройки взаимно простых пифагоровых чисел (остальные получаются из них умножением на целочисленный множитель p).

Покажем, что в каждой из таких троек a, b, c один из «катетов» должен быть четным, а другой нечетным. Станем рассуждать «от противного». Если оба «катета» a и b четны, то четным будет число $a^2 + b^2$, а значит, и «гипотенуза». Это, однако, противоречит тому, что числа a, b, c не имеют общих множителей, так как три четных числа имеют общий множитель 2. Таким образом, хоть один из «катетов» a, b нечетен.

Остается еще одна возможность: оба «катета» нечетные, а «гипотенуза» четная. Нетрудно доказать, что этого не может быть. В самом деле: если «катеты» имеют вид

$$2x + 1 \text{ и } 2y + 1,$$

то сумма их квадратов равна

$$4x^2 + 4x + 1 + 4y^2 + 4y + 1 = 4(x^2 x + y^2 + y) + 2,$$

т. е. представляет собой число, которое при делении на 4 дает в остатке 2. Между тем квадрат всякого четного числа должен делиться на 4 без остатка. Значит, сумма квадратов двух нечетных чисел не может быть квадратом четного числа; иначе говоря, наши три числа — не пифагоровы.

Итак, из «катетов» a, b один четный, а другой нечетный. Поэтому число $a^2 + b^2$ нечетно, а значит, нечетна и «гипотенуза» c.

Предположим, для определенности, что нечетным является «катет» a, а четным b. Из равенства

$$a^2 + b^2 = c^2$$

мы легко получаем:

$$a^2 = c^2 - b^2 = (c + b)(c - b).$$

Множители $c + b$ и $c - b$, стоящие в правой части, взаимно просты. Действительно, если бы эти числа имели общий простой множитель, отличный от единицы, то на этот множитель делились бы и сумма и разность

$$(c+b)+(c-b)=2c,$$

$$(c+b)-(c-b)=2b,$$

и произведение

$$(c+b)(c-b)=a^2,$$

т. е. числа $2c$, $2b$ и a имели бы общий множитель. Так как a нечетно, то этот множитель отличен от двойки, и потому этот же общий множитель имеют числа a, b, c, чего, однако, не может быть. Полученное противоречие показывает, что числа $c+b$ и $c-b$ взаимно просты.

Но если произведение взаимно простых чисел есть точный квадрат, то каждое из них является квадратом, т. е.

$$\begin{cases} c+b=m^2, \\ c-b=n^2. \end{cases}$$

Решив эту систему, найдем:

$$c=\frac{m^2+n^2}{2}, \quad b=\frac{m^2-n^2}{2},$$

$$a^2=(c+b)(c-b)=m^2n^2, \quad a=mn.$$

Итак, рассматриваемые пифагоровы числа имеют вид

$$a=mn, \quad b=\frac{m^2-n^2}{2}, \quad c=\frac{m^2+n^2}{2},$$

где m и n — некоторые взаимно простые нечетные числа. Читатель легко может убедиться и в обратном: при любых нечетных m и n написанные формулы дают три пифагоровых числа a, b, c.

Вот несколько троек пифагоровых чисел, получаемых при различных m и n:

при $m=3$, $n=1$ $\quad 3^2+4^2=5^2$
при $m=5$, $n=1$ $\quad 5^2+12^2=13^2$
при $m=7$, $n=1$ $\quad 7^2+24^2=25^2$
при $m=9$, $n=1$ $\quad 9^2+40^2=41^2$
при $m=11$, $n=1$ $\quad 11^2+60^2=61^2$
при $m=13$, $n=1$ $\quad 13^2+84^2=85^2$
при $m=5$, $n=3$ $\quad 15^2+8^2=17^2$
при $m=7$, $n=3$ $\quad 21^2+20^2=29^2$
при $m=11$, $n=3$ $\quad 33^2+56^2=65^2$
при $m=13$, $n=3$ $\quad 39^2+80^2=89^2$

при $m = 7$, $n = 5$ $35^2 + 12^2 = 37^2$
при $m = 9$, $n = 5$ $45^2 + 28^2 = 53^2$
при $m = 11$, $n = 5$ $55^2 + 48^2 = 73^2$
при $m = 13$, $n = 5$ $65^2 + 72^2 = 97^2$
при $m = 9$, $n = 7$ $63^2 + 16^2 = 65^2$
при $m = 11$, $n = 7$. $77^2 + 36^2 = 85^2$

(Все остальные тройки пифагоровых чисел или имеют общие множители, или содержат числа, бо́льшие ста.)

Пифагоровы числа обладают вообще рядом любопытных особенностей, которые мы перечисляем далее без доказательств:

1) Один из «катетов» должен быть кратным *трем*.
2) Один из «катетов» должен быть кратным *четырем*.
3) Одно из пифагоровых чисел должно быть кратно *пяти*.

Читатель может удостовериться в наличии этих свойств, просматривая приведенные выше примеры групп пифагоровых чисел.

Неопределенное уравнение третьей степени

Сумма кубов трех целых чисел может быть кубом четвертого числа. Например, $3^3 + 4^3 + 5^3 = 6^3$.

Это означает, между прочим, что куб, ребро которого равно 6 *см*, равновелик сумме трех кубов, ребра которых равны 3 *см*, 4 *см* и 5 *см* (рис. 14), — соотношение, по преданию, весьма занимавшее Платона.

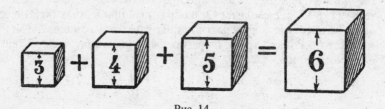

Рис. 14.

Попытаемся найти другие соотношения такого же рода, т. е. поставим перед собой такую задачу: найти решения уравнения $x^3 + y^3 + z^3 = u^3$. Удобнее, однако, обозначить неизвестное u через $-t$. Тогда уравнение будет иметь более простой вид

$$x^3 + y^3 + z^3 + t^3 = 0$$

Рассмотрим прием, позволяющий найти бесчисленное множество решений этого уравнения в целых (положительных и отрицательных) числах. Пусть a, b, c, d и $\alpha, \beta, \gamma, \delta$ — две четверки чисел, удовлетворяющих уравнению. Прибавим к числам первой четверки числа второй четверки, умноженные на некоторое число k, и постараемся подобрать число k так, чтобы полученные числа

$$a+k\alpha, \quad b+k\beta, \quad c+k\gamma, \quad d+k\delta$$

также удовлетворяли нашему уравнению. Иначе говоря, подберем k таким образом, чтобы было выполнено равенство

$$(a+k\alpha)^3 + (b+k\beta)^3 + (c+k\gamma)^3 + (d+k\delta)^3 = 0.$$

Раскрыв скобки и вспоминая, что четверки a, b, c, d и $\alpha, \beta, \gamma, \delta$ удовлетворяют нашему уравнению, т. е. имеют место равенства

$$a^3 + b^3 + c^3 + d^3 = 0, \quad \alpha^3 + \beta^3 + \gamma^3 + \delta^3 = 0,$$

мы получим:

$$3a^2 k\alpha + 3ak^2\alpha^2 + 3b^2 k\beta + 3bk^2\beta^2 +$$
$$+ 3c^2 k\gamma + 3ck^2\gamma^2 + 3d^2 k\delta + 3dk^2\delta^2 = 0$$

или

$$3k[(a^2\alpha + b^2\beta + c^2\gamma + d^2\delta) + k(a\alpha^2 + b\beta^2 + c\gamma^2 + d\delta^2)] = 0.$$

Произведение может обращаться в нуль только в том случае, когда обращается в нуль хотя бы один из его множителей. Приравнивая каждый из множителей нулю, мы получаем два значения для k. Первое значение, $k = 0$, нас не интересует: оно означает, что если к числам a, b, c, d ничего не прибавлять, то полученные числа удовлетворяют нашему уравнению. Поэтому мы возьмем лишь второе значение для k:

$$k = \frac{a^2\alpha + b^2\beta + c^2\gamma + d^2\delta}{a\alpha^2 + b\beta^2 + c\gamma^2 + d\delta^2}.$$

Итак, зная две четверки чисел, удовлетворяющих исходному уравнению, можно найти новую четверку: для этого нужно к числам первой четверки прибавить числа второй четверки, умноженные на k, где k имеет написанное выше значение.

Для того чтобы применить этот прием, надо знать две четверки чисел, удовлетворяющих исходному уравнению. Одну такую четверку (3, 4, 5, –6) мы уже знаем. Где взять еще одну четверку? Выход из положения найти очень просто: в качестве второй четверки можно взять числа r, $-r$, s, $-s$, которые, очевидно, удовлетворяют исходному уравнению. Иначе говоря, положим:

$$a = 3, \quad b = 4, \quad c = 5, \quad d = -6,$$
$$\alpha = r, \quad \beta = -r, \quad \gamma = s, \quad \delta = -s.$$

Тогда для k мы получим, как легко видеть, следующее значение:

$$k = -\frac{-7r - 11s}{7r^2 - s^2} = \frac{7r + 11s}{7r^2 - s^2},$$

а числа $a + k\alpha$, $b + k\beta$, $c + k\gamma$, $d + k\delta$ будут соответственно равны

$$\frac{28r^2 + 11rs - 3s^2}{7r^2 - s^2}, \quad \frac{21r^2 - 11rs - 4s^2}{7r^2 - s^2},$$
$$\frac{35r^2 + 7rs + 6s^2}{7r^2 - s^2}, \quad \frac{-42r^2 - 7rs - 5s^2}{7r^2 - s^2}.$$

Согласно сказанному выше эти четыре выражения удовлетворяют исходному уравнению

$$x^3 + y^3 + z^3 + t^3 = 0.$$

Так как все эти выражения имеют одинаковый знаменатель, то его можно отбросить (т. е. числители этих дробей также удовлетворяют рассматриваемому уравнению). Итак, написанному уравнению удовлетворяют (при любых r и s) следующие числа:

$$x = 28r^2 + 11rs - 3s^2,$$
$$y = 21r^2 - 11rs - 4s^2,$$
$$z = 35r^2 + 7rs + 6s^2,$$
$$t = -42r^2 - 7rs - 5s^2,$$

в чем, конечно, можно убедиться и непосредственно, возведя эти выражения в куб и сложив. Придавая r и s различные целые значения, мы можем получить целый ряд целочисленных решений нашего уравнения. Если при этом получающиеся числа будут иметь общий множитель, то на него можно эти числа разделить. Например, при $r = 1$, $s = 1$ получаем для x, y, z, t следующие значения: 36, 6, 48, –54, или, после сокращения на 6, значения 6, 1, 8, –9. Таким образом,

$$6^3 + 1^3 + 8^3 = 9^3$$

Вот еще ряд равенств того же типа (получающихся после сокращения на общий множитель):

при $r = 1, s = 2$ $38^3 + 73^3 = 17^3 + 76^3$,
при $r = 1, s = 3$ $17^3 + 55^3 = 24^3 + 54^3$,
при $r = 1, s = 5$ $4^3 + 110^3 = 67^3 + 101^3$,
при $r = 1, s = 4$ $8^3 + 53^3 = 29^3 + 50^3$,
при $r = 1, s = -1$ $7^3 + 14^3 + 17^3 = 20^3$,
при $r = 1, s = -2$ $2^3 + 16^3 = 9^3 + 15^3$,
при $r = 2, s = -1$ $29^3 + 34^3 + 44^3 = 53^3$,
. . . .

Заметим, что если в исходной четверке, 3, 4, 5, –6 или в одной из вновь полученных четверок поменять числа местами и применить тот же прием, то получим новую серию решений. Например, взяв четверку 3, 5, 4, –6 (т. е. положив $a = 3$, $b = 5$, $c = 4$, $d = -6$), мы получим для x, y, z, t значения:

$$x = 20r^2 + 10rs - 3s^2,$$
$$y = 12r^2 - 10rs - 5s^2,$$
$$z = 16r^2 + 8rs + 6s^2,$$
$$t = -24r^2 - 8rs - 4s^2.$$

Отсюда при различных r и s получаем ряд новых соотношений:

при $r = 1, s = 1$ $9^3 + 10^3 = 1^3 + 12^3$,
при $r = 1, s = 3$ $23^3 + 94^3 = 63^3 + 84^3$,
при $r = 1, s = 5$ $5^3 + 163^3 + 164^3 = 206^3$,
при $r = 1, s = 6$ $7^3 + 54^3 + 57^3 = 70^3$,
при $r = 2, s = 1$ $23^3 + 97^3 + 86^3 = 116^3$,
при $r = 1, s = -3$ $3^3 + 36^3 + 37^3 = 46^3$,
. . . .

Таким путем можно получить бесчисленное множество решений рассматриваемого уравнения.

Сто тысяч за доказательство теоремы

Одна задача из области неопределенных уравнений приобрела громкую известность, так как за правильное ее решение было завещано целое состояние: 100 000 немецких марок!

Задача состоит в том, чтобы доказать следующее положение, носящее название теоремы, или «великого предложения» Ферма:

Сумма одинаковых степеней двух целых чисел не может быть той же степенью какого-либо третьего целого числа. Исключение составляет лишь вторая степень, для которой это возможно.

Иначе говоря, надо доказать, что уравнение
$$x^n + y^n = z^n$$
неразрешимо в целых числах для $n > 2$.

Поясним сказанное. Мы видели, что уравнения
$$x^2 + y^2 = z^2,$$
$$x^3 + y^3 + z^3 = t^3$$
имеют сколько угодно целочисленных решений. Но попробуйте подыскать три целых положительных числа, для которых было бы выполнено равенство $x^3 + y^3 = z^3$; ваши поиски останутся тщетными.

Тот же неуспех ожидает вас и при подыскании примеров для четвертой, пятой, шестой и т. д. степеней. Это и утверждает «великое предложение Ферма».

Что же требуется от соискателей премии? Они должны доказать это положение для всех тех степеней, для которых оно верно. Дело в том, что теорема Ферма еще не доказана и висит, так сказать, в воздухе.

Прошло три столетия с тех пор, как она высказана, но математикам не удалось до сих пор найти ее доказательства.

Величайшие математики трудились над этой проблемой, однако в лучшем случае им удавалось доказать теорему лишь для того или иного отдельного показателя или для групп показателей, необходимо же найти *общее* доказательство для *всякого* целого показателя.

Замечательно, что неуловимое доказательство теоремы Ферма, по-видимому, однажды уже было найдено, но затем вновь утрачено. Автор теоремы, гениальный математик XVII в. Пьер Ферма,[1] утверждал, что ее доказательство ему известно. Свое «великое предложение» он записал (как и ряд других теорем из теории чисел) в виде заметки на полях сочинения Диофанта, сопроводив его такой припиской:

---

[1] Ферма (1603—1665) не был профессионалом-математиком. Юрист по образованию, советник парламента, он занимался математическими изысканиями лишь между делом. Это не помешало ему сделать ряд чрезвычайно важных открытий, которых он, впрочем, не публиковал, а по обычаю той эпохи сообщал в письмах к своим ученым друзьям: к Паскалю, Декарту, Гюйгенсу, Робервалю и др.

«Я нашел поистине удивительное доказательство этого предложения, но здесь мало места, чтобы его привести».

Ни в бумагах великого математика, ни в его переписке, нигде вообще в другом месте следов этого доказательства найти не удалось.

Последователям Ферма пришлось идти самостоятельным путем.

Вот результаты этих усилий: Эйлер (1797) доказал теорему Ферма для третьей и четвертой степеней; для пятой степени ее доказал Лежандр (1823), для седьмой [1] — Ламе и Лебег (1840). В 1849 г. Куммер доказал теорему для обширной группы степеней и, между прочим, — для всех показателей, меньших ста. Эти последние работы далеко выходят за пределы той области математики, какая знакома была Ферма, и становится загадочным, как мог последний разыскать общее доказательство своего «великого предложения». Впрочем, возможно, он ошибался.

Интересующимся историей и современным состоянием задачи Ферма можно рекомендовать брошюру А. Я. Хинчина «Великая теорема Ферма». Написанная специалистом, брошюра эта предполагает у читателя лишь элементарные знания из математики.

---

[1] Для составных показателей (кроме 4) особого доказательства не требуется: эти случаи сводятся к случаям с простыми показателями.

ГЛАВА ПЯТАЯ

ШЕСТОЕ МАТЕМАТИЧЕСКОЕ ДЕЙСТВИЕ

Шестое действие

Сложение и умножение имеют по одному обратному действию, которые называются вычитанием и делением. Пятое математическое действие — возведение в степень — имеет два обратных: разыскание основания и разыскание показателя. Разыскание основания есть *шестое* математическое действие и называется извлечением корня. Нахождение показателя — *седьмое* действие — называется логарифмированием. Причину того, что возведение в степень имеет два обратных действия, в то время как сложение и умножение — только по одному, понять нетрудно: оба слагаемых (первое и второе) равноправны, их можно поменять местами; то же верно относительно умножения; однако числа, участвующие в возведении в степень, т. е. основание и показатель степени, неравноправны между собой; переставить их, вообще говоря, нельзя (например, $3^5 \neq 5^3$). Поэтому разыскание каждого из чисел, участвующих в сложении и умножении, производится одинаковыми приемами, а разыскание основания степени и показателя степени выполняется различным образом.

Шестое действие, извлечение корня, обозначается знаком $\sqrt{}$. Не все знают, что это — видоизменение латинской буквы *r,* начальной в латинском слове, означающем «корень». Было время (XVI в.), когда знаком корня служила не строчная, а прописная буква *R*, а рядом с ней ставилась первая буква латинских слов «квадратный» (*q*) или «кубический» (*c*), чтобы указать, какой именно корень, требуется извлечь.[1] Например, писали

$$R.q.4352$$

вместо нынешнего обозначения

$$\sqrt{4352}.$$

Если прибавить к этому, что в ту эпоху еще не вошли в общее употребление, нынешние знаки для плюса и минуса, а вместо них писали буквы *p.* и *m.*, и что наши скобки заменяли знаками ⌊ ⌋, то станет ясно, какой необычный для современного глаза вид должны были иметь тогда алгебраические выражения.

Вот пример из книги старинного математика Бомбелли (1572):

$$R.c. \lfloor R.q.\ 4352p.\ 6 \rfloor\ m.R.c.\ \lfloor R.q.4352m.\ 16 \rfloor.$$

Мы написали бы то же самое иными знаками:

$$\sqrt[3]{\sqrt{4352}+16} - \sqrt[3]{\sqrt{4352}-16}.$$

Кроме обозначения $\sqrt[n]{a}$ теперь употребляется для того же действия еще и другое, $a^{\frac{1}{n}}$, весьма удобное в смысле обобщения: оно наглядно подчеркивает, что каждый корень есть не что иное, как степень, показатель которой — дробное число. Оно предложено было замечательным голландским математиком XVI в. Стевином.

Что больше?

ЗАДАЧА 1

Что больше $\sqrt[5]{5}$ или $\sqrt{2}$?

Эту и следующие задачи требуется решить, *не вычисляя значения корней*.

РЕШЕНИЕ

Возвысив оба выражения в 10-ю степень, получаем:

$$\left(\sqrt[5]{5}\right)^{10} = 5^2 = 25, \quad \left(\sqrt{2}\right)^{10} = 2^5 = 32;$$

---

[1] В учебнике математики Магницкого, по которому обучались у нас в течение всей первой половины XVIII в., вовсе нет особого знака для действия извлечения корня.

так как 32 > 25, то
$$\sqrt{2} > \sqrt[5]{5}.$$

ЗАДАЧА 2

Что больше: $\sqrt[4]{4}$ или $\sqrt[7]{7}$?

РЕШЕНИЕ

Возвысив оба выражения в 28-ю степень, получаем:
$$\left(\sqrt[4]{4}\right)^{28} = 4^7 = 2^{14} = 2^7 \cdot 2^7 = 128^2,$$
$$\left(\sqrt[7]{7}\right)^{28} = 7^4 = 7^2 \cdot 7^2 = 49^2.$$

Так как 128 > 49, то и
$$\sqrt[4]{4} > \sqrt[7]{7}.$$

ЗАДАЧА 3

Что больше: $\sqrt{7} + \sqrt{10}$ или $\sqrt{3} + \sqrt{19}$?

РЕШЕНИЕ

Возвысив оба выражения в квадрат, получаем:
$$\left(\sqrt{7} + \sqrt{10}\right)^2 = 17 + 2\sqrt{70},$$
$$\left(\sqrt{3} + \sqrt{19}\right)^2 = 22 + 2\sqrt{57}.$$

Уменьшим оба выражения на 17; у нас останется
$$2\sqrt{70} \text{ и } 5 + 2\sqrt{57}.$$

Возвышаем эти выражения в квадрат. Имеем:
$$280 \text{ и } 253 + 20\sqrt{57}.$$

Отняв по 253, сравниваем
$$27 \text{ и } 20\sqrt{57}.$$

Так как $\sqrt{57}$ больше 2, то $20\sqrt{57} > 40$; следовательно,
$$\sqrt{3} + \sqrt{19} > \sqrt{7} + \sqrt{10}$$

Решить одним взглядом

ЗАДАЧА

Взгляните внимательнее на уравнение

$$x^{x^3} = 3$$

и скажите, чему равен x.

РЕШЕНИЕ

Каждый, хорошо освоившийся с алгебраическими символами, сообразит, что

$$x = \sqrt[3]{3}.$$

В самом деле, тогда

$$x^3 = \left(\sqrt[3]{3}\right)^3 = 3,$$

и следовательно,

$$x^{x^3} = x^3 = 3,$$

что и требовалось.

Для кого это «решение одним взглядом» является непосильным, тот может облегчить себе поиски неизвестного следующим образом.

Пусть

$$x^3 = y.$$

Тогда

$$x = \sqrt[3]{y},$$

и уравнение получает вид

$$\left(\sqrt[3]{y}\right)^y = 3,$$

или, возводя в куб:

$$y^y = 3^3.$$

Ясно, что $y = 3$ и, следовательно,

$$x = \sqrt[3]{y} = \sqrt[3]{3}.$$

Алгебраические комедии

ЗАДАЧА 1

Шестое математическое действие дает возможность разыгрывать настоящие алгебраические комедии и фарсы на такие сюжеты, как 2 · 2 = 5, 2 = 3 и т. п. Юмор подобных математических представлений кроется в том, что ошибка — довольно элементарная — несколько замаскирована и не сразу бросается в глаза. Исполним две пьесы этого комического репертуара из области алгебры.

Первая:
$$2 = 3.$$

На сцене сперва появляется неоспоримое равенство
$$4 - 10 = 9 - 15.$$

В следующем «явлении» к обеим частям равенства прибавляется по равной величине $6\frac{1}{4}$:
$$4 - 10 + 6\frac{1}{4} = 9 - 15 + 6\frac{1}{4}.$$

Дальнейший ход комедии состоит в преобразованиях:
$$2^2 - 2 \cdot 2 \cdot \frac{5}{2} + \left(\frac{5}{2}\right)^2 = 3^2 - 2 \cdot 3 \cdot \frac{5}{2} + \left(\frac{5}{2}\right)^2,$$

$$\left(2 - \frac{5}{2}\right)^2 = \left(3 - \frac{5}{2}\right)^2.$$

Извлекая из обеих частей равенства квадратный корень, получают:
$$2 - \frac{5}{2} = 3 - \frac{5}{2}.$$

Прибавляя по $\frac{5}{2}$ к обеим частям, приходят к нелепому равенству
$$2 = 3.$$

В чем же кроется ошибка?

РЕШЕНИЕ

Ошибка проскользнула в следующем заключении: из того, что
$$\left(2 - \frac{5}{2}\right)^2 = \left(3 - \frac{5}{2}\right)^2.$$

был сделан вывод, что

$$2 - \frac{5}{2} = 3 - \frac{5}{2}.$$

Но из того, что квадраты равны, вовсе не следует, что равны первые степени. Ведь $(-5)^2 = 5^2$, но -5 не равно 5. Квадраты могут быть равны и тогда, когда первые степени разнятся знаками. В нашем примере мы имеем именно такой случай:

$$\left(-\frac{1}{2}\right)^2 = \left(\frac{1}{2}\right)^2.$$

но $-\frac{1}{2}$ не равно $\frac{1}{2}$.

ЗАДАЧА 2

Другой алгебраический фарс (рис. 15)

$$2 \cdot 2 = 5$$

разыгрывается по образцу предыдущего и основан на том же трюке. На сцене появляется не внушающее сомнения равенство

$$16 - 36 = 25 - 45.$$

Прибавляются равные числа:

Рис. 15.

$$16 - 36 + 20\frac{1}{4} = 25 - 45 + 20\frac{1}{4}$$

и делаются следующие преобразования:

$$4^2 - 2 \cdot 4 \cdot \frac{9}{2} + \left(\frac{9}{2}\right)^2 = 5^2 - 2 \cdot 5 \cdot \frac{9}{2} + \left(\frac{9}{2}\right)^2,$$

$$\left(4 - \frac{9}{2}\right)^2 = \left(5 - \frac{9}{2}\right)^2,$$

Затем с помощью того же незаконного заключения переходят к финалу:

$$4 - \frac{9}{2} = 5 - \frac{9}{2},$$

$$4 = 5,$$
$$2 \cdot 2 = 5.$$

Эти комические случаи должны предостеречь малоопытного математика от неосмотрительных операций с уравнениями, содержащими неизвестное под знаком корня.

ГЛАВА ШЕСТАЯ

УРАВНЕНИЯ ВТОРОЙ СТЕПЕНИ

Рукопожатия

ЗАДАЧА

Участники заседания обменялись рукопожатиями, и кто-то подсчитал, что всех рукопожатий было 66. Сколько человек явилось на заседание?

РЕШЕНИЕ

Задача решается весьма просто алгебраически. Каждый из x участников пожал $x-1$ руку. Значит, всех рукопожатий должно было быть $x(x-1)$; но надо принять во внимание, что когда Иванов пожимает руку Петрова, то и Петров пожимает руку Иванова; эти два рукопожатия следует считать за одно. Поэтому число пересчитанных рукопожатий вдвое меньше, нежели $x(x-1)$, Имеем уравнение

$$\frac{x(x-1)}{2} = 66$$

или, после преобразований,

$$x^2 - x - 132 = 0.$$

откуда

$$x = \frac{1 \pm \sqrt{1+528}}{2},$$
$$x_1 = 12, \quad x_2 = -11.$$

Так как отрицательное решение (–11 человек) в данном случае лишено реального смысла, мы его отбрасываем и сохраняем только первый корень: в заседании участвовало 12 человек.

Пчелиный рой

ЗАДАЧА

В древней Индии распространен был своеобразный вид спорта — публичное соревнование в решении головоломных задач. Индусские математические руководства имели отчасти целью служить пособием для подобных состязаний на первенство в умственном спорте. «По изложенным здесь правилам, — пишет составитель одного из таких учебников, — мудрый может придумать тысячу других задач. Как солнце блеском своим затмевает звезды, так и ученый человек затмит славу другого в народных собраниях, предлагая и решая алгебраические задачи». В подлиннике это высказано поэтичнее, так как вся книга написана стихами. Задачи тоже облекались в форму стихотворений. Приведем одну из них в прозаической передаче.

Пчелы в числе, равном квадратному корню из половины всего их роя, сели на куст жасмина, оставив позади себя $\frac{8}{9}$ роя. И только одна пчелка из того же роя кружится возле лотоса, привлеченная жужжанием подруги, неосторожно попавшей в западню сладко пахнущего цветка. Сколько всего было пчел в рое?

РЕШЕНИЕ

Если обозначить искомую численность роя через x, то уравнение имеет вид

$$\sqrt{\frac{x}{2}} + \frac{8}{9}x + 2 = x.$$

Мы можем придать ему более простой вид, введя вспомогательное неизвестное

$$y = \sqrt{\frac{x}{2}},$$

Тогда $x = 2y^2$, и уравнение получится такое:

$$y + \frac{16y^2}{9} + 2 = 2y^2, \quad \text{или} \quad 2y^2 - 9y - 18 = 0.$$

Решив его, получаем два значения для y:

$$y_1 = 6, \quad y_2 = -\frac{3}{2}.$$

Соответствующие значения для x:

$$x_1 = 72, \quad x_2 = 4{,}5.$$

Так как число пчел должно быть целое и положительное, то удовлетворяет задаче только первый корень: рой состоял из 72 пчел. Проверим:

$$\sqrt{\frac{72}{2}} + \frac{8}{9} \cdot 72 + 2 = 6 + 64 + 2 = 72.$$

Стая обезьян

ЗАДАЧА

Другую индусскую задачу я имею возможность привести в стихотворной передаче, так как ее перевел автор превосходной книжечки «Кто изобрел алгебру?» В. И. Лебедев:

> На две партии разбившись,
> Забавлялись обезьяны.
> Часть восьмая их в квадрате
> В роще весело резвилась;
> Криком радостным двенадцать
> Воздух свежий оглашали.
> Вместе сколько, ты мне скажешь,
> Обезьян там было в роще?

РЕШЕНИЕ

Если общая численность стаи x, то

$$\left(\frac{x}{8}\right)^2 + 12 = x,$$

откуда

$$x_1 = 48, \quad x_2 = 16.$$

Задача имеет два положительных решения: в стае могло бы быть или 48 обезьян, или 16. Оба ответа вполне удовлетворяют задаче.

Предусмотрительность уравнений

В рассмотренных случаях полученными двумя решениями уравнений мы распоряжались различно в зависимости от условия задачи. В первом случае мы отбросили отрицательный корень как не отвечающий содержанию задачи, во втором — отказались от дробного и отрицательного корня, в третьей задаче, напротив, воспользовались обоими корнями. Существование второго решения является иной раз полной неожиданностью не только для решившего задачу, но даже и для придумавшего ее. Приведем пример, когда уравнение оказывается словно предусмотрительнее того, кто его составил.

Мяч брошен вверх со скоростью 25 *м* в секунду. Через сколько секунд он будет на высоте 20 *м* над землей?

РЕШЕНИЕ

Для тел, брошенных вверх при отсутствии сопротивления воздуха, механика устанавливает следующее соотношение между высотой подъема тела над землей (h), начальной скоростью (v), ускорением тяжести (g) и временем (t):

$$h = vt - \frac{gt^2}{2}.$$

Сопротивлением воздуха мы можем в данном случае пренебречь, так как при незначительных скоростях оно не столь велико. Ради упрощения расчетов примем g равным не 9,8 *м*, а 10 *м* (ошибка всего в 2%). Подставив в приведенную формулу значения h, v и g, получаем уравнение

$$20 = 25t - \frac{10t^2}{2},$$

а после упрощения

$$t^2 - 5t + 4 = 0.$$

Решив уравнение, имеем:

$$t_1 = 1 \text{ и } t_2 = 4.$$

Мяч будет на высоте 20 *м* дважды: через 1 секунду и через 4 секунды.

Это может, пожалуй, показаться невероятным и, не вдумавшись, мы готовы второе решение отбросить. Но так поступить было бы ошибкой! Второе решение имеет полный смысл; мяч должен действительно дважды побывать на высоте 20 *м*:

раз при подъеме и вторично при обратном падении. Легко рассчитать, что мяч при начальной скорости 25 *м* в секунду должен лететь вверх 2,5 секунды и залететь на высоту 31,25 *м*. Достигнув через 1 секунду высоты 20 *м*, мяч будет подниматься еще 1,5 секунды, затем столько же времени опускаться вниз снова до уровня 20 *м* и, спустя секунду, достигнет земли.

Задача Эйлера

Стендаль в «Автобиографии» рассказывает следующее о годах своего учения:

«Я нашел у него (учителя математики) Эйлера и его задачу о числе яиц, которые крестьянка несла на рынок... Это было для меня открытием. Я понял, что значит пользоваться орудием, называемым алгеброй. Но, черт возьми, никто мне об этом не говорил...»

Вот эта задача из «Введения в алгебру» Эйлера, произведшая на ум молодого Стендаля столь сильное впечатление.

Две крестьянки принесли на рынок вместе 100 яиц, одна больше, нежели другая; обе выручили одинаковые суммы. Первая сказала тогда второй: «Будь у меня твои яйца, я выручила бы 15 крейцеров». Вторая ответила: «А будь твои яйца у меня, я бы выручила за них $6\,{}^2/_3$ крейцера». Сколько яиц было у каждой?

РЕШЕНИЕ

Пусть у первой крестьянки x яиц, тогда у второй $100 - x$. Если бы первая имела $100 - x$ яиц, она выручила бы, мы знаем, 15 крейцеров. Значит, первая крестьянка продавала яйца по цене

$$\frac{15}{100-x}$$

за штуку.

Таким же образом находим, что вторая крестьянка продавала яйца по цене

$$6\frac{2}{3} : x = \frac{20}{3x}$$

за штуку.

Теперь определяется действительная выручка каждой крестьянки:

первой: $x \cdot \dfrac{15}{100-x} = \dfrac{15x}{100-x}$,

второй: $(100-x) \cdot \dfrac{20}{3x} = \dfrac{20(100-x)}{3x}$.

Так как выручки обеих одинаковы, то

$$\dfrac{15x}{100-x} = \dfrac{20(100-x)}{3x}.$$

После преобразований имеем:
$$x^2 + 160x - 8000 = 0,$$
откуда
$$x_1 = 40, \; x_2 = -200.$$

Отрицательный корень в данном случае не имеет смысла; у задачи — только одно решение: первая крестьянка принесла 40 яиц и, значит, вторая 60.

Задача может быть решена еще другим, более кратким способом. Этот способ гораздо остроумнее, но зато и отыскать его значительно труднее.

Предположим, что вторая крестьянка имела в k раз больше яиц, чем первая. Выручили они одинаковые суммы; это значит, что первая крестьянка продавала свои яйца в k раз дороже, чем вторая. Если бы перед торговлей они поменялись яйцами, то первая крестьянка имела бы в k раз больше яиц, чем вторая, и продавала бы их в k раз дороже. Это значит, что она выручила бы в k^2 больше денег, чем вторая. Следовательно, имеем:

$$k^2 = 15 : 6\dfrac{2}{3} = \dfrac{45}{20} = \dfrac{9}{4};$$

отсюда

$$k = \dfrac{3}{2}.$$

Теперь остается 100 яиц разделить в отношении 3 : 2. Легко находим, что первая крестьянка имела 40, а вторая 60 яиц.

Громкоговорители

ЗАДАЧА

На площади установлено 5 громкоговорителей, разбитых на две группы: в одной 2, в другой 3 аппарата. Расстояние между группами 50 *м*. Где надо стать, чтобы звуки обеих групп доносились с одинаковой силой?

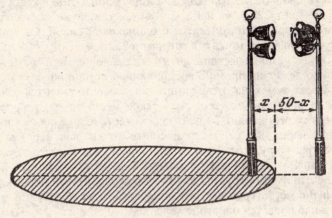

Рис. 16.

РЕШЕНИЕ

Если расстояние искомой точки от меньшей группы обозначим через *x*, то расстояние ее от большей группы выразится через 50 – *x* (рис. 16). Зная, что сила звука ослабевает пропорционально квадрату расстояния, имеем уравнение

$$\frac{2}{3} = \frac{x^2}{(50-x)^2},$$

которое после упрощения приводится к виду

$$x^2 + 200x - 5000 = 0.$$

Решив его, получаем два корня:

$$x_1 = 22{,}5,$$
$$x_2 = -222{,}5.$$

Положительный корень прямо отвечает на вопрос задачи: точка равной слышимости расположена в 22,5 *м* от группы из двух громкоговорителей и, следовательно, в 27,5 *м* от группы трех аппаратов.

Но что означает отрицательный корень уравнения? Имеет ли он смысл?

Безусловно. Знак минус означает, что вторая точка равной слышимости лежит в направлении, *противоположном* тому, которое принято было за положительное при составлении уравнения.

Отложив от местонахождения двух аппаратов в требуемом направлении 222,5 м, найдем точку, куда звуки обеих групп громкоговорителей доносятся с одинаковой силой. От группы из трех аппаратов точка эта отстоит в 222,5 м + 50 м = 272,5 м.

Итак, нами разысканы две точки равной слышимости — из тех, что лежат на прямой, соединяющей источники звука. Других таких точек на этой линии нет, но они имеются вне ее. Можно доказать, что геометрическое место точек, удовлетворяющих требованию нашей задачи, есть окружность, проведенная через обе сейчас найденные точки, как через концы диаметра. Окружность эта ограничивает, как видим, довольно обширный участок (заштрихованный на чертеже), внутри которого слышимость группы двух громкоговорителей пересиливает слышимость группы трех аппаратов, а за пределами этого круга наблюдается обратное явление.

Алгебра лунного перелета

Точно таким же способом, каким мы нашли точки равной слышимости двух систем громкоговорителей, можно найти и точки равного притяжения космической ракеты двумя небесными телами — Землей и Луной. Разыщем эти точки.

По закону Ньютона, сила взаимного притяжения двух тел прямо пропорциональна произведению притягивающихся масс и обратно пропорциональна квадрату расстояния между ними. Если масса Земли M, а расстояние ракеты от нее x, то сила, с какой Земля притягивает каждый грамм массы ракеты, выразится через

$$\frac{Mk}{x^2},$$

где k — сила взаимного притяжения одного грамма одним граммом на расстоянии в 1 см.

Сила, с какой Луна притягивает каждый грамм ракеты в той же точке, равна

$$\frac{mk}{(l-x)^2},$$

где m — масса Луны, а l — ее расстояние от Земли (ракета предполагается находящейся между Землей и Луной, на прямой линии, соединяющей их центры). Задача требует, чтобы

$$\frac{Mk}{x^2} = \frac{mk}{(l-x)^2}$$

или

$$\frac{M}{m} = \frac{x^2}{l^2 - 2lx + x^2}.$$

Отношение $\frac{M}{m}$, как известно из астрономии, приближенно равно 81,5; подставив, имеем:

$$\frac{x^2}{l^2 - 2lx + x^2} = 81,5,$$

откуда

$$80{,}5x^2 - 163{,}0lx + 81{,}5l^2 = 0.$$

Решив уравнение относительно x, получаем:

$$x_1 = 0{,}9l, \quad x_2 = 1{,}12l.$$

Как и в задаче о громкоговорителях, мы приходим к заключению, что на линии Земля—Луна существуют две искомые точки — две точки, где ракета должна одинаково притягиваться обоими светилами; одна на 0,9 расстояния между ними, считая от центра Земли, другая — на 1,12 того же расстояния. Так как расстояние l между центрами Земли и Луны ≈ 384 000 км, то одна из искомых точек отстоит от центра Земли на 346 000 км, другая — на 430 000 км.

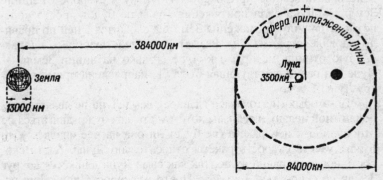

Рис. 17.

Но мы знаем (см. предыдущую задачу), что тем же свойством обладают и все точки окружности, проходящей через найденные две точки как через концы диаметра. Если будем вращать эту окружность около линии, соединяющей центры Земли и Луны, то она опишет шаровую поверхность, все точки которой будут удовлетворять требованиям задачи.

Диаметр этого шара, называемого *сферой притяжения* (рис. 17) Луны, равен

$$1{,}12l - 0{,}9l = 0{,}22l \approx 84\,000 \text{ км.}$$

Распространено ошибочное мнение, будто бы для попадания ракетой в Луну достаточно попасть в ее сферу притяжения. На первый взгляд кажется, что если ракета очутится внутри сферы притяжения (обладая не слишком значительной скоростью), то она неизбежно должна будет упасть на поверхность Луны, так как сила лунного притяжения в этой области «превозмогает» силу притяжения Земли. Если бы это было так, то задача полета к Луне сильно облегчилась бы, так как надо было бы целиться не в саму Луну, поперечник которой виден на небе под углом $\frac{1}{2}°$ а в шар диаметром 84 000 *км*, угловой размер которого равняется 12°.

Однако нетрудно показать ошибочность подобных рассуждений.

Допустим, что запущенная с Земли ракета, непрерывно теряющая свою скорость из-за земного притяжения, оказалась внутри сферы притяжения Луны, имея нулевую скорость. Упадет ли она теперь на Луну? Ни в коем случае!

Во-первых, и внутри сферы притяжения Луны продолжает действовать земное притяжение. Поэтому в стороне от линии Земля — Луна сила притяжения Луны не будет просто «превозмогать» силу притяжения Земли, а сложится с ней по правилу параллелограмма сил и даст равнодействующую, направленную отнюдь не прямо к Луне (только на линии Земля — Луна эта равнодействующая была бы направлена прямо к центру Луны).

Во-вторых (и это самое главное), сама Луна не является неподвижной целью, и если мы хотим знать, как будет двигаться по отношению к ней ракета (не будет ли она на нее «падать»), то нужно учесть скорость ракеты относительно Луны. А эта скорость вовсе не равна нулю, так как сама Луна движется вокруг Земли со скоростью 1 *км/сек*. Поэтому скорость движения ракеты относительно Луны слишком велика для того, чтобы Луна могла притянуть к себе ракету или хотя бы удержать ее в своей сфере притяжения в качестве искусственного спутника.

Фактически притяжение Луны начинает оказывать существенное влияние на движение ракеты еще до того, как ракета приблизится к сфере притяжения Луны. В небесной баллистике принято учитывать притяжение Луны с момента, когда ракета окажется внутри так называемой сферы действия Луны радиусом 66 000 *км*. При этом уже можно рассматривать движение

Рис. 18.

ракеты относительно Луны, полностью забывая о земном притяжении, но точно учитывая ту скорость (относительно Луны), с какой ракета входит в сферу действия. Естественно поэтому, что ракету приходится посылать к Луне по такой траектории, чтобы скорость (относительно Луны) входа в сферу действия была направлена прямо на Луну. Для этого сфера действия Луны должна набегать на ракету, движущуюся ей наперерез. Как видим, попадание в Луну оказывается вовсе не столь простым делом, как попадание в шар диаметром 84000 *км*.

«Трудная задача»

Картина Богданова-Бельского «Трудная задача» известна многим, но мало кто из видевших эту картину
вникал в содержание той «трудной задачи», которая на ней изображена. Состоит она в том, чтобы устным счетом быстро найти результат вычисления:

$$\frac{10^2 + 11^2 + 12^2 + 13^2 + 14^2}{365}.$$

Задача в самом деле нелегкая. С нею, однако, хорошо справлялись ученики того учителя, который с сохранением портретного сходства изображен на картине, именно С. А. Рачинского, профессора естественных наук, покинувшего университетскую кафедру, чтобы сделаться рядовым учителем сельской школы. Талантливый педагог культивировал в своей школе устный счет, основанный на виртуозном использовании свойств чисел. Числа 10, 11, 12, 13 и 14 обладают любопытной особенностью: $10^2 + 11^2 + 12^2 = 13^2 + 14^2$.

Так как $100 + 121 + 144 = 365$, то легко рассчитать в уме, что воспроизведенное на картине выражение равно 2.

Алгебра дает нам средство поставить вопрос об этой интересной особенности ряда чисел более широко: единственный ли это ряд из пяти последовательных чисел, сумма квадратов первых трех из которых равна сумме квадратов двух последних?

РЕШЕНИЕ

Обозначив первое из искомых чисел через *x*, имеем уравнение

$$x^2 + (x+1)^2 + (x+2)^2 = (x+3)^2 + (x+4)^2.$$

Удобнее, однако, обозначить через *x* не первое, а *второе* из искомых чисел. Тогда уравнение будет иметь более простой вид

$$(x-1)^2 + x^2 + (x+1)^2 = (x+2)^2 + (x+3)^2.$$

Раскрыв скобки и сделав упрощения, получаем:
$$x^2 - 10x - 11 = 0.$$
откуда
$$x = 5 \pm \sqrt{25+11}, \quad x_1 = 11, \quad x_2 = -1.$$

Существуют, следовательно, *два* ряда чисел, обладающих требуемым свойством: ряд Рачинского
$$10, 11, 12, 13, 14$$
и ряд
$$-2, -1, 0, 1, 2.$$
В самом деле,
$$(-2)^2 + (-1)^2 + 0^2 = 1^2 + 2^2.$$

Какие числа?

ЗАДАЧА

Найти три последовательных числа, отличающихся тем свойством, что квадрат среднего на 1 больше произведения двух остальных.

РЕШЕНИЕ

Если первое из искомых чисел x, то уравнение имеет вид
$$(x+1)^2 = x(x+2) + 1.$$

Раскрыв скобки, получаем равенство
$$x^2 + 2x + 1 = x^2 + 2x + 1,$$
из которого нельзя определить величину x. Это показывает, что составленное нами равенство есть *тождество*; оно справедливо при *любом* значении входящей в него буквы, а не при *некоторых* лишь, как в случае уравнения. Значит, всякие три последовательных числа обладают требуемым свойством. В самом деле, возьмем наугад числа
$$17, 18, 19.$$

Мы убеждаемся, что
$$18^2 - 17 \cdot 19 = 324 - 323 = 1.$$

Необходимость такого соотношения выступает нагляднее, если обозначить через x второе число. Тогда получим равенство
$$x^2 - 1 = (x+1)(x-1),$$
т. е. очевидное тождество.

ГЛАВА СЕДЬМАЯ

НАИБОЛЬШИЕ И НАИМЕНЬШИЕ ЗНАЧЕНИЯ

Помещаемые в этой главе задачи принадлежат к весьма интересному роду задач на разыскание наибольшего или наименьшего значения некоторой величины. Они могут быть решены различными приемами, один из которых мы сейчас покажем.

Русский математик П. Л. Чебышев в своей работе «Черчение географических карт» писал, что особенную важность имеют те методы науки, которые позволяют решать задачу, общую для всей практической деятельности человека: как располагать средствами своими для достижения по возможности большей выгоды.

Два поезда

ЗАДАЧА

Два железнодорожных пути скрещиваются под прямым углом. К месту скрещения одновременно мчатся по этим путям два поезда: один со станции, находящейся в 40 *км* от скрещения, другой со станции в 50 *км* от того же места скрещения. Первый делает в минуту 800 *м,* второй — 600 *м.*

Через сколько минут, считая с момента отправления, паровозы были в наименьшем взаимном расстоянии? И как велико это расстояние?

РЕШЕНИЕ

Начертим схему движения поездов нашей задачи. Пусть прямые *AB* и *CD* — скрещивающиеся пути (рис. 19). Станция *B* расположена в 40 км от точки скрещения O, станция D — в 50 км от нее. Предположим, что спустя x минут паровозы будут в кратчайшем взаимном расстоянии друг от друга $MN = m$. Поезд, вышедший из B, успел к этому моменту пройти путь $BM = 0{,}8x$, так как за минуту он проходит 800 м = 0,8 км. Следовательно, $OM = 40 - 0{,}8x$. Точно так же найдем, что $ON = 50 - 0{,}6x$. По теореме Пифагора

$$MN = m = \sqrt{\overline{OM}^2 + \overline{ON}^2} = \sqrt{(40 - 0{,}8x)^2 + (50 - 0{,}6x)^2}.$$

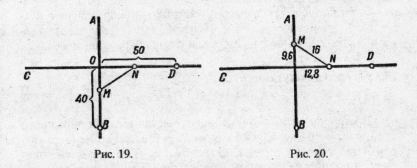

Рис. 19.   Рис. 20.

Возвысив в квадрат обе части уравнения

$$m = \sqrt{(40 - 0{,}8x)^2 + (50 - 0{,}6x)^2}$$

и сделав упрощения, получаем:

$$x^2 - 124x + 4100 - m^2 = 0.$$

Решив это уравнение относительно x, имеем:

$$x = 62 \pm \sqrt{m^2 - 256}.$$

Так как x — число протекших минут — не может быть мнимым, то $m^2 - 256$ должно быть величиной положительной, или в крайнем случае равняться нулю. Последнее соответствует *наименьшему* возможному значению m, и тогда

$$m^2 = 256, \text{ т. е. } m = 16.$$

Очевидно, что m меньше 16 быть не может, иначе x становится мнимым. А если $m^2 - 256 = 0$, то $x = 62$.

Итак, паровозы окажутся всего ближе друг к другу через 62 мин., и взаимное их удаление тогда будет 16 км.

Определим, как они в этот момент расположены. Вычислим длину OM; она равна

$$40 - 62 \cdot 0{,}8 = -9{,}6.$$

Знак минус означает, что паровоз пройдет за скрещение на 9,6 *км*. Расстояние же ON равно

$$50 - 62 \cdot 0{,}6 = 12{,}8,$$

т. е. второй паровоз не дойдет до скрещения на 12,8 *км*. Расположение паровозов показано на рис. 20. Как видим, оно вовсе не то, какое мы представляли себе до решения задачи. Уравнение оказалось достаточно терпимым и, несмотря на неправильную схему, дало правильное решение. Нетрудно понять, откуда эта терпимость: она обусловлена алгебраическими правилами знаков.

Где устроить полустанок?

ЗАДАЧА

В стороне от прямолинейного участка железнодорожного пути, в 20 *км* от него, лежит селение B (рис. 21). Где надо устроить полустанок C, чтобы проезд от A до B по железной дороге AC и по шоссе CB отнимал возможно меньше времени? Скорость движения по железной дороге 0,8, а по шоссе 0,2 километра в минуту.

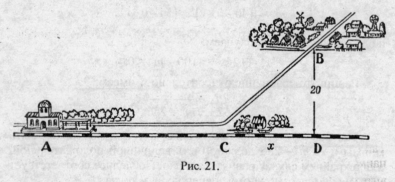

Рис. 21.

РЕШЕНИЕ

Обозначим расстояние AD (от A до основания перпендикуляра BD к AD) через a, CD через x. Тогда $AC = AD - CD = a - x$, а $CB = \sqrt{CD^2 + BD^2} = \sqrt{x^2 + 20^2}$. Время, в течение которого поезд проходит путь AC, равно

$$\frac{AC}{0{,}8} = \frac{a-x}{0{,}8}.$$

Время прохождения пути CB по шоссе равно

$$\frac{CB}{0{,}2} = \frac{\sqrt{x^2 + 20^2}}{0{,}2}.$$

Общая продолжительность переезда из A в B равна

$$\frac{a-x}{0{,}8} + \frac{\sqrt{x^2 + 20^2}}{0{,}2}.$$

Эта сумма, которую обозначим через m, должна быть наименьшей.

Уравнение

$$\frac{a-x}{0{,}8} + \frac{\sqrt{x^2 + 20^2}}{0{,}2} = m$$

представляем в виде

$$-\frac{x}{0{,}8} + \frac{\sqrt{x^2 + 20^2}}{0{,}2} = m - \frac{a}{0{,}8}.$$

Умножив на 0,8, имеем:

$$-x + 4\sqrt{x^2 + 20^2} = 0{,}8m - a.$$

Обозначив $0{,}8m - a$ через k и освободив уравнение от радикала, получаем квадратное уравнение

$$15x^2 - 2kx + 6400 - k^2 = 0,$$

откуда

$$x = \frac{k \pm \sqrt{16k^2 - 96000}}{15}.$$

Так как $k = 0{,}8m - a$, то при наименьшем значении m достигает наименьшей величины и k, и обратно.[1] Но чтобы x было действительным, $16k^2$ должно быть не меньше 96 000. Значит, наименьшая величина для $16k^2$ есть 96 000. Поэтому m становится наименьшим, когда

---

[1] Следует иметь в виду, что $k > 0$, так как

$$0{,}8m = a - x + 4\sqrt{x^2 + 20^2} > a - x + x = a.$$

откуда
$$16k^2 = 96\,000,$$

и следовательно,
$$k = \sqrt{6000},$$

$$x = \frac{k \pm 0}{15} = \frac{\sqrt{6000}}{15} \approx 5{,}16.$$

Полустанок должен быть устроен приблизительно в **5 км** от точки D, *какова бы ни была длина a = AD*.

Но, разумеется, наше решение имеет смысл только для случаев, когда $x < a$, так как, составляя уравнение, мы считали выражение $a - x$ числом положительным.

Если $x = a \approx 5{,}16$, то полустанка вообще строить не надо; придётся вести шоссе прямо на станцию. Так же нужно поступать и в случаях, когда расстояние a короче 5,16 км.

На этот раз мы оказываемся предусмотрительнее, нежели уравнение. Если бы мы слепо доверились уравнению, нам пришлось бы в рассматриваемом случае построить полустанок за станцией, что было бы явной нелепостью: в этом случае $x > a$ и потому время

$$\frac{a - x}{0{,}8},$$

в течение которого нужно ехать по железной дороге, отрицательно. Случай поучительный, показывающий, что при пользовании математическим орудием надо с должной осмотрительностью относиться к получаемым результатам, помня, что они могут потерять реальный смысл, если не выполнены предпосылки, на которых основывалось применение нашего математического орудия.

Как провести шоссе?

ЗАДАЧА

Из приречного города A надо направлять грузы в пункт B, расположенный на a километров ниже по реке и в d километрах от берега (рис. 22). Как провести шоссе от B к реке, чтобы провоз грузов из A в B обходился возможно дешевле, если провозная плата с тонно-километра по реке вдвое меньше, чем по шоссе?

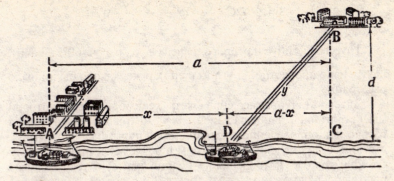

Рис. 22.

РЕШЕНИЕ

Обозначим расстояние AD через x и длину DB шоссе — через y: по предположению, длина AC равна a и длина BC равна d.

Так как провоз по шоссе вдвое дороже, чем по реке, то сумма

$$x + 2y$$

должна быть согласно требованию задачи наименьшая. Обозначим это наименьшее значение через m. Имеем уравнение

$$x + 2y = m.$$

Но $x = a - DC$, а $DC = \sqrt{y^2 - d^2}$; наше уравнение получает вид

$$a - \sqrt{y^2 - d^2} + 2y = m,$$

или по освобождении от радикала:

$$3y^2 - 4(m-a)y + (m-a)^2 + d^2 = 0.$$

Решаем его:

$$y = \frac{2}{3}(m-a) \pm \frac{\sqrt{(m-a)^2 - 3d^2}}{3}.$$

Чтобы y было действительным, $(m-a)^2$ должно быть не меньше $3d^2$. Наименьшее значение $(m-a)^2$ равно $3d^2$, и тогда

$$m - a = d\sqrt{3}, \quad y = \frac{2(m-a) + 0}{3} = \frac{2d\sqrt{3}}{3}$$

$\sin \angle BDC = d : y$, т.е.

$$\sin \angle BDC = \frac{d}{y} = d : \frac{2d\sqrt{3}}{3} = \frac{\sqrt{3}}{2}.$$

Но угол, синус которого равен $\frac{\sqrt{3}}{2}$, равен 60°. Значит, шоссе надо провести под углом в 60° к реке, каково бы ни было расстояние *AC*.

Здесь наталкиваемся снова на ту же особенность, с которой мы встретились в предыдущей задаче. Решение имеет смысл только при определенном условии. Если пункт расположен так, что шоссе, проведенное под углом в 60° к реке, пройдет по ту сторону города *A*, то решение неприложимо; в таком случае надо непосредственно связать пункт *B* с городом *A* шоссе, вовсе не пользуясь рекой для перевозки.

Когда произведение наибольшее?

Для решения многих задач «на максимум и минимум», т. е. на разыскание наибольшего и наименьшего значений переменной величины, можно успешно пользоваться одной алгебраической теоремой, с которой мы сейчас познакомимся. Рассмотрим следующую задачу:

На какие две части надо разбить данное число, чтобы произведение их было наибольшим?

РЕШЕНИЯ

Пусть данное число *a*. Тогда части, на которые разбито число *a*, можно обозначить через

$$\frac{a}{2} + x \text{ и } \frac{a}{2} - x;$$

число *x* показывает, на какую величину эти части отличаются от половины числа *a*. Произведение обеих частей равно

$$\left(\frac{a}{2} + x\right)\left(\frac{a}{2} - x\right) = \frac{a^2}{4} - x^2.$$

Ясно, что произведение взятых частей будет увеличиваться при уменьшении *x*, т. е. при уменьшении разности между этими частями. Наибольшим произведение будет при $x = 0$, т. е. в случае, когда обе части равны $\frac{a}{2}$.

Итак, число надо разделить *пополам*: произведение двух чисел, сумма которых неизменна, будет наибольшим тогда, когда эти числа равны между собой.

Рассмотрим тот же вопрос для *трех* чисел.

На какие три части надо разбить данное число, чтобы произведение их было наибольшим?

РЕШЕНИЕ

При решении этой задачи будем опираться на предыдущую.

Пусть число a разбито на три части. Предположим сначала, что ни одна из частей не равна $\frac{a}{3}$. Тогда среди них найдется часть, бо́льшая $\frac{a}{3}$ (все три не могут быть меньше $\frac{a}{3}$); обозначим ее через

$$\frac{a}{3} + x.$$

Точно так же среди них найдется часть, меньшая $\frac{a}{3}$; обозначим ее через

$$\frac{a}{3} - y.$$

Числа x и y положительны. Третья часть будет, очевидно, равна

$$\frac{a}{3} + y - x.$$

Числа $\frac{a}{3}$ и $\frac{a}{3} + x - y$ имеют ту же сумму, что и первые две части числа a, а разность между ними, т. е. $x - y$, меньше, чем разность между первыми двумя частями, которая была равна $x + y$. Как мы знаем из решения предыдущей задачи, отсюда следует, что произведение

$$\frac{a}{3}\left(\frac{a}{3} + x - y\right)$$

больше, чем произведение первых двух частей числа a.

Итак, если первые две части числа a заменить числами

$$\frac{a}{3} \text{ и } \frac{a}{3} + x - y,$$

а третью оставить без изменения, то произведение увеличится.

Пусть теперь одна из частей уже равна $\frac{a}{3}$. Тогда две другие имеют вид

$$\frac{a}{3}+z \text{ и } \frac{a}{3}-z.$$

Если мы эти две последние части сделаем равными $\frac{a}{3}$ (отчего сумма их не изменится), то произведение снова увеличится и станет равным $\frac{a}{3}\cdot\frac{a}{3}\cdot\frac{a}{3}=\frac{a^3}{27}$.

Итак, если число a разбито на 3 части, не равные между собой, то произведение этих частей меньше чем $\frac{a^3}{27}$, т. е. чем произведение трех равных сомножителей, в сумме составляющих a.

Подобным же образом можно доказать эту теорему и для *четырех* множителей, для *пяти* и т. д.

Рассмотрим теперь более общий случай.

Найти, при каких значениях x и y выражение $x^p y^q$ наибольшее, если $x+y=a$.

РЕШЕНИЕ

Надо найти, при каком значении x выражение

$$x^p(a-x)^q$$

достигает наибольшей величины.

Умножим это выражение на число $\frac{1}{p^p q^q}$. Получим новое выражение

$$\frac{x^p}{p^p}\frac{(a-x)^q}{q^q},$$

которое, очевидно, достигает наибольшей величины тогда же, когда и первоначальное.

Представим полученное сейчас выражение в виде

$$\underbrace{\frac{x}{p}\cdot\frac{x}{p}\cdot\frac{x}{p}\cdot\frac{x}{p}\cdots}_{p\text{ раз}}\underbrace{\frac{a-x}{q}\cdot\frac{a-x}{q}\cdot\frac{a-x}{q}\cdots}_{q\text{ раз}}$$

Сумма всех множителей этого выражения **равна**

$$\underbrace{\frac{x}{p}+\frac{x}{p}+\frac{x}{p}+\frac{x}{p}+\ldots}_{p \text{ раз}}+\underbrace{\frac{a-x}{q}+\frac{a-x}{q}+\frac{a-x}{q}+\ldots}_{q \text{ раз}}=$$

$$=\frac{px}{p}+\frac{q(a-x)}{q}=x+a-x=a,$$

т. е. величине постоянной.

На основании ранее доказанного (см. предыдущие две задачи) заключаем, что произведение

$$\frac{x}{p}\cdot\frac{x}{p}\cdot\frac{x}{p}\cdot\frac{x}{p}\ldots\frac{a-x}{q}\cdot\frac{a-x}{q}\cdot\frac{a-x}{q}\ldots$$

достигает максимума при равенстве всех его отдельных множителей, т. е. когда

$$\frac{x}{p}=\frac{a-x}{q}.$$

Зная, что $a-x=y$, получаем, переставив члены, пропорцию

$$\frac{x}{p}=\frac{p}{q}.$$

Итак, произведение $x^p y^q$ при постоянстве суммы $x+y$ достигает наибольшей величины тогда, когда

$$x:y=p:q.$$

Таким же образом можно доказать, что произведения

$$x^p y^q z^r, \quad x^p y^q z^r t^u \quad \text{и т. п.}$$

при постоянстве сумм $x+y+z$, $x+y+z+t$ и т. д. достигают наибольшей величины тогда, когда

$$x:y:z=p:q:r, \quad x:y:z:t=p:q:r:u \quad \text{и т. д.}$$

Когда сумма наименьшая?

Читатель, желающий испытать свои силы на доказательстве полезных алгебраических теорем, пусть докажет сам следующие положения:

1. Сумма двух чисел, произведение которых неизменно, становится наименьшей, когда эти числа равны.

Например, для произведения 36: $4+9=13$, $3+12=15$, $2+18=20$, $1+36=37$ и, наконец, $6+6=12$.

2. Сумма нескольких чисел, произведение которых неизменно, становится наименьшей, когда эти числа равны.

Например, для произведения 216: 3 + 12 + 6 = 21, 2 + 18 + 6 = 26, 9 + 6 + 4 = 19, между тем как 6 + 6 + 6 = 18.

На ряде примеров покажем, как применяются на практике эти теоремы.

Брус наибольшего объема

ЗАДАЧА

Из цилиндрического бревна надо выпилить прямоугольный брус наибольшего объема. Какой формы должно быть его сечение (рис. 23)?

Рис. 23.

РЕШЕНИЕ

Если стороны прямоугольного сечения x и y, то по теореме Пифагора

$$x^2 + y^2 = d^2,$$

где d — диаметр бревна. Объем бруса наибольший, когда площадь его сечения наибольшая, т. е. когда xy достигает наибольшей величины. Но если xy наибольшее, то наибольшим будет и произведение $x^2 y^2$. Так как сумма $x^2 + y^2$ неизменна, то, по доказанному ранее, произведение $x^2 y^2$ наибольшее, когда

$$x^2 = y^2 \text{ или } x = y.$$

Итак, сечение бруса должно быть квадратным.

Два земельных участка

ЗАДАЧИ

1. Какой формы должен быть прямоугольный участок данной площади, чтобы длина ограничивающей его изгороди была наименьшей?

2. Какой формы должен быть прямоугольный участок, чтобы при данной длине изгороди площадь его была наибольшей?

РЕШЕНИЕ

1. Форма прямоугольного участка определяется соотношением его сторон x и y. Площадь участка со сторонами x и y равна xy, а длина изгороди $2x + 2y$. Длина изгороди будет наименьшей, если $x + y$ достигнет наименьшей величины.

При постоянном произведении xy сумма $x + y$ наименьшая в случае равенства $x = y$. Следовательно, искомый прямоугольник — квадрат.

2. Если x и y — стороны прямоугольника, то длина изгороди $2x + 2y$, а площадь xy. Это произведение будет наибольшим тогда же, когда и произведение $4xy$, т. е. $2x \cdot 2y$; последнее же произведение при постоянной сумме его множителей $2x + 2y$ становится наибольшим при $2x = 2y$, т. е. когда участок имеет форму квадрата.

К известным нам из геометрии свойствам квадрата мы можем, следовательно, прибавить еще следующее: из всех прямоугольников он обладает наименьшим периметром при данной площади и наибольшей площадью при данном периметре.

Бумажный змей

ЗАДАЧА

Змею, имеющему вид кругового сектора, желают придать такую форму, чтобы он вмещал в данном периметре наибольшую площадь. Какова должна быть форма сектора?

РЕШЕНИЕ

Уточняя требование задачи, мы должны разыскать, при каком соотношении длины дуги сектора и его радиуса площадь его достигает наибольшей величины при данном периметре.

Если радиус сектора x, а дуга y, то его периметр l и площадь S выразятся так (рис. 24):

$$l = 2x + y,$$
$$S = \frac{xy}{2} = \frac{x(l - 2x)}{2}.$$

Величина S достигает максимума при том же значении x, что и произведение $2x(l - 2x)$, т. е. учетверенная площадь. Так как рис. 24. сумма множителей $2x\,(l-2x) = l$ есть величина постоянная, то произведение их наибольшее, когда $2x = l - 2x$, откуда

$$x = \frac{l}{4},$$

$$y = l - 2 \cdot \frac{l}{4} = \frac{l}{2}.$$

Итак, сектор при данном периметре замыкает наибольшую площадь в том случае, когда его радиус составляет половину дуги (т. е. длина его дуги равна сумме радиусов или длина кривой части его периметра равна длине ломаной). Угол сектора равен $\approx 115°$ — двум радианам. Каковы летные качества такого широкого змея, — вопрос другой, рассмотрение которого в нашу задачу не входит.

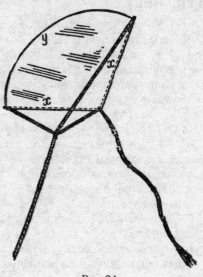

Рис. 24.

Постройка дома

ЗАДАЧА

На месте разрушенного дома, от которого уцелела одна стена, желают построить новый. Длина уцелевшей стены — *12 м.* Площадь нового дома должна равняться 112 *кв. м.* Хозяйственные условия работы таковы:

1) ремонт погонного метра стены обходится в 25% стоимости кладки новой;

2) разбор погонного метра старой стены и кладка из полученного материала новой стены стоит 50% того, во что обходится постройка погонного метра стены из нового материала.

Как при таких условиях наивыгоднейшим образом использовать уцелевшую стену?

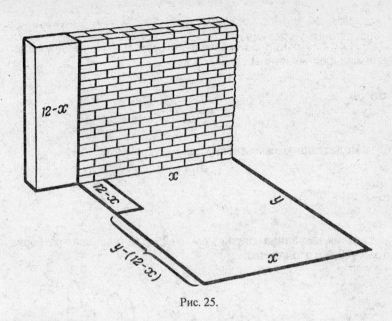

Рис. 25.

РЕШЕНИЕ

Пусть от прежней стены сохраняется x метров, а остальные $12 - x$ метров разбираются, чтобы из полученного материала возвести заново часть стены нового дома (рис. 25). Если стоимость кладки погонного метра стены из нового материала равна a, то ремонт x метров старой стены будет стоить $\dfrac{ax}{4}$; возведение участка длиной $12 - x$ будет стоить $\dfrac{a(12-x)}{2}$; прочей части этой стены $a[y - (12-x)]$, т. е. $a(y + x - 12)$; третьей стены ax, четвертой ay. Вся работа обойдется в

$$\frac{ax}{4} + \frac{a(12-x)}{2} + a(y+x-12) + ax + ay = $$
$$= \frac{a(7x+8y)}{4} - 6a.$$

Последнее выражение достигает наименьшей величины тогда же, когда и сумма

$$7x + 8y.$$

Мы знаем, что площадь дома xy равна 112; следовательно,

$$7x \cdot 8y = 56 \cdot 112.$$

При постоянном произведении сумма $7x + 8y$ достигает наименьшей величины тогда, когда
$$7x = 8y,$$
откуда
$$y = \frac{7}{8}x.$$

Подставив это выражение для y в уравнение
$$xy = 112,$$
имеем:
$$\frac{7}{8}x^2 = 112, \quad x = \sqrt{128} \approx 11{,}3.$$

А так как длина старой стены 12 *м,* то подлежит разборке только 0,7 *м* этой стены.

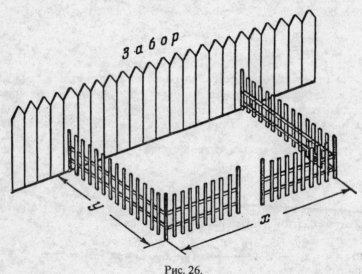

Рис. 26.

Дачный участок

ЗАДАЧА

При постройке дачи нужно было отгородить дачный участок. Материала имелось на *l* погонных метров изгороди. Кроме того, можно было воспользоваться ранее построенным забором (в качестве одной из сторон участка). Как при этих условиях отгородить прямоугольный участок наибольшей площади?

РЕШЕНИЕ

Пусть длина участка (по забору) равна x, а ширина (т. е. размер участка в направлении, перпендикулярном к забору) равна y (рис. 26). Тогда для огораживания этого участка нужно $x + 2y$ метров изгороди, так что
$$x + 2y = l.$$
Площадь участка равна
$$S = xy = y(l - 2y).$$
Она принимает наибольшее значение одновременно с величиной
$$2y(l - 2y).$$
(удвоенной площадью), которая представляет собой произведение двух множителей с постоянной суммой l. Поэтому для достижения наибольшей площади должно быть
$$2y = l - 2y.$$
откуда
$$y = \frac{l}{4}, \quad x = l - 2y = \frac{l}{2}.$$

Иначе говоря, $x = 2y$, т. е. длина участка должна быть вдвое больше его ширины.

Желоб наибольшего сечения

ЗАДАЧА

Прямоугольный металлический лист (рис. 27) надо согнуть желобом с сечением в форме равнобокой трапеции. Это можно сделать различными способами, как видно из рис. 28. Какой ширины должны быть боковые полосы и под каким углом они должны быть отогнуты, чтобы сечение желоба имело наибольшую площадь (рис. 29)?

РЕШЕНИЕ

Пусть ширина листа l. Ширину отгибаемых боковых полос обозначим через x, а ширину дна желоба — через y. Введем еще одно неизвестное z, значение которого ясно из рис. 30.

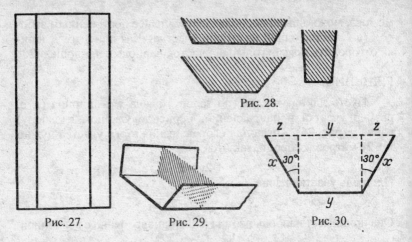

Рис. 27.   Рис. 29.   Рис. 30.

Площадь трапеции, представляющей сечение желоба,

$$S = \frac{(z+y+z)+y}{2}\sqrt{x^2-z^2} = \sqrt{(y+z)^2(x^2-z^2)}.$$

Задача свелась к определению тех значений x, y, z, при которых S достигает наибольшей величины; при этом сумма $2x + y$ (т. е. ширина листа) сохраняет постоянную величину l. Делаем преобразования:

$$S^2 = (y+z)^2(x+z)(x-z).$$

Величина S^2 становится наибольшей при тех же значениях x, y, z, что и $3S^2$, последнюю же можно представить в виде произведения

$$(y+z)\,(y+z)\,(x+z)\,(3x-3z).$$

Сумма этих четырех множителей

$$y+z+y+z+x+z+3x-3z = 2y+4x = 2l,$$

т. е. неизменна. Поэтому произведение наших четырех множителей максимально, когда они равны между собой, т. е.

$$y+z = x+z \text{ и } x+z = 3x-3z$$

Из первого уравнения имеем:

$$y = x,$$

а так как $y + 2x = l$, то $x = y = \dfrac{l}{3}$.

Из второго уравнения находим:

$$z = \frac{x}{2} = \frac{l}{6}.$$

Далее, так как катет z равен половине гипотенузы x (рис. 30), то противолежащий этому катету угол равен 30°, а угол наклона боков желоба ко дну равен 90° + 30° = 120°.

Итак, желоб будет иметь наибольшее сечение, когда грани его согнуты в форме трех смежных сторон правильного шестиугольника.

Воронка наибольшей вместимости

ЗАДАЧА

Из жестяного круга нужно изготовить коническую часть воронки. Для этого в круге вырезают сектор и остальную часть круга свертывают конусом (рис.31). Сколько градусов должно быть в дуге вырезаемого сектора, чтобы конус получился наибольшей вместимости?

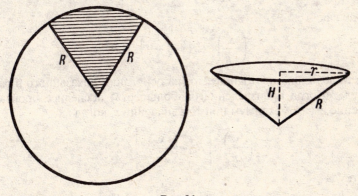

Рис. 31.

РЕШЕНИЕ

Длину дуги той части круга, которая свертывается в конус, обозначим через x (в линейных мерах). Следовательно, образующей конуса будет радиус R жестяного круга, а окружность основания будет равна x. Радиус r основания конуса определяем из равенства

$$2\pi r = x, \quad \text{откуда} \quad r = \frac{x}{2\pi}.$$

Высота конуса (по теореме Пифагора)

$$H = \sqrt{R^2 - r^2} = \sqrt{R^2 - \frac{x^2}{4\pi^2}}$$

(рис. 31). Объем этого конуса имеет значение

$$V = \frac{\pi}{3} r^2 H = \frac{\pi}{3} \left(\frac{x}{2\pi}\right)^2 \sqrt{R^2 - \frac{x^2}{4\pi^2}}.$$

Это выражение достигает наибольшей величины одновременно с выражением

$$\left(\frac{x}{2\pi}\right)^2 \sqrt{R^2 - \left(\frac{x}{2\pi}\right)^2}.$$

и его квадратом

$$\left(\frac{x}{2\pi}\right)^4 \left[R^2 - \left(\frac{x}{2\pi}\right)^2\right].$$

Так как

$$\left(\frac{x}{2\pi}\right)^2 + R^2 - \left(\frac{x}{2\pi}\right)^2 = R^2$$

есть величина постоянная, то (на основании доказанного в разделе «Когда произведение наибольшее?») последнее произведение имеет максимум при том значении x, когда

$$\left(\frac{x}{2\pi}\right)^2 : \left[R^2 - \left(\frac{x}{2\pi}\right)^2\right] = 2:1,$$

откуда

$$\left(\frac{x}{2\pi}\right)^2 = 2R^2 - 2\left(\frac{x}{2\pi}\right)^2,$$

$$3\left(\frac{x}{2\pi}\right)^2 = 2R^2 \quad \text{и} \quad x = \frac{2\pi}{3} R\sqrt{6} \approx 5{,}15R.$$

В градусах дуга $x \approx 295°$ и, значит, дуга вырезаемого сектора должна содержать $\approx 65°$.

Самое яркое освещение

ЗАДАЧА

На какой высоте над столом должно находиться пламя свечи, чтобы всего ярче освещать лежащую на столе монету?

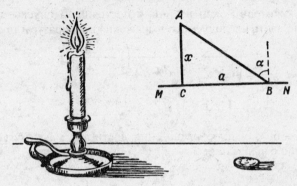

Рис. 32.

РЕШЕНИЕ

Может показаться, что для достижения наилучшего освещения надо поместить пламя возможно ниже. Это неверно: при низком положении пламени лучи падают очень отлого. Поднять свечу так, чтобы лучи падали круто, — значит удалить источник света. Наиболее выгодна в смысле освещения, очевидно, некоторая средняя высота пламени над столом. Обозначим ее через x (рис. 32). Расстояние BC монеты B от основания C перпендикуляра, проходящего через пламя A, обозначим через a. Если яркость пламени i, то освещенность монеты согласно законам оптики выразится так:

$$\frac{i}{AB^2}\cos\alpha = \frac{i\cos\alpha}{\left(\sqrt{a^2+x^2}\right)^2} = \frac{i\cos\alpha}{a^2+x^2},$$

где α — угол падения пучка лучей AB. Так как

$$\cos\alpha = \cos A = \frac{x}{AB} = \frac{x}{\sqrt{a^2+x^2}},$$

то освещенность равна

$$\frac{i}{a^2+x^2}\cdot\frac{x}{\sqrt{a^2+x^2}} = \frac{ix}{\left(a^2+x^2\right)^{\frac{3}{2}}}.$$

Это выражение достигает максимума при том же значении x, что и его квадрат, т. е.

$$\frac{i^2 x^2}{\left(a^2 + x^2\right)^3}.$$

Множитель i^2 как величину постоянную опускаем, а остальную часть исследуемого выражения преобразуем так:

$$\frac{x^2}{\left(a^2 + x^2\right)^3} = \frac{1}{\left(x^2 + a^2\right)^2}\left(1 - \frac{a^2}{x^2 + a^2}\right) =$$

$$= \left(\frac{1}{x^2 + a^2}\right)^2 \left(1 - \frac{a^2}{x^2 + a^2}\right)$$

Преобразованное выражение достигает максимума одновременно с выражением

$$\left(\frac{a^2}{x^2 + a^2}\right)^2 \left(1 - \frac{a^2}{x^2 + a^2}\right),$$

так как введенный постоянный множитель a^4 не влияет на то значение x, при котором произведение достигает максимума. Замечая, что сумма первых степеней этих множителей

$$\frac{a^2}{x^2 + a^2} + \left(1 - \frac{a^2}{x^2 + a^2}\right) = 1$$

есть величина постоянная, заключаем, что рассматриваемое произведение становится наибольшим, когда

$$\frac{a^2}{x^2 + a^2} : \left(1 - \frac{a^2}{x^2 + a^2}\right) = 2 : 1$$

(см. «Когда произведение наибольшее?»).

Имеем уравнение

$$a^2 = 2x^2 + 2a^2 - 2a^2.$$

Решив это уравнение, находим:

$$x = \frac{a}{\sqrt{2}} \approx 0{,}71a.$$

Монета освещается всего ярче, когда источник света находится на высоте 0,71 расстояния от проекции источника до монеты. Знание этого соотношения помогает при устройстве наилучшего освещения рабочего места.

ГЛАВА ВОСЬМАЯ

ПРОГРЕССИИ

Древнейшая прогрессия

ЗАДАЧА

Древнейшая задача на прогрессии — не вопрос о вознаграждении изобретателя шахмат, насчитывающий за собой двухтысячелетнюю давность, а гораздо более старая задача о делении хлеба, которая записана в знаменитом египетском папирусе Ринда. Папирус этот, разысканный Риндом в конце прошлого столетия, составлен около 2000 лет до нашей эры и является списком с другого, еще более древнего математического сочинения, относящегося, быть может, к третьему тысячелетию до нашей эры. В числе арифметических, алгебраических и геометрических задач этого документа имеется такая (приводим ее в вольной передаче):

Сто мер хлеба разделить между пятью людьми так, чтобы второй получил на столько же больше первого, на сколько третий получил больше второго, четвертый больше третьего и пятый больше четвертого. Кроме того, двое первых должны получить в 7 раз меньше трех остальных. Сколько нужно дать каждому?

РЕШЕНИЕ

Очевидно, количества хлеба, полученные участниками раздела, составляют возрастающую арифметическую прогрессию. Пусть первый ее член x, разность y. Тогда

доля первого x
» второго . . . . . . $x + y$
» третьего . . . . . $x + 2y$
» четвертого . . . . $x + 3y$
» пятого . . . . . . $x + 4y$

На основании условий задачи составляем следующие два уравнения:

$$\begin{cases} x + (x+y) + (x+2y) + (x+3y) + (x+4y) = 100, \\ 7\bigl[x + (x+y)\bigr] = (x+2y) + (x+3y) + (x+4y). \end{cases}$$

После упрощений первое уравнение получает вид

$$x + 2y = 20,$$

а второе

$$11x = 2y.$$

Решив эту систему, получаем:

$$x = 1\frac{2}{3}, \quad y = 9\frac{1}{6}.$$

Значит, хлеб должен быть разделен на следующие части

$$1\frac{2}{3}, \quad 10\frac{5}{6}, \quad 20, \quad 29\frac{1}{6}, \quad 38\frac{1}{3}.$$

Алгебра на клетчатой бумаге

Несмотря на пятидесятивековую древность этой задачи на прогрессии, в нашем школьном обиходе прогрессии появились сравнительно недавно. В учебнике Магницкого, изданном двести лет назад и служившем целых полвека основным руководством для школьного обучения, прогрессии хотя и имеются, но общих формул, связывающих входящие в них величины между собой, в нем не дано. Сам составитель учебника не без затруднений справлялся поэтому с такими задачами. Между тем формулу суммы членов арифметической прогрессии легко вывести простым и наглядным приемом с помощью клетчатой бумаги. На такой бумаге любая арифметическая прогрессия изображается ступенчатой фигурой. Например, фигура $ABDC$ на рис. 33 изображает прогрессию:

$$2;\ 5;\ 8;\ 11;\ 14.$$

Чтобы определить сумму ее членов, дополним чертеж до прямоугольника *ABGE*. Получим две равные фигуры *ABDC* и *DGEC*. Площадь каждой из них изображает сумму членов нашей прогрессии. Значит, двойная сумма прогрессии равна площади прямоугольника *ABGE*, т. е.

$$(AC + CE) \cdot AB.$$

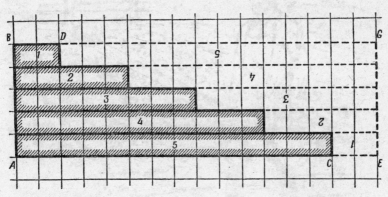

Рис. 33.

Но $AC + CE$ изображает сумму 1-го и 5-го членов прогрессии; AB — число членов прогрессии. Поэтому двойная сумма

$$2S = (\text{сумма крайних членов}) \cdot (\text{число членов})$$

или

$$S = \frac{(\text{первый} + \text{последний член}) \cdot (\text{число членов})}{2}.$$

Поливка огорода

ЗАДАЧА

В огороде 30 грядок, каждая длиной 16 *м* и шириной 2,5 *м*. Поливая грядки, огородник приносит ведра с водой из колодца, расположенного в 14 *м* от края огорода (рис. 34), и обходит грядки по меже, причем воды, приносимой за один раз, достаточно для поливки только одной грядки.

Какой длины путь должен пройти огородник, поливая весь огород? Путь начинается и кончается у колодца.

Рис. 34.

РЕШЕНИЕ

Для поливки первой грядки огородник должен пройти путь
$$14 + 16 + 2{,}5 + 16 + 2{,}5 + 14 = 65 \text{ м}.$$

При поливке второй он проходит
$$14 + 2{,}5 + 16 + 2{,}5 + 16 + 2{,}5 + 2{,}5 + 14 = 65 + 5 = 70 \text{ м}.$$

Каждая следующая грядка требует пути на 5 м длиннее предыдущей. Имеем прогрессию:
$$65;\ 70;\ 75;\ \ldots;\ 65 + 5 \cdot 29.$$

Сумма ее членов равна
$$\frac{(65 + 65 + 29 \cdot 5)30}{2} = 4125 \text{ м}.$$

Огородник при поливке всего огорода проходит путь в 4,125 км.

Кормление кур

ЗАДАЧА

Для 31 курицы запасено некоторое количество корма из расчета по декалитру в неделю на каждую курицу. При этом предполагалось, что численность кур меняться не будет. Но так как в действительности число кур каждую неделю убывало на 1, то заготовленного корма хватило на двойной срок.

Как велик был запас корма и на сколько времени был он первоначально рассчитан?

РЕШЕНИЕ

Пусть запасено было x декалитров корма на y недель. Так как корм рассчитан на 31 курицу по 1 декалитру на курицу в неделю, то

$$x = 31y.$$

В первую неделю израсходовано было 31 *дл*, во вторую 30, в третью 29 и т. д. до последней недели всего удвоенного срока, когда израсходовано было:

$$(31 - 2y + 1) \; \textit{дл}.\,[1]$$

Весь запас составлял, следовательно,

$$x = 31y = 31 - 30 + 29 + ... + (31 - 2y + 1).$$

Сумма $2y$ членов прогрессии, первый член которой 31, а последний $31 - 2y + 1$, равна

$$31y = \frac{(31 + 31 - 2y + 1)2y}{2} = (63 - 2y)y.$$

Так как y не может быть равен нулю, то мы вправе обе части равенства сократить на этот множитель. Получаем:

$$31 = 63 - 2y \text{ и } y = 16,$$

откуда

$$x = 31y = 496.$$

Запасено было 496 декалитров корма на 16 недель.

---

[1] Поясним: расход корма в течение

1-й	недели	31 *дл*
2-й	»	31 − 1 *дл*
3-й	»	31 − 2 *дл*
$2y$-й	»	$31 - (2y - 1) = 31 - 2y + 1$ *дл*

Бригада землекопов

ЗАДАЧА

Старшеклассники обязались вырыть на школьном участке канаву и организовали для этого бригаду землекопов. Если бы бригада работала в полном составе, канава была бы вырыта в 24 часа. Но в действительности к работе приступил сначала только один член бригады. Спустя некоторое время присоединился второй; еще через столько же времени — третий, за ним через такой же промежуток четвертый и так до последнего. При расчете оказалось, что первый работал в 11 раз дольше последнего. Сколько времени работал последний?

Рис. 35.

РЕШЕНИЕ

Пусть последний член бригады работал x часов, тогда первый работал $11x$ часов. Далее, если число рывших канаву учеников было y, то общее число часов работы определится как сумма y членов убывающей прогрессии, первый член которой $11x$, а последний x, т. е.

$$\frac{(11x+x)y}{2} = 6xy.$$

С другой стороны, известно, что бригаду из y человек, работая в полном составе, выкопала бы канаву в 24 часа, т. е. что для выполнения работы необходимо $24y$ рабочих часов. Следовательно,

$$6xy = 24y.$$

Число y не может равняться нулю; на этот множитель можно поэтому уравнение сократить, после чего получаем:

$$6x = 24 \quad \text{и} \quad x = 4.$$

Итак, член бригады, приступивший к работе последним, работал 4 часа.

Мы ответили на вопрос задачи; но если бы мы полюбопытствовали узнать, сколько рабочих входило в бригаду, то не могли бы этого определить, несмотря на то, что в уравнении число это фигурировало (под буквой y). Для решения этого вопроса в задаче не приведено достаточных данных.

Яблоки

ЗАДАЧА

Садовник продал первому покупателю половину всех своих яблок и еще пол-яблока, второму покупателю — половину оставшихся и еще пол-яблока; третьему — половину оставшихся и еще пол-яблока и т. д. Седьмому покупателю он продал половину оставшихся яблок и еще пол-яблока; после этого яблок у него не осталось. Сколько яблок было у садовника?

РЕШЕНИЕ

Если первоначальное число яблок x, то первый покупатель получил

$$\frac{x}{2} + \frac{1}{2} = \frac{x+1}{2},$$

второй

$$\frac{1}{2}\left(x - \frac{x+1}{2}\right) + \frac{1}{2} = \frac{x+1}{2^2},$$

третий

$$\frac{1}{2}\left(x - \frac{x+1}{2} - \frac{x+1}{4}\right) + \frac{1}{2} = \frac{x+1}{2^3},$$

седьмой покупатель

$$\frac{x+1}{2^7}.$$

Имеем уравнение

$$\frac{x+1}{2} + \frac{x+1}{2^2} + \frac{x+1}{2^3} + \ldots + \frac{x+1}{2^7} = x$$

или

$$(x+1)\left(\frac{1}{2}+\frac{1}{2^2}+\frac{1}{2^3}+\ldots+\frac{1}{2^7}\right) = x.$$

Вычисляя стоящую в скобках сумму членов геометрической прогрессии, найдем:

$$\frac{x}{x+1} = 1 - \frac{1}{2^7}$$

и

$$x = 2^7 - 1 = 127.$$

Всех яблок было 127.

Покупка лошади

ЗАДАЧА

В старинной арифметике Магницкого мы находим следующую забавную задачу, которую привожу здесь, не сохраняя языка подлинника:

Рис. 36.

Некто продал лошадь за 156 руб. Но покупатель, приобретя лошадь, раздумал ее покупать и возвратил продавцу, говоря:

— Нет мне расчета покупать за эту цену лошадь, которая таких денег не стоит.

Тогда продавец предложил другие условия:

— Если по-твоему цена лошади высока, то купи только ее подковные гвозди, лошадь же получишь тогда в придачу бесплатно. Гвоздей в каждой подкове 6. За первый гвоздь дай мне всего $\frac{1}{4}$ коп., за второй — $\frac{1}{2}$ коп., за третий — 1 коп. и т. д.

Покупатель, соблазненный низкой ценой и желая даром получить лошадь, принял условия продавца, рассчитывая, что за гвозди прийдется уплатить не более 10 рублей.

На сколько покупатель проторговался?

РЕШЕНИЕ

За 24 подковных гвоздя пришлось уплатить

$$\frac{1}{4}+\frac{1}{2}+1+2+2^2+2^3+\ldots+2^{24-3}$$

копеек. Сумма эта равна

$$\frac{2^{21}\cdot 2-\frac{1}{4}}{2-1}=2^{22}-\frac{1}{4}=4\,194\,303\frac{3}{4} \text{ коп.,}$$

т. е. около 42 тысяч рублей. При таких условиях не обидно дать и лошадь в придачу.

Вознаграждение воина

ЗАДАЧА

Из другого старинного русского учебника математики, носящего пространное заглавие:

«*Полный курс чистой математики, сочиненный Артиллерии Штык-Юнкером и Математики партикулярным Учителем Ефимом Войтяховским в пользу и употребление юношества и упражняющихся в Математике*» (1795), заимствую следующую задачу:

«Служившему воину дано вознаграждение за первую рану 1 копейка, за другую — 2 копейки, за третью — 4 копейки и т. д. По исчислению нашлось, что воин получил всего вознаграждения 655 руб. 35 коп. Спрашивается число его ран».

РЕШЕНИЕ

Составляем уравнение
$$65\,535 = 1 + 2 + 2^2 + 2^3 + \ldots + 2^{x-1}$$
или
$$65\,535 = \frac{2^{x-1} \cdot 2 - 1}{2 - 1} = 2^x - 1,$$
откуда имеем:
$$65\,536 = 2^x \text{ и } x = 16$$

— результат, который легко находим путем испытаний.

При столь великодушной системе вознаграждения воин должен получить 16 ран и остаться при этом в живых, чтобы удостоиться награды в 655 руб. 35 коп.

ГЛАВА ДЕВЯТАЯ

СЕДЬМОЕ МАТЕМАТИЧЕСКОЕ ДЕЙСТВИЕ

Седьмое действие

Мы упоминали уже, что пятое действие — возвышение в степень — имеет два обратных. Если
$$a^b = c,$$
то разыскание a есть одно обратное действие — извлечение корня; нахождение же b — другое, логарифмирование. Полагаю, что читатель этой книги знаком с основами учения о логарифмах в объеме школьного курса. Для него, вероятно, не составит труда сообразить, чему, например, равно такое выражение:
$$a^{\lg_a b}.$$

Нетрудно понять, что если основание логарифмов a возвысить в степень логарифма числа b, то должно получиться это число b.

Для чего были придуманы логарифмы? Конечно, для ускорения и упрощения вычислений. Изобретатель первых логарифмических таблиц, Непер, так говорит о своих побуждениях:

«Я старался, насколько мог и умел, отделаться от трудности и скуки вычислений, докучность которых обычно отпугивает весьма многих от изучения математики».

В самом деле, логарифмы чрезвычайно облегчают и ускоряют вычисления, не говоря уже о том, что они дают возможность производить такие операции, выполнение которых без их помощи очень затруднительно (извлечение корня любой степени).

Не без основания писал Лаплас, что «изобретение логарифмов, сокращая вычисления нескольких месяцев в труд нескольких дней, словно удваивает жизнь астрономов». Великий математик говорит об астрономах, так как им приходится делать особенно сложные и утомительные вычисления. Но слова его с полным правом могут быть отнесены ко всем вообще, кому приходится иметь дело с числовыми выкладками.

Нам, привыкшим к употреблению логарифмов и к доставляемым ими облегчениям выкладок, трудно представить себе то изумление и восхищение, которое вызвали они при своем появлении. Современник Непера, Бригг, прославившийся позднее изобретением десятичных логарифмов, писал, получив сочинение Непера: «Своими новыми и удивительными логарифмами Непер заставил меня усиленно работать и головой и руками. Я надеюсь увидеть его летом, так как никогда не читал книги, которая нравилась бы мне больше и приводила бы в большее изумление». Бригг осуществил свое намерение и направился в Шотландию, чтобы посетить изобретателя логарифмов. При встрече Бригг сказал:

«Я предпринял это долгое путешествие с единственной целью видеть вас и узнать, помощью какого орудия остроумия и искусства были вы приведены к первой мысли о превосходном пособии для астрономии — логарифмах. Впрочем, теперь я больше удивляюсь тому, что никто не нашел их раньше, — настолько кажутся они простыми после того, как о них узнаешь».

Соперники логарифмов

Ранее изобретения логарифмов потребность в ускорении выкладок породила таблицы иного рода, с помощью которых действие умножения заменяется не сложением, а вычитанием. Устройство этих таблиц основано на тождестве

$$ab = \frac{(a+b)^2}{4} - \frac{(a-b)^2}{4},$$

в верности которого легко убедиться, раскрыв скобки.

Имея готовые четверти квадратов, можно находить произведение двух чисел, не производя умножения, а вычитая из четверти квадрата суммы этих чисел четверть квадрата их разности. Те же таблицы облегчают возвышение в квадрат и извлечение квадратного корня, а в соединении с таблицей обратных чисел упрощают и действие деления. Их преимущество перед таблицами логарифмическими состоит в том, что с помощью их получаются результаты *точные*, а не приближенные. Зато они уступают логарифмическим в ряде других пунктов, практически гораздо более важных. В то время как таблицы четвертей квадратов позволяют перемножать только два числа, логарифмы дают возможность находить *сразу* произведение любого числа множителей, а кроме того — возвышать в *любую* степень и извлекать корни с *любым* показателем (целым или дробным). Вычислять, например, сложные проценты с помощью таблиц четвертей квадратов нельзя.

Тем не менее таблицы четвертей квадратов издавались и после того, как появились логарифмические таблицы всевозможных родов. В 1856 г. во Франции вышли таблицы под заглавием:

«Таблица квадратов чисел от 1 до 1000 миллионов, помощью которой находят точное произведение чисел весьма простым приемом, более удобным, чем помощью логарифмов. Составил Александр Коссар».

Идея эта возникает у многих, не подозревающих о том, что она уже давно осуществлена. Ко мне раза два обращались изобретатели подобных таблиц как с новинкой и очень удивлялись, узнав, что их изобретение имеет более чем трехсотлетнюю давность.

Другим, более молодым соперником логарифмов являются вычислительные таблицы, имеющиеся во многих технических справочниках. Это — сводные таблицы, содержащие следующие графы: квадраты чисел, кубы, квадратные корни, кубические корни, обратные числа, длины окружности и площади кругов для чисел от 2 до 1000. Для многих технических расчетов таблицы эти очень удобны, однако они не всегда достаточны; логарифмические имеют гораздо более обширную область применения.

Эволюция логарифмических таблиц

В наших школах еще не столь давно употреблялись 5-значные логарифмические таблицы. Теперь перешли на 4-значные, так как они вполне достаточны для технических расчетов. Но для большинства практических надобностей можно успешно обходиться даже 3-значными мантиссами: ведь обиходные измерения редко выполняются более чем с тремя знаками.

Мысль о достаточности более коротких мантисс осознана сравнительно недавно. Я помню еще время, когда в наших школах были в употреблении увесистые томы 7-значных логарифмов, уступившие свое место 5-значным лишь после упорной борьбы. Но и 7-значные логарифмы при своем появлении

(1794) казались непозволительным новшеством. Первые десятичные логарифмы, созданные трудом лондонского математика Генри Бригга (1624), были 14-значные. Их сменили спустя несколько лет 10-значные таблицы голландского математика Андриана Влакка.

Как видим, эволюция ходовых логарифмических таблиц шла от многозначных мантисс к более коротким и не завершилась еще в наши дни, так как и теперь многими не осознана та простая мысль, что точность вычислений не может превосходить точности измерений.

Укорочение мантисс влечет за собой два важных практических следствия: 1) заметное уменьшение объема таблиц и 2) связанное с этим упрощение пользования ими, а значит, и ускорение выполняемых с помощью их вычислений. Семизначные логарифмы чисел занимают около 200 страниц большого формата, 5-значные — 30 страничек вдвое меньшего формата, 4-значные занимают вдесятеро меньший объем, умещаясь на двух страницах большого формата, 3-значные же могут поместиться на одной странице.

Что же касается быстроты вычислений, то установлено, что, например, расчет, выполняемый по 5-значным таблицам, требует втрое меньше времени, чем по 7-значным.

Логарифмические диковинки

Если вычислительные потребности практической жизни и технического обихода вполне обеспечиваются 3-х и 4-значными таблицами, то, с другой стороны, к услугам теоретического исследователя имеются таблицы и с гораздо большим числом знаков, чем даже 14-значные логарифмы Бригга. Вообще говоря, логарифм в большинстве случаев есть число иррациональное и не может быть точно выражен никаким числом цифр; логарифмы большинства чисел, сколько бы знаков ни брать, выражаются лишь приближенно, — тем точнее, чем больше цифр в их мантиссе. Для научных работ оказывается иногда недостаточной точность 14-значных логарифмов;[1] но среди 500 всевозможных образцов логарифмических таблиц, вышедших в свет со времени их изобретения, исследователь всегда найдет такие, которые его удовлетворяют. Назовем, на-

---

[1] 14-значные логарифмы Бригга имеются, впрочем, только для чисел от 1 до 20 000 и от 90 000 до 101 000.

пример, 20-значные логарифмы чисел от 2 до 1200, изданные во Франции Калле (1795). Для еще более ограниченной группы чисел имеются таблицы логарифмов с огромным числом десятичных знаков — настоящие логарифмические диковинки, о существовании которых, как я убедился, не подозревают и многие математики.

Вот эти логарифмы-исполины; все они — не десятичные, а натуральные:[1]

48-значные таблицы Вольфрама для чисел до 10 000;

61-значные таблицы Шарпа;

102-значные таблицы Паркхерста и, наконец, логарифмическая сверхдиковинка:

260-значные логарифмы Адамса.

В последнем случае мы имеем, впрочем, не таблицу, а только так называемые натуральные логарифмы пяти чисел: 2, 3, 5, 7 и 10 и переводный (260-значный) множитель для перечисления их в десятичные. Нетрудно, однако, понять, что, имея логарифмы этих пяти чисел, можно простым сложением или умножением получить логарифмы множества составных чисел; например, логарифм 12 равен сумме логарифмов 2, 2 и 3 и т. п.

К логарифмическим диковинкам можно было бы с полным основанием отнести и счетную линейку — «деревянные логарифмы», — если бы этот остроумный прибор не сделался благодаря своему удобству столь же обычным счетным орудием для техников, как десятикосточковые счеты для конторских работников. Привычка угашает чувство изумления перед прибором, работающим по принципу логарифмов и тем не менее не требующим от пользующихся им даже знания того, что такое логарифм.

Логарифмы на эстраде

Самый поразительный из номеров, выполняемых перед публикой профессиональными счетчиками, без сомнения следующий. Предуведомленные афишей, что счетчик-виртуоз будет извлекать в уме корни высоких степеней из многозначных чисел, вы заготовляете дома путем терпеливых выкладок 31-ю степень какого-нибудь числа и намерены сразить счетчика 35-

---

[1] Натуральными называются логарифмы, вычисленные не при основании 10, а при основании 2,718..., о котором у нас еще будет речь впереди.

значным числовым линкором. В надлежащий момент вы обращаетесь к счетчику со словами:

— А попробуйте извлечь корень 31-й степени из следующего 35-значного числа! Запишите, я продиктую.

Виртуоз-вычислитель берет мел, но прежде чем вы успели открыть рот, чтобы произнести первую цифру, у него уже написан результат: 13.

Не зная числа, он извлек из него корень, да еще 31-й степени, да еще в уме, да еще с молниеносной быстротой!..

Вы изумлены, уничтожены, а между тем во всем этом нет ничего сверхъестественного. Секрет просто в том, что существует только *одно* число, именно 13, которое в 31-й степени дает 35-значный результат. Числа, меньшие 13, дают меньше 35-цифр, бо́льшие — больше.

Откуда, однако, счетчик знал это? Как разыскал он число 13? Ему помогли логарифмы, *двузначные* логарифмы, которые он помнит наизусть для первых 15—20 чисел. Затвердить их вовсе не так трудно, как кажется, особенно если пользоваться тем, что логарифм составного числа равен сумме логарифмов его простых множителей. Зная твердо логарифмы 2, 3 и 7,[1] вы уже знаете логарифмы чисел первого десятка; для второго десятка требуется помнить логарифмы еще четырех чисел.

Как бы то ни было, эстрадный вычислитель мысленно располагает следующей табличкой двузначных логарифмов:

Числа	Лог.	Числа	Лог.
2	0,30	11	1,04
3	0,48	12	1,08
4	0,60	13	1,11
5	0,70	14	1,15
6	0,78	15	1,18
7	0,85	16	1,20
8	0,90	17	1,23
9	0,95	18	1,26
		19	1,28

Изумивший вас математический трюк состоял в следующем:

---

[1] Напомним, что $\lg 5 = \lg \dfrac{10}{2} = 1 - \lg 2$.

$$\lg \sqrt[31]{(35 \text{ цифр})} = \frac{34,\ldots}{31}.$$

Искомый логарифм может заключаться между

$$\frac{34}{31} \text{ и } \frac{34,99}{31} \text{ или между } 1,09 \text{ и } 1,13.$$

В этом интервале имеется логарифм только одного целого числа, именно 1,11 — логарифм 13. Таким путем и найден ошеломивший вас результат. Конечно, чтобы быстро проделать все это в уме, надо обладать находчивостью и сноровкой профессионала, но по существу дело, как видите, достаточно просто. Вы и сами можете теперь проделывать подобные фокусы, если не в уме, то на бумаге.

Пусть вам предложена задача: извлечь корень 64-й степени из 20-значного числа.

Не осведомившись о том, что это за число, вы можете объявить результат извлечения: корень равен 2.

В самом деле $\lg \sqrt[64]{(20 \text{ цифр})} = \frac{19,\ldots}{64}$; он должен следовательно, заключаться между $\frac{19}{64}$ и $\frac{19,99}{64}$, т. е. между 0,29 и 0,32. Такой логарифм для целого числа только один: 0,30..., т. е. логарифм числа 2.

Вы даже можете окончательно поразить загадчика, сообщив ему, какое число он собирался вам продиктовать: знаменитое «шахматное» число

$$2^{64} = 18\,446\,744\,073\,709\,551\,616.$$

Логарифмы на животноводческой ферме

ЗАДАЧА

Количество так называемого «поддерживающего» корма (т. е. то наименьшее количество его, которое лишь пополняет траты организма на теплоотдачу, работу внутренних органов, восстановление отмирающих клеток и т. п.) [1] пропорционально наружной поверхности тела животного. Зная это, определите калорийность поддерживающего корма для вола, весящего 420

---

[1] В отличие от «продуктивного» корма, т. е. части корма, идущей на выработку продукции животного, ради которой оно содержится.

кг, если при тех же условиях вол 630 *кг* весом нуждается в 13 500 калориях.

РЕШЕНИЕ

Чтобы решить эту практическую задачу из области животноводства, понадобится, кроме алгебры, привлечь на помощь и геометрию. Согласно условию задачи искомая калорийность x пропорциональна поверхности (s) вола, т. е.

$$\frac{x}{13500} = \frac{s}{s_1},$$

где s_1 — поверхность тела вола, весящего 630 *кг*. Из геометрии мы знаем, что поверхности (s) подобных тел относятся, как квадраты их линейных размеров (l), а объемы (и, следовательно, веса) — как кубы линейных размеров. Поэтому

$$\frac{s}{s_1} = \frac{l^2}{l_1^2}, \quad \frac{420}{630} = \frac{l^3}{l_1^3}, \text{ и значит, } \frac{l}{l_1} = \frac{\sqrt[3]{420}}{\sqrt[3]{630}},$$

откуда

$$\frac{x}{13500} = \frac{\sqrt[3]{420^2}}{\sqrt[3]{630^2}} = \sqrt[3]{\left(\frac{420}{630}\right)^2} = \sqrt[3]{\left(\frac{2}{3}\right)^2},$$

$$x = 13500 \sqrt[3]{\frac{4}{9}}.$$

С помощью логарифмических таблиц находим:

$$x = 10300.$$

Вол нуждается в 10 300 калориях.

Логарифмы в музыке

Музыканты редко увлекаются математикой; большинство их, питая к этой науке чувство уважения, предпочитает держаться от нее подальше. Между тем музыканты — даже те, которые не проверяют, подобно Сальери у Пушкина, «алгеброй гармонию», — соприкасаются с математикой гораздо чаще, чем сами подозревают, и притом с такими страшными вещами, как логарифмы.

Позволю себе по этому поводу привести отрывок из статьи нашего покойного физика проф. А. Эйхенвальда.[1]

«Товарищ мой по гимназии любил играть на рояле, но не любил математики. Он даже говорил с оттенком пренебрежения, что музыка и математика друг с другом ничего не имеют общего. «Правда, Пифагор нашел какие-то соотношения между звуковыми колебаниями, — но ведь как раз пифагорова-то гамма для нашей музыки и оказалась неприменимой».

Представьте же себе, как неприятно был поражен мой товарищ, когда я доказал ему, что, играя по клавишам современного рояля, он играет, собственно говоря, на логарифмах... И действительно, так называемые «ступени» темперированной хроматической гаммы не расставлены на равных расстояниях ни по отношению к числам колебаний, ни по отношению к длинам волн соответствующих звуков, а представляют собой логарифмы этих величин. Только основание этих логарифмов равно 2, а не 10, как принято в других случаях.

Положим, что нота *do* самой низкой октавы — будем ее называть нулевой октавой — определена n колебаниями в секунду. Тогда *do* первой октавы будет делать в секунду $2n$ колебаний, а m-й октавы $n \cdot 2^m$ колебаний и т. д. Обозначим все ноты хроматической гаммы рояля номерами p, принимая основной тон *do* каждой октавы за нулевой; тогда, например, тон *sol* будет 7-й, *la* будет 9-й и т. д.; 12-й тон будет опять *do*, только октавой выше. Так как в темперированной хроматической гамме каждый последующий тон имеет в $\sqrt[12]{2}$ большее число колебаний, чем предыдущий, то число колебаний любого тона можно выразить формулой

$$N_{pm} = n \cdot 2^m \left(\sqrt[12]{2}\right)^p.$$

Логарифмируя эту формулу, получаем:

$$\lg N_{pm} = \lg n + m \lg 2 + p \frac{\lg 2}{12}$$

или

$$\lg N_{pm} = \lg n + \left(m + \frac{p}{12}\right) \lg 2,$$

---

[1] Она была напечатана в «Русском астрономическом календаре на 1919 г.» и озаглавлена «О больших и малых расстояниях».

а принимая число колебаний самого низкого *do* за единицу ($n = 1$) и переводя все логарифмы к основанию, равному 2 (или попросту принимая $\lg 2 = 1$), имеем:

$$\lg N_{pm} = m + \frac{p}{12}.$$

Отсюда видим, что номера клавишей рояля представляют собой логарифмы чисел колебаний соответствующих звуков.[1] Мы даже можем сказать, что номер октавы представляет собой характеристику, а номер звука в данной октаве[2] — мантиссу этого логарифма».

Например, — поясним от себя, — в тоне *sol* третьей октавы, т. е. в числе $3 + \frac{7}{12}(\approx 3{,}583)$, число 3 есть характеристика логарифма числа колебаний этого тона, а $\frac{7}{12}(\approx 0{,}583)$ — мантисса того же логарифма при основании 2; число колебаний, следовательно, в $2^{3,583}$, т. е. в 11,98, раза больше числа колебаний тона *do* первой октавы.

Звезды, шум и логарифмы

Заголовок этот, связывающий столь, казалось бы, несоединимые вещи, не притязает быть пародией на произведения Кузьмы Пруткова; речь в самом деле пойдет о звездах и о шуме в тесной связи с логарифмами.

Шум и звезды объединяются здесь потому, что и громкость шума и яркость звезд оцениваются одинаковым образом — по логарифмической шкале.

Астрономы распределяют звезды по степеням видимой яркости на светила первой величины, второй величины, третьей и т. д. Последовательные звездные величины воспринимаются глазом как члены арифметической прогрессии. Но физическая яркость их изменяется по иному закону: объективные яркости составляют геометрическую прогрессию со знаменателем 2,5. Легко понять, что «величина» звезды представляет собой не что иное, как логарифм ее физической яркости. Звезда, например, третьей величины ярче звезды первой величины в $2{,}5^{3-1}$, т. е. в 6,25 раза. Короче говоря, оценивая видимую яркость звезд, ас-

---

[1] Умноженные на 12.
[2] Деленный на 12.

трономом оперирует с таблицей логарифмов, составленной при основании 2,5. Не останавливаюсь здесь подробнее на этих интересных соотношениях, так как им уделено достаточно страниц в другой моей книге — «Занимательная астрономия».

Сходным образом оценивается и громкость шума. Вредное влияние промышленных шумов на здоровье рабочих и на производительность труда побудило выработать приемы точной числовой оценки громкости шума. Единицей громкости служит «бел», практически — его десятая доля, «децибел». Последовательные степени громкости — 1 бел, 2 бела и т. д. (практически — 10 децибел, 20 децибел и т. д.) — составляют для нашего слуха арифметическую прогрессию. Физическая же «сила» этих шумов (точнее — энергия) составляет прогрессию геометрическую со знаменателем 10. Разности громкостей в 1 бел отвечает отношение силы шумов 10. Значит, громкость шума, выраженная в белах, равна десятичному логарифму его физической силы.

Дело станет яснее, если рассмотрим несколько примеров.

Тихий шелест листьев оценивается в 1 бел, громкая разговорная речь — в 6,5 бела, рычанье льва — в 8,7 бела. Отсюда следует, что по силе звука разговорная речь превышает шелест листьев в

$$10^{6,5-1} = 10^{5,5} = 316\,000 \text{ раз;}$$

львиное рычанье сильнее громкой разговорной речи в

$$10^{8,7-6,5} = 10^{2,2} = 158 \text{ раз.}$$

Шум, громкость которого больше 8 бел, признается вредным для человеческого организма. Указанная норма на многих заводах превосходится: здесь бывают шумы в 10 и более бел; удары молотка в стальную плиту порождают шум в 11 бел. Шумы эти в 100 и 1000 раз сильнее допустимой нормы и в 10—100 раз громче самого шумного места Ниагарского водопада (9 бел).

Случайность ли то, что и при оценке видимой яркости светил и при измерении громкости шума мы имеем дело с логарифмической зависимостью между величиной ощущения и порождающего его раздражения? Нет, то и другое — следствие общего закона (называемого «психофизическим законом Фехнера»), гласящего: величина ощущения пропорциональна логарифму величины раздражения.

Как видим, логарифмы вторгаются и в область психологии.

Логарифмы в электроосвещении

ЗАДАЧА

Причина того, что наполненные газом (часто называемые неправильно «полуваттными») лампочки дают более яркий свет, чем пустотные с металлической нитью из такого же материала, кроется в различной температуре нити накала. По правилу, установленному в физике, общее количество света, испускаемое при белом калении, растет пропорционально 12-й степени абсолютной температуры. Зная это, проделаем такое вычисление: определим, во сколько раз «полуваттная» лампа, температура нити накала которой 2500° абсолютной шкалы (т. е. при счете от −273 °C), испускает больше света, чем пустотная с нитью, накаленной до 2200°.

РЕШЕНИЕ

Обозначив искомое отношение через x, имеем уравнение

$$x = \left(\frac{2500}{2200}\right)^{12} = \left(\frac{25}{22}\right)^{12},$$

откуда

$$\lg x = 12(\lg 25 - \lg 22); \; x = 4{,}6.$$

Наполненная газом лампа испускает света в 4,6 раза больше, нежели пустотная. Значит, если пустотная дает свет в 50 свечей, то наполненная газом при тех же условиях даст 230 свечей.

Сделаем еще расчет: какое повышение абсолютной температуры (в процентах) необходимо для удвоения яркости лампочки?

РЕШЕНИЕ

Составляем уравнение

$$\left(1 + \frac{x}{100}\right)^{12} = 2,$$

откуда

$$\lg\left(1 + \frac{x}{100}\right) = \frac{\lg 2}{12} \text{ и } x = 6\%.$$

Наконец, третье вычисление: насколько — в процентах — возрастет яркость лампочки, если температура ее нити (абсолютная) поднимется на 1%?

РЕШЕНИЕ

Выполняя с помощью логарифмов вычисление $x = 1{,}01^{12}$, находим:

$$x = 1{,}13.$$

Яркость возрастет на 13%.

Проделав вычисление для повышения температуры на 2%, найдем увеличение яркости на 27%, при повышении температуры на 3% — увеличение яркости на 43%.

Отсюда ясно, почему в технике изготовления электролампочек так заботятся о повышении температуры нити накала, дорожа каждым лишним градусом.

Завещания на сотни лет

Кто не слыхал о том легендарном числе пшеничных зерен, какое будто бы потребовал себе в награду изобретатель шахматной игры? Число это составлялось путем последовательного удвоения единицы: за первое поле шахматной доски изобретатель потребовал 1 зерно, за второе 2 и т. д., все удваивая, до последнего, 64-го поля.

Однако с неожиданной стремительностью числа растут не только при последовательном удвоении, но и при гораздо более умеренной норме увеличения. Капитал, приносящий 5%, увеличивается ежегодно в 1,05 раза. Как будто не столь заметно возрастание. А между тем по прошествии достаточного промежутка времени капитал успевает вырасти в огромную сумму. Этим объясняется поражающее увеличение капиталов, завещанных на весьма долгий срок. Кажется странным, что, оставляя довольно скромную сумму, завещатель делает распоряжения об уплате огромных капиталов. Известно завещание знаменитого американского государственного деятеля Бенджамина Франклина. Оно опубликовано в «Собрании разных сочинении Бенджамина Франклина». Вот извлечение из него:

«Препоручаю тысячу фунтов стерлингов бостонским жителям. Если они примут эту тысячу фунтов, то должны поручить ее отборнейшим гражданам, а они будут давать их с процентами, по 5 на сто в год, в заем молодым ремесленникам.[1] Сумма эта через сто лет возвысится до 131 000 фунтов стерлингов. Я желаю, чтобы тогда 100 000 фунтов употреблены были на постройку общественных зданий, остальные же 31 000 фунтов отданы были в проценты на 100 лет. По истечении второго столетия сумма возрастет до 4 061 000 фунтов стерлингов, из коих 1 060 000 фунтов оставляю в распоряжении бостонских жителей, а 3 000 000 — правлению Массачусетской общины. Далее не осмеливаюсь простирать своих видов».

Оставляя всего 1000 фунтов, Франклин распределяет миллионы. Здесь нет, однако, никакого недоразумения. Математический расчет удостоверяет, что соображения завещателя вполне реальны. 1000 фунтов, увеличиваясь ежегодно в 1,05 раза, через 100 лет должны превратиться в

$$x = 1000 \cdot 1,05^{100} \text{ фунтов.}$$

Это выражение можно вычислить с помощью логарифмов

$$\lg x = \lg 1000 + 100 \lg 1,05 = 5{,}11893,$$

откуда

$$x = 131\,000$$

в согласии с текстом завещания. Далее, 31 000 фунтов в течение следующего столетия превратятся в

$$y = 31\,000 \cdot 1,05^{100},$$

откуда, вычисляя с помощью логарифмов, находим:

$$y = 4\,076\,500$$

— сумму, несущественно отличающуюся от указанной в завещании.

Предоставляю читателю самостоятельно решить следующую задачу, почерпнутую из «Господ Головлевых» Салтыкова:

«Порфирий Владимирович сидит у себя в кабинете, исписывая цифирными выкладками листы бумаги. На этот раз его занимает вопрос: сколько было бы у него теперь денег, если бы маменька подаренные ему при рождении дедушкой на зубок сто рублей не присвоила себе, а положила в ломбард на имя малолетнего Порфирия? Выходит, однако, немного: всего восемьсот рублей».

---

[1] В Америке в ту эпоху еще не было кредитных учреждений.

Предполагая, что Порфирию в момент расчета было 50 лет, и сделав допущение, что он произвел вычисление правильно (допущение маловероятное, так как едва ли Головлев знал логарифмы и справлялся со сложными процентами), требуется установить, по сколько процентов платил в то время ломбард.

Непрерывный рост капитала

В сберкассах процентные деньги присоединяются к основному капиталу ежегодно. Если присоединение совершается чаще, то капитал растет быстрее, так как в образовании процентов участвует бо́льшая сумма. Возьмем чисто теоретический, весьма упрощенный пример. Пусть в сберкассу положено 100 руб. из 100% годовых. Если процентные деньги будут присоединены к основному капиталу лишь по истечении года, то к этому сроку 100 руб. превратятся в 200 руб. Посмотрим теперь, во что превратятся 100 рублей, если процентные деньги присоединять к основному капиталу каждые полгода. По истечении полугодия 100 руб. вырастут в

$$100 \text{ руб.} \cdot 1{,}5 = 150 \text{ руб.}$$

А еще через полгода — в

$$150 \text{ руб.} \cdot 1{,}5 = 225 \text{ руб.}$$

Если присоединение делать каждые $\frac{1}{3}$ года, то по истечении года 100 руб. превратятся в

$$100 \text{ руб.} \cdot \left(1\frac{1}{3}\right)^3 \approx 237 \text{ руб. 03 коп.}$$

Будем учащать сроки присоединения процентных денег до 0,1 года, до 0,01 года, до 0,001 года и т. д. Тогда из 100 руб. спустя год получится:

$$100 \text{ руб.} \cdot 1{,}1^{10} \approx 259 \text{ руб. 37 коп.}$$
$$100 \text{ руб.} \cdot 1{,}01^{100} \approx 270 \text{ руб. 48 коп.}$$
$$100 \text{ руб.} \cdot 1{,}001^{1000} \approx 271 \text{ руб. 69 коп.}$$

Методами высшей математики доказывается, что при безграничном сокращении сроков присоединения наращенный капитал не растет беспредельно, а приближается к некоторому пределу, равному приблизительно [1]

271 руб. 83 коп.

Больше чем в 2,7183 раза капитал, положенный из 100%, увеличиться не может, даже если бы наросшие проценты присоединялись к капиталу каждую секунду.

Число „e"

Полученное число 2,718..., играющее в высшей математике огромную роль, — не меньшую, пожалуй, чем знаменитое число π, — имеет особое обозначение: e. Это — число иррациональное: оно не может быть точно выражено конечным числом цифр,[2] но вычисляется только приближенно, с любой степенью точности, с помощью следующего ряда:

$$1+\frac{1}{1}+\frac{1}{1\cdot 2}+\frac{1}{1\cdot 2\cdot 3}+\frac{1}{1\cdot 2\cdot 3\cdot 4}+\frac{1}{1\cdot 2\cdot 3\cdot 4\cdot 5}+\ldots$$

Из приведенного выше примера с ростом капитала по сложным процентам легко видеть, что число e есть предел выражения

$$\left(1+\frac{1}{n}\right)^n$$

при беспредельном возрастании n.

По многим причинам, которых мы здесь изложить не можем, число e очень целесообразно принять за основание системы логарифмов. Такие таблицы («натуральных логарифмов») существуют и находят себе широкое применение в науке и технике. Те логарифмы-исполины из 48, из 61, из 102 и из 260 цифр, о которых мы говорили ранее, имеют основанием именно число e.

Число e появляется нередко там, где его вовсе не ожидали. Поставим себе, например, такую задачу:

На какие части надо разбить данное число a, чтобы произведение всех частей было наибольшее?

---

[1] Дробные доли копейки мы отбросили.
[2] Кроме того, оно, как и число π, трансцендентно, т. е. не может получиться в результате решения какого бы то ни было алгебраического уравнения с целыми коэффициентами.

Мы уже знаем, что наибольшее произведение при постоянной сумме дают числа тогда, когда они равны между собой. Ясно, что число a надо разбить на равные части. Но на сколько именно равных частей? На две, на три, на десять? Приемами высшей математики можно установить, что наибольшее произведение получается, когда части возможно ближе к числу e.

Например, 10 надо разбить на такое число равных частей, чтобы части были возможно ближе к 2,718... Для этого надо найти частное

$$\frac{10}{2{,}718\ldots} = 3{,}678\ldots$$

Так как разделить на 3,678... равных частей нельзя, то приходится выбрать делителем ближайшее целое число 4. Мы получим, следовательно, наибольшее произведение частей 10, если эти части равны $\frac{10}{4}$, т. е. 2,5.

Значит,

$$(2{,}5)^4 = 39{,}0625$$

есть самое большое число, какое может получиться от перемножения одинаковых частей числа 10. Действительно, разделив 10 на 3 или на 5 равных частей, мы получим меньшие произведения:

$$\left(\frac{10}{3}\right)^3 = 37,$$

$$\left(\frac{10}{5}\right)^5 = 32.$$

Число 20 надо для получения наибольшего произведения его частей разбить на 7 одинаковых частей, потому что

$$20 : 2{,}718\ldots = 7{,}36 \approx 7.$$

Число 50 надо разбить на 18 частей, а 100 — на 37, потому что

$$50 : 2{,}718\ldots = 18{,}4,$$

$$100 : 2{,}718\ldots = 36{,}8.$$

Число e играет огромную роль в математике, физике, астрономии и других науках. Вот некоторые вопросы, при математическом рассмотрении которых приходится пользоваться этим числом (список можно было бы увеличивать неограниченно):

Барометрическая формула (уменьшение давления с высотой),

Формула Эйлера,[1]
Закон охлаждения тел,
Радиоактивный распад и возраст Земли,
Колебания маятника в воздухе,
Формула Циолковского для скорости ракеты,[2]
Колебательные явления в радиоконтуре,
Рост клеток.

Логарифмическая комедия

ЗАДАЧА

В добавление к тем математическим комедиям, с которыми читатель познакомился в главе V, приведем еще образчик того же рода, а именно «доказательство» неравенства 2 > 3. На этот раз в доказательстве участвует логарифмирование. «Комедия» начинается с неравенства

$$\frac{1}{4} > \frac{1}{8},$$

бесспорно правильного. Затем следует преобразование:

$$\left(\frac{1}{4}\right)^2 > \left(\frac{1}{8}\right)^3,$$

также не внушающее сомнения. Большему числу соответствует больший логарифм, значит,

$$2\lg_{10}\left(\frac{1}{2}\right) > 3\lg_{10}\left(\frac{1}{2}\right).$$

После сокращения на $\lg_{10}\left(\frac{1}{2}\right)$ имеем: 2 > 3. В чем ошибка этого доказательства?

РЕШЕНИЕ

Ошибка в том, что при сокращении на $\lg_{10}\left(\frac{1}{2}\right)$ не был изменен знак неравенства (> на <); между тем необходимо было это сделать, так как $\lg_{10}\left(\frac{1}{2}\right)$ есть число отрицательное. [Если

---

[1] О ней см. ст. «Жюль-верновский силач и формула Эйлера» во 2-й книге моей «Занимательной физики».

[2] См. мою книгу «Межпланетные путешествия».

бы мы логарифмировали при основании не 10, а другом, меньшем чем $\frac{1}{2}$, то $\lg\left(\frac{1}{2}\right)$ был бы положителен, но мы не вправе были бы тогда утверждать, что большему числу соответствует больший логарифм.]

Любое число — тремя двойками

ЗАДАЧА

Закончим книгу остроумной алгебраической головоломкой, которой развлекались участники одного съезда физиков в Одессе. Предлагается задача: любое данное число, целое и положительное, изобразить с помощью трех двоек и математических символов.

РЕШЕНИЕ

Покажем, как задача решается, сначала на частном примере. Пусть данное число 3. Тогда задача решается так:

$$3 = -\lg_2 \lg_2 \sqrt{\sqrt{\sqrt{2}}}.$$

Легко удостовериться в правильности этого равенства. Действительно,

$$\sqrt{\sqrt{\sqrt{2}}} = \left[\left(2^{\frac{1}{2}}\right)^{\frac{1}{2}}\right]^{\frac{1}{2}} = 2^{\frac{1}{2^3}} = 2^{2^{-3}},$$

$$\lg_2 2^{2^{-3}} = 2^{-3}, \quad -\lg_2 2^{-3} = 3.$$

Если бы дано было число 5, мы разрешили бы задачу тем же приемом:

$$5 = -\lg_2 \lg_2 \sqrt{\sqrt{\sqrt{\sqrt{\sqrt{2}}}}}.$$

Как видим, мы используем здесь то, что при квадратном радикале показатель корня не пишется.

Общее решение задачи таково. Если данное число N, то

$$N = -\lg_2 \lg_2 \underbrace{\sqrt{\ldots\sqrt{2}}}_{N\text{раз}},$$

причем число радикалов равно числу единиц в заданном числе.

Занимательная геометрия

ОТ РЕДАКТОРА

Предыдущее (седьмое) издание «Занимательной геометрии» Я. И. Перельмана выходило в 1950 г. под редакцией Б. А. Кордемского. Он дополнил ее примерами из современной (на тот момент, т. е. для 1950 г.) действительности и добавил около 30 статей.

Данное издание имеет небольшие дополнения, а также исправлены некоторые ошибки предыдущего издания.

ЧАСТЬ ПЕРВАЯ
ГЕОМЕТРИЯ НА ВОЛЬНОМ ВОЗДУХЕ

> Природа говорит языком математики: буквы этого языка — круги, треугольники и иные математические фигуры.
>
> *Галилей*

ГЛАВА ПЕРВАЯ
ГЕОМЕТРИЯ В ЛЕСУ

По длине тени

Еще сейчас памятно мне то изумление, с каким смотрел я в первый раз на седого лесничего, который, стоя возле огромной сосны, измерял ее высоту маленьким карманным прибором. Когда он нацелился своей квадратной дощечкой в вершину дерева, я ожидал, что старик сейчас начнет взбираться туда с мерной цепью. Вместо этого он положил прибор обратно в карман и объявил, что измерение окончено. А я думал, еще не начиналось...

Я был тогда очень молод, и такой способ измерения, когда человек определяет высоту дерева, не срубая его и не взбираясь на верхушку, являлся в моих глазах чем-то вроде маленького чуда. Лишь позднее, когда меня посвятили в начатки геометрии, понял я, до чего просто выполняются такого рода чудеса.

Существует множество различных способов производить подобные измерения при помощи весьма незамысловатых приборов и даже без всяких приспособлений.

Самый легкий и самый древний способ — без сомнения, тот, которым греческий мудрец Фалес за шесть веков до нашей эры определил в Египте высоту пирамиды. Он воспользовался ее тенью. Жрецы и фараон, собравшиеся у подножия высочайшей пирамиды, озадаченно смотрели на северного пришельца, отгадывавшего по тени высоту огромного сооружения. Фалес, — говорит предание, — избрал день и час, когда длина собственной его тени равнялась его росту; в этот момент высота пирамиды должна также равняться длине отбрасываемой ею тени.[1] Вот, пожалуй, единственный случай, когда человек извлекает пользу из своей тени...

Задача греческого мудреца представляется нам теперь детски-простой, но не будем забывать, что смотрим мы на нее с высоты геометрического здания, воздвигнутого уже после Фалеса. Он жил задолго до Евклида, автора замечательной книги, по которой обучались геометрии в течение двух тысячелетий после его смерти. Заключенные в ней истины, известные теперь каждому школьнику, не были еще открыты в эпоху Фалеса. А чтобы воспользоваться тенью для решения задачи о высоте пирамиды, надо было знать уже некоторые геометрические свойства треугольника, — именно следующие два (из которых первое Фалес сам открыл):

1) что углы при основании равнобедренного треугольника равны, и обратно — что стороны, лежащие против равных углов треугольника, равны между собою;

2) что сумма углов всякого треугольника (или по крайней мере прямоугольного) равна двум прямым углам.

Только вооруженный этим знанием Фалес вправе был заключить, что, когда его собственная тень равна его росту, солнечные лучи встречают ровную почву под углом в половину прямого, и следовательно, вершина пирамиды, середина ее основания и конец ее тени должны обозначить равнобедренный треугольник.

Этим простым способом очень удобно, казалось бы, пользоваться в ясный солнечный день для измерения одиноко стоя-

---

[1] Конечно, длину тени надо было считать от средней точки квадратного основания пирамиды; ширину этого основания Фалес мог измерить непосредственно.

щих деревьев, тень которых не сливается с тенью соседних. Но в наших широтах не так легко, как в Египте, подстеречь нужный для этого момент: Солнце у нас низко стоит над горизонтом, и тени бывают равны высоте отбрасывающих их предметов лишь в околополуденные часы летних месяцев. Поэтому способ Фалеса в указанном виде применим не всегда.

Нетрудно, однако, изменить этот способ так, чтобы в солнечный день можно было пользоваться любой тенью, какой бы длины она ни была. Измерив, кроме того, и свою тень или тень какого-нибудь шеста, вычисляют искомую высоту из пропорции (рис. 1):

$$AB : ab = BC : bc,$$

т. е. высота дерева во столько же раз больше вашей собственной высоты (или высоты шеста), во сколько раз тень дерева длиннее вашей тени (или тени шеста). Это вытекает, конечно, из геометрического подобия треугольников ABC и abc (по двум углам).

Рис. 1. Измерение высоты дерева по тени.

Иные читатели возразят, пожалуй, что столь элементарный прием не нуждается вовсе в геометрическом обосновании: неужели и без геометрии неясно, что во сколько раз дерево выше, во столько раз и тень его длиннее? Дело, однако, не так просто, как кажется. Попробуйте применить это правило к теням, отбрасываемым при свете уличного фонаря или лампы, — оно не оправдается. На рис. 2 вы видите, что столбик *AB* выше тумбы *ab* примерно втрое, а тень столбика больше тени тумбы (*BC* : *bc*) раз в восемь. Объяснить, почему в данном случае способ применим, в другом нет, — невозможно без геометрии.

ЗАДАЧА

Рассмотрим поближе, в чем тут разница. Суть дела сводится к тому, что солнечные лучи между собою параллельны, лучи же фонаря — непараллельны. Последнее очевидно; но почему вправе мы считать лучи Солнца параллельными, хотя они безусловно пересекаются в том месте, откуда исходят?

Рис. 2. Когда такое измерение невыполнимо.

РЕШЕНИЕ

Лучи Солнца, падающие на Землю, мы можем считать параллельными потому, что угол между ними чрезвычайно мал, практически неуловим. Несложный геометрический расчет убедит вас в этом. Вообразите два луча, исходящие из какой-нибудь точки Солнца и падающие на Землю в расстоянии, скажем, одного километра друг от друга. Значит, если бы мы поставили одну ножку циркуля в эту точку Солнца, а другою описали окружность радиусом, равным расстоянию от Солнца до Земли (т. е. радиусом в 150 000 000 *км*), то между нашими двумя лучами-радиусами оказалась бы дуга в один километр длиною. Полная длина этой исполинской окружности была бы равна $2\pi \times 150\,000\,000$ *км* $= 940\,000\,000$ *км*. Один градус ее, конечно, в 360 раз меньше, т. е. около 2 600 000 *км*; одна дуговая минута в 60 раз меньше градуса, т. е. равна 43 000 *км*, а одна дуговая секунда еще в 60 раз меньше, т. е. 720 *км*. Но наша дуга имеет в длину всего только 1 *км*; значит, она соответствует углу в $\frac{1}{720}$ секунды. Такой ничтожный угол неуловим даже для точнейших астрономических инструментов; следовательно, на практике мы можем считать лучи Солнца, падающие на Землю, за параллельные прямые.[1]

Рис. 3. Как образуется полутень.

Если бы эти геометрические соображения не были нам известны, мы не могли бы обосновать рассматриваемый способ определения высоты по тени.

---

[1] Другое дело — лучи, направленные от какой-нибудь точки Солнца к концам земного диаметра; угол между ними достаточно велик для измерения (около 17"); определение этого угла дало в руки астрономов одно из средств установить, как велико расстояние от Земли до Солнца.

Пробуя применить способ теней на практике, вы сразу же убедитесь, однако, в его ненадёжности. Тени не отграничены так отчетливо, чтобы измерение их длины можно было выполнить вполне точно. Каждая тень, отбрасываемая при свете Солнца, имеет неясно очерченную серую кайму полутени, которая и придает границе тени неопределенность. Происходит это оттого, что Солнце — не точка, а большое светящееся тело, испускающее лучи из многих точек. На рис. 3 показано, почему вследствие этого тень *BC* дерева имеет еще придаток в виде полутени *CD,* постепенно сходящей на-нет. Угол *CAD* между крайними границами полутени равен тому углу, под которыми мы всегда видим солнечный диск, т. е. половине градуса. Ошибка, происходящая от того, что обе тени измеряются не вполне точно, может при не слишком даже низком стоянии Солнца достигать 5% и более. Эта ошибка прибавляется к другим неизбежным ошибкам — от неровности почвы и т. д. — и делает окончательный результат мало надежным. В местности гористой, например, способ этот совершенно неприменим.

Еще два способа

Вполне возможно обойтись при измерении высоты и без помощи теней. Таких способов много; начнем с двух простейших.

Прежде всего мы можем воспользоваться свойством равнобедренного прямоугольного треугольника, обратившись к услугам весьма простого прибора, который легко изготовить из дощечки и трех булавок. На дощечке любой формы, даже на куске коры, если у него есть плоская сторона, намечают три точки — вершины равнобедренного прямоугольного треугольника — и в них втыкают торчком по булавке (рис. 4). Пусть у вас нет под рукой чертежного треугольника

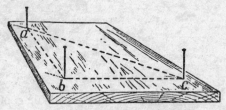

Рис. 4. Булавочный прибор для измерения высот.

для построения прямого угла, нет и циркуля для отложения равных сторон. Перегните тогда любой лоскут бумаги один раз, а затем поперек первого сгиба еще раз так, чтобы обе части первого сгиба совпали, — и получите прямой угол. Та же бумажка пригодится и вместо циркуля, чтобы отмерить равные расстояния.

Как видите, прибор может быть целиком изготовлен в бивуачной обстановке.

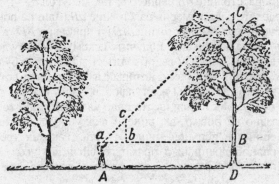

Рис. 5. Схема применения булавочного прибора.

Обращение с ним не сложнее изготовления. Отойдя от измеряемого дерева, держите прибор так, чтобы один из катетов треугольника был направлен отвесно, для чего можете пользоваться ниточкой с грузиком, привязанной к верхней булавке.

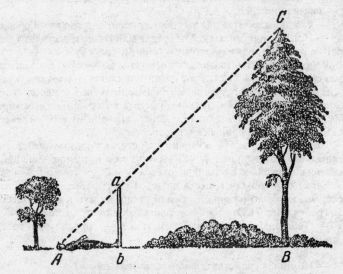

Рис. 6. Еще один способ определения высоты.

Приближаясь к дереву или удаляясь от него, вы всегда найдете такое место *A* (рис. 5), из которого, глядя на булавки *a* и *c*, увидите, что они покрывают верхушку С дерева: это значит, что продолжение гипотенузы *ас* проходит через точку С. Тогда, очевидно, расстояние *aB* равно *CB*, так как угол $a = 45°$.

Следовательно, измерив расстояние *aB* (или, на ровном месте, одинаковое с ним расстояние *AD*) и прибавив *BD*, т. е. возвышение *aA* глаза над землей, получите искомую высоту дерева.

По другому способу вы обходитесь даже и без булавочного прибора. Здесь нужен шест, который вам придется воткнуть отвесно в землю так, чтобы выступающая часть как раз равнялась вашему росту. Место для шеста надо выбрать так, чтобы, лежа, как показано на рис. 6, вы видели верхушку дерева на одной прямой линии с верхней точкой шеста. Так как треугольник *Abc* — равнобедренный и прямоугольный, то угол $A = 45°$ и, следовательно, *AB* равно *BC*, т. е. искомой высоте дерева.

По способу Жюля Верна

Следующий — тоже весьма несложный — способ измерения высоких предметов картинно описан у Жюля Верна в известном романе «Таинственный остров».

« — Сегодня нам надо измерить высоту площадки Далекого Вида, — сказал инженер.

— Вам понадобится для этого инструмент? — спросил Герберт.

— Нет, не понадобится. Мы будем действовать несколько иначе, обратившись к не менее простому и точному способу.

Юноша, стараясь научиться возможно большему, последовал за инженером, который спустился с гранитной стены до окраины берега.

Взяв прямой шест, футов 12 длиною, инженер измерил его возможно точнее, сравнивая со своим ростом, который был ему хорошо известен. Герберт же нес за ним отвес, врученный ему инженером: просто камень, привязанный к концу веревки.

Не доходя футов 500 до гранитной стены, поднимавшейся отвесно, инженер воткнул шест фута на два в песок и, прочно укрепив его, поставил вертикально с помощью отвеса.

Затем он отошел от шеста на такое расстояние, чтобы, лежа на песке, можно было на одной прямой линии видеть и конец шеста, и край гребня (рис. 7). Эту точку он тщательно пометил колышком.

— Тебе знакомы начатки геометрии? — спросил он Герберта, поднимаясь с земли.

— Да.

— Помнишь свойства подобных треугольников?

— Их сходственные стороны пропорциональны.

— Правильно. Так вот: сейчас я построю два подобных прямоугольных треугольника. У меньшего одним катетом будет отвесный шест, другим — расстояние от колышка до основания шеста; гипотенуза же — мой луч зрения. У другого треугольника катетами будут: отвесная стена, высоту которой мы хотим определить, и расстояние от колышка до основания этой стены; гипотенуза же — мой луч зрения, совпадающий с направлением гипотенузы первого треугольника.

Рис. 7. Как измерили высоту скалы герои Жюля Верна.

— Понял! — воскликнул юноша. — Расстояние от колышка до шеста так относится к расстоянию от колышка до основания стены, как высота шеста к высоте стены.

— Да. И следовательно, если мы измерим два первых расстояния, то, зная высоту шеста, сможем вычислить четвертый, неизвестный член пропорции, т. е. высоту стены. Мы обойдемся, таким образом, без непосредственного измерения этой высоты.

Оба горизонтальных расстояния были измерены: меньшее равнялось 15 футам, большее — 500 футам.

По окончании измерений инженер составил следующую запись:

$$15 : 500 = 10 : x,$$
$$500 \times 10 = 5000,$$
$$5000 : 15 = 333{,}3.$$

Значит, высота гранитной стены равнялась 333 футам».

Как поступил сержант

Некоторые из только что описанных способов измерения высоты неудобны тем, что вызывают необходимость ложиться на землю. Можно, разумеется, избежать такого неудобства.

Вот как однажды было на одном из фронтов Великой Отечественной войны. Подразделению лейтенанта Иванюк было приказано построить мост через горную реку. На противоположном берегу засели фашисты. Для разведки места постройки моста лейтенант выделил разведывательную группу во главе со старшим сержантом Поповым... В ближайшем лесном массиве они измерили диаметр и высоту наиболее типичных деревьев и подсчитали количество деревьев, которые можно было использовать для постройки.

Высоту деревьев определяли при помощи вешки (шеста) так, как показано на рис. 8.

Этот способ состоит в следующем.

Запасшись шестом выше своего роста, воткните его в землю отвесно на некотором расстоянии от измеряемого дерева (рис. 8). Отойдите от шеста назад, по продолжению Dd до того места A, с которого, глядя на вершину дерева, вы увидите на одной линии с ней верхнюю точку b шеста. Затем, не меняя положения головы, смотрите по направлению горизонтальной прямой aC, замечая точки c и C, в которых луч зрения встречает шест и ствол. Попросите помощника сделать в этих местах пометки, и наблюдение окончено. Остается только на основании подобия треугольников abc и aBC вычислить BC из пропорции

$$BC : bc = aC : ac,$$

откуда

$$BC = bc \cdot \frac{aC}{ac}.$$

Расстояния bc, aC и ac легко измерить непосредственно. К полученной величине BC нужно прибавить расстояние CD (которое также измеряется непосредственно), чтобы узнать искомую высоту дерева.

Для определения количества деревьев старший сержант приказал солдатам измерить площадь лесного массива. Затем он подсчитал количество деревьев на небольшом участке размером 50×50 *кв. м* и произвел соответствующее умножение.

На основании всех данных, собранных разведчиками, командир подразделения установил, где и какой мост нужно строить. Мост построили к сроку, боевое задание было выполнено успешно.[1]

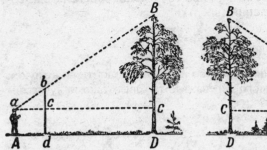 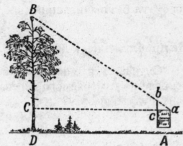

Рис. 8. Измерение высоты дерева при помощи шеста.

Рис. 9. Измерение высоты при помощи записной книжки.

При помощи записной книжки

В качестве прибора для приблизительной оценки недоступной высоты вы можете использовать и свою карманную записную книжку, если она снабжена карандашом, всунутым в чехлик или петельку при книжке. Она поможет вам построить в пространстве те два подобных треугольника, из которых получается искомая высота. Книжку надо держать возле глаз так, как показано на упрощенном рис. 9. Она должна находиться в отвесной плоскости, а карандаш выдвигается над верхним обрезом книжки настолько, чтобы, глядя из точки a, видеть вершину B дерева покрытой кончиком b карандаша. Тогда вследствие подобия треугольников abc и aBC высота BC определится из пропорции

$$BC : bc = aC : ac.$$

Расстояния bc, ac и aC измеряются непосредственно. К полученной величине BC надо прибавить еще длину CD, т. е. — на ровном месте — высоту глаза над почвой.

Так как ширина ac книжки неизменна, то если вы будете всегда становиться на одном и том же расстоянии от измеряемого дерева (например, в 10 *м*), высота дерева будет зависеть только от выдвинутой части bc карандаша. Поэтому вы можете заранее вычислить, какая высота соответствует тому

---

[1] Изложенные здесь и далее эпизоды Великой Отечественной войны описаны А. Демидовым в журнале «Военные знания» № 8, 1949, «Разведка реки».

или иному выдвижению, и нанести эти числа на карандаш. Ваша записная книжка превратится тогда в упрощенный высотомер, так как вы сможете при ее помощи определять высоты сразу, без вычислений.

Не приближаясь к дереву

Случается, что почему-либо неудобно подойти вплотную к основанию измеряемого дерева. Можно ли в таком случае определить его высоту?

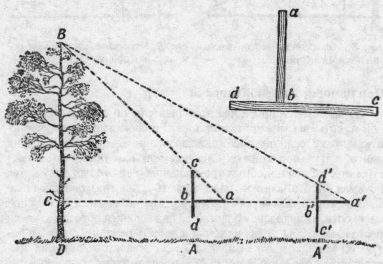

Рис. 10. Применение простейшего высотомера, состоящего из двух планок.

Вполне возможно. Для этого придуман остроумный прибор, который, как и предыдущие, легко изготовить самому. Две планки *ab* и *cd* (рис. 10 вверху) скрепляются под прямым углом так, чтобы *ab* равнялось *bc*, а *bd* составляло половину *ab*. Вот и весь прибор. Чтобы измерить им высоту, держат его в руках, направив планку *cd* вертикально (для чего при ней имеется отвес — шнурок с грузиком), и становятся последовательно в двух местах: сначала (рис. 10) в точке *A*, где располагают прибор концом *с* вверх, а затем в точке *A'*, подальше, где прибор держат вверх концом *d*. Точка *A* избирается так, чтобы, глядя из *a* на конец *с*, видеть его на одной прямой с верхушкой дерева. Точку же *A'* отыскивают так, чтобы, глядя из *a'* на точку *d'*, видеть ее совпадающей с *B*. В отыскании этих двух точек *A* и *A'* [1] заключается все измерение, потому что искомая часть высоты дерева *BC* равна расстоянию *AA'*. Равенство вытекает, как легко сообразить, из того, что *aC* = *BC*, а *a'C* = 2*BC*; значит,

$$a'C - aC = BC.$$

Вы видите, что, пользуясь этим простым прибором, мы измеряем дерево, не подходя к его основанию ближе его высоты. Само собою разумеется, что если подойти к стволу возможно, то достаточно найти только одну из точек — *A* или *A'*, чтобы узнать его высоту.

Вместо двух планок можно воспользоваться четырьмя булавками, разместив их на дощечке надлежащим образом; в таком виде «прибор» еще проще.

Высотомер лесоводов

Пора объяснить теперь, как устроены «настоящие» высотомеры, которыми пользуются на практике работники леса. Опишу один из подобных высотомеров, несколько изменив

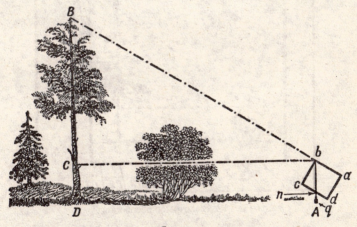

Рис. 11. Схема употребления высотомера лесоводов.

его так, чтобы прибор легко было изготовить самому. Сущность устройства видна из рис. 11. Картонный или деревян-

---

[1] Точки эти непременно должны лежать на одной прямой с основанием дерева.

ный прямоугольник *abcd* держат в руках так, чтобы, глядя вдоль края *ab,* видеть на одной линии с ним вершину *B* дерева. В точке *b* привешен на нити грузик *q*. Замечают точку *n*, в которой нить пересекает линию *dc*. Треугольники *bBC* и *bnc* подобны, так как оба прямоугольные и имеют равные острые углы *bBC* и *bnc* (с соответственно параллельными сторонами). Значит, мы вправе написать пропорцию

$$BC : nc = bC : bc;$$

отсюда

$$BC = bC \cdot \frac{nc}{bc}.$$

Так как *bC, nc* и *bc* можно измерить непосредственно, то легко получить искомую высоту дерева, прибавив длину нижней части *CD* ствола (высоту прибора над почвой).

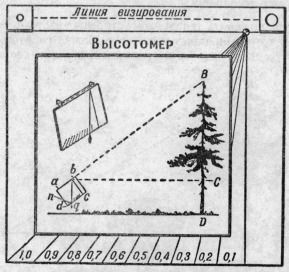

Рис. 12. Высотомер лесоводов.

Остается добавить несколько подробностей. Если край *bc* дощечки сделать, например, ровно в 10 *см,* а на краю *dc* нанести сантиметровые деления, то отношение $\frac{nc}{bc}$ будет всегда выражаться десятичной дробью, прямо указывающей, какую долю расстояния *bC* составляет высота *BC* дерева. Пусть, например, нить остановилась против 7-го деления (т. е. *пс* = 7 *см*); это значит, что высота дерева над уровнем глаза составляет 0,7 расстояния наблюдателя от ствола.

Второе улучшение относится к способу наблюдения: чтобы удобно было смотреть вдоль линии *ab*, можно отогнуть у верхних углов картонного прямоугольника два квадратика с просверленными в них дырочками: одной поменьше — у глаза, другой побольше — для наведения на верхушку дерева (рис. 12).

Дальнейшее усовершенствование представляет прибор, изображенный почти в натуральную величину на рис. 12. Изготовить его в таком виде легко и недолго; для этого не требуется особенного уменья мастерить. Не занимая в кармане много места, он доставит вам возможность во время экскурсии быстро определять высоты встречных предметов — деревьев, столбов, зданий и т. п. (Инструмент входит в состав разработанного автором этой книги набора «Геометрия на вольном воздухе».)

ЗАДАЧА

Можно ли описанным сейчас высотомером измерять деревья, к которым не подойти вплотную? Если можно, то как следует в таких случаях поступать?

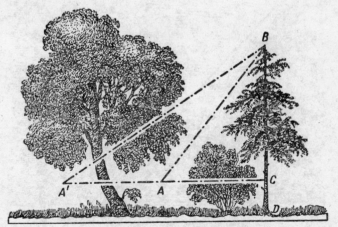

Рис. 13. Как измерить высоту дерева, не приближаясь к нему.

РЕШЕНИЕ

Надо направить прибор на вершину *B* дерева (рис. 13) с двух точек *A* и *A'*. Пусть в *A* мы определили, что *BC* = 0,9*AC* а в точке *A'* — что *BC* = 0,4*A'C*. Тогда мы знаем, что

$$AC = \frac{BC}{0{,}9}, \quad A'C = \frac{BC}{0{,}4},$$

откуда

$$AA' = A'C - AC = \frac{BC}{0{,}4} - \frac{BC}{0{,}9} = \frac{25}{18}BC.$$

Итак,

$$AA' = \frac{25}{18}BC, \text{ или } BC = \frac{18}{25}A'A = 0{,}72 A'A.$$

Вы видите, что, измерив расстояние $A'A$ между обоими местами наблюдения и взяв определенную долю этой величины, мы узнаем искомую недоступную и неприступную высоту.

При помощи зеркала

ЗАДАЧА

Вот еще своеобразный способ определения высоты дерева при помощи зеркала. На некотором расстоянии (рис. 14) от

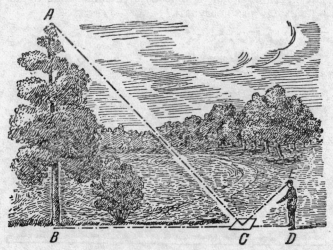

Рис. 14. Измерение высоты при помощи зеркала.

измеряемого дерева, на ровной земле в точке C кладут горизонтально зеркальце и отходят от него назад в такую точку D, стоя в которой наблюдатель видит в зеркале верхушку A дерева. Тогда дерево (AB) во столько раз выше роста наблюдателя (*ED*), во сколько раз расстояние *BC* от зеркала до дерева больше расстояния *CD* от зеркала до наблюдателя. Почему?

РЕШЕНИЕ

Способ основан на законе отражения света. Вершина *A* (рис. 15) отражается в точке *A'* так, что *AB* = *A'B*. Из подобия же треугольников *BCA'* и *CED* следует, что

A'B : *ED* = *BC* : *CD*.

В этой пропорции остается лишь заменить *A'B* равным ему *AB*, чтобы обосновать указанное в задаче соотношение.

Этот удобный и нехлопотливый способ можно применять во всякую погоду, но не в густом насаждении, а к одиноко стоящему дереву.

ЗАДАЧА

Как, однако, следует поступать, когда к измеряемому дереву невозможно почему-либо подойти вплотную?

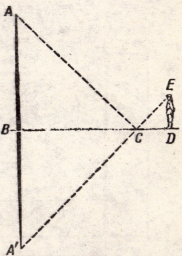

Рис. 15. Геометрическое построение к способу измерения высоты при помощи зеркала.

РЕШЕНИЕ

Это — старинная задача, насчитывающая за собою свыше 500 лет. Ее рассматривает средневековый математик Антоний де Кремона в сочинении «О практическом землемерии» (1400 г.).

Задача разрешается двукратным применением сейчас описанного способа — помещением зеркала в двух местах. Сделав соответствующее построение, нетрудно из подобия треугольников вывести, что искомая высота дерева равна возвышению глаза наблюдателя, умноженному на отношение расстояния между положениями зеркала к разности расстояний наблюдателя от зеркала.

Прежде чем окончить беседу об измерении высоты деревьев, предложу читателю еще одну «лесную» задачу.

Две сосны

ЗАДАЧА

В 40 м одна от другой растут две сосны. Вы измерили их высоту: одна оказалась 31 м высоты, другая, молодая — всего 6 м.

Можете ли вы вычислить, как велико расстояние между их верхушками?

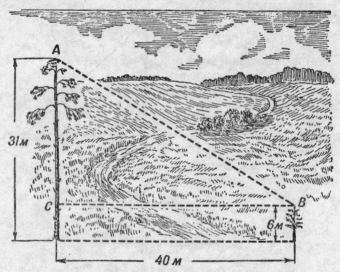

Рис. 16. Как велико расстояние между вершинами сосен?

РЕШЕНИЕ

Искомое расстояние между верхушками сосен (рис. 16) по теореме Пифагора равно

$$\sqrt{40^2 + 25^2} = 47 \text{ м.}$$

Форма древесного ствола

Теперь вы можете уже, прогуливаясь по лесу, определить — чуть не полдюжиной различных способов — высоту любого дерева. Вам интересно будет, вероятно, определить также и его *объем*, вычислить, сколько в нем кубических метров древесины, а заодно и *взвесить* его — узнать, можно ли было бы, например, увезти такой ствол на одной телеге. Обе эти задачи уже не столь просты, как определение высоты; специалисты не нашли способов *точного* ее разрешения и довольствуются лишь более или менее приближенной оценкой. Даже и для ствола срубленного, который лежит перед вами очищенный от сучьев, задача разрешается далеко на просто.

Дело в том, что древесный ствол, даже самый ровный, без утолщений, не представляет ни цилиндра, ни полного конуса, ни усеченного конуса, ни какого-либо другого геометрического тела, объем которого мы умеем вычислять по формулам. Ствол, конечно, не цилиндр, — он суживается к вершине (имеет «сбег», как говорят лесоводы), — но он и не конус, потому что его «образующая» не прямая линия, а кривая, и притом не дуга окружности, а некоторая другая кривая, обращенная выпуклостью к оси дерева.[1]

Поэтому более или менее точное вычисление объема древесного ствола выполнимо лишь средствами интегрального исчисления. Иным читателям покажется, быть может, странным, что для измерения простого бревна приходится обращаться к услугам высшей математики. Многие думают, что высшая математика имеет отношение только к каким-то особенным предметам, в обиходной же жизни применима всегда лишь математика элементарная. Это совершенно неверно: можно довольно точно вычислить объем звезды или планеты, пользуясь элементами геометрии, между тем как точный расчет объема длинного бревна или пивной бочки невозможен без аналитической геометрии и интегрального исчисления.

Но наша книга не предполагает у читателя знакомства с высшей математикой; придется поэтому удовлетвориться здесь лишь приблизительным вычислением объема ствола. Будем исходить из того, что объем ствола более или менее близок либо к объему усеченного конуса, либо — для ствола с вершинным концом — к объему полного конуса, либо, наконец, — для коротких бревен — к объему цилиндра. Объем каждого из этих трех тел легко вычислить. Нельзя ли для однообразия расчета найти такую формулу объема, которая годилась бы сразу для всех трех названных тел? Тогда мы приближенно вычисляли бы

---

[1] Всего ближе эта кривая подходит к так называемой «полукубической параболе» ($y^3 = ax^2$); тело, полученное вращением этой параболы, называется «нейлоидом» (по имени старинного математика Нейля, нашедшего способ определять длину дуги такой кривой). Ствол выросшего в лесу дерева по форме приближается к нейлоиду. Расчет объема нейлоида выполняется приемами высшей математики.

объем ствола, не интересуясь тем, на что он больше похож — на цилиндр или на конус, полный или усеченный.

Универсальная формула

Такая формула существует; более того: она пригодна не только для цилиндра, полного конуса и усеченного конуса, но также и для всякого рода призм, пирамид полных и усеченных и даже для шара. Вот эта замечательная формула, известная в математике под названием формулы Симпсона:

$$v = \frac{h}{6}(b_1 + 4b_2 + b_3),$$

причем h — высота тела, b_1 — площадь нижнего основания, b_2 — площадь среднего [1] сечения, b_3 — площадь верхнего основания.

ЗАДАЧА

Доказать, что по приведенной сейчас формуле можно вычислить объем следующих семи геометрических тел: призмы, пирамиды полной, пирамиды усеченной, цилиндра, конуса полного, конуса усеченного, шара.

РЕШЕНИЕ

Убедиться в правильности этой формулы очень легко простым применением ее к перечисленным телам. Тогда получим; для призмы и цилиндра (рис. 17, *а*)

$$v = \frac{h}{6}(b_1 + 4b_2 + b_3) = b_1 h;$$

для пирамиды и конуса (рис. 17, *б*)

$$v = \frac{h}{6}(b_1 + 4\frac{b_1}{4} + 0) = \frac{b_1 h}{3};$$

для усеченного конуса (рис. 17, *в*)

$$v = \frac{h}{6}\left[\pi R^2 + 4\pi \left(\frac{R+r}{2}\right)^2 + \pi r^2\right] =$$

$$= \frac{h}{6}\left(\pi R^2 + \pi R^2 + 2\pi Rr + \pi r^2 + \pi r^2\right) =$$

$$= \frac{\pi h}{3}\left(R^2 + Rr + r^2\right).$$

---

[1] То есть площадь сечения тела посредине его высоты.

для усеченной пирамиды доказательство ведется сходным образом; наконец, для шара (рис. 17, *г*)

$$v = \frac{2R}{6}\left(0 + 4\pi R^2 + 0\right) = \frac{4}{3}\pi R^3.$$

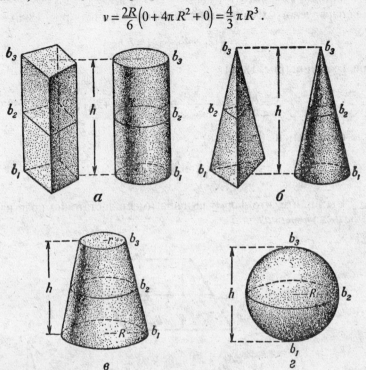

Рис. 17. Геометрические тела, объемы которых можно вычислить, пользуясь *одной* формулой.

ЗАДАЧА

Отметим еще одну любопытную особенность нашей универсальной формулы: она годится также для вычисления площади *плоских* фигур:

        параллелограмма,
        трапеции и
        треугольника,

если под h разуметь, как прежде, высоту фигуры,

    под b_1 — длину нижнего основания,
    под b_2 — среднего,
    под b_3 — верхнего.

Как в этом убедиться?

РЕШЕНИЕ

Применяя формулу, имеем:
для параллелограмма (квадрата, прямоугольника) (рис. 18, а)

$$S = \frac{h}{6}(b_1 + 4b_1 + b_1) = b_1 h;$$

для трапеции (рис. 18, б)

$$S = \frac{h}{6}\left(b_1 + 4\frac{b_1 + b_3}{2} + b_3\right) = \frac{h}{2}(b_1 + b_3),$$

для треугольника (рис. 18, в)

$$S = \frac{h}{6}\left(b_1 + 4\frac{b_1}{2} + 0\right) = \frac{b_1 h}{2}.$$

Вы видите, что формула наша имеет достаточно прав называться *универсальной*.

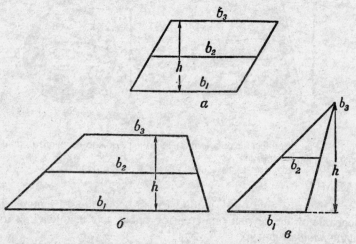

Рис. 18. Универсальная формула пригодна также для вычисления площадей этих фигур.

Объем и вес дерева на корню

Итак, вы располагаете формулой, по которой можете приближенно вычислить объем ствола *срубленного* дерева, не задаваясь вопросом о том, на какое геометрическое тело он похож;

на цилиндр, на полный конус или на усеченный конус. Для этого понадобятся четыре измерения — длины ствола и трех поперечников: нижнего сруба, верхнего и посредине длины. Измерение нижнего и верхнего поперечников очень просто; непосредственное же определение среднего поперечника без специального приспособления («мерной вилки» лесоводов, рис. 19 и 20 [1]) довольно, неудобно. Но трудность можно обойти, если измерить бечевкой окружность ствола и разделить ее длину на $3\frac{1}{7}$, чтобы получить диаметр.

Рис. 19. Измерение диаметра дерева мерной вилкой.

Объем срубленного дерева получится при этом с точностью, достаточной для многих практических целей. Короче, но менее точно решается эта задача, если вычислить объем ствола, как объем цилиндра, диаметр основания которого равен диаметру ствола посредине длины: при этом результат получается, однако, преуменьшенный, иногда на 12%. Но если разделить мысленно ствол на отрубки в два метра длины и определить объем каждого из этих почти цилиндрических частей, чтобы, сложив их, получить объем всего ствола, то результат получится гораздо лучший: он грешит в сторону преуменьшения не более чем на 2—3%.

---

[1] Сходным образом устроен общеизвестный прибор для измерения диаметра круглых изделий — штангенциркуль (рис. 20 направо).

Всё это, однако, совершенно неприменимо к дереву на корню: если вы не собираетесь взбираться на него, то вашему измерению доступен только диаметр его нижней части. В этом случае придётся для определения объёма довольствоваться лишь весьма приближённой оценкой, утешаясь тем, что и профессиональные лесоводы поступают обычно сходным же образом. Они пользуются для этого таблицей так называемых «видовых чисел», т. е. чисел, которые показывают, какую долю объём измеряемого дерева составляет от объёма цилиндра той же высоты и диаметра, измеренного на высоте груди взрослого человека, т. е. 130 *см* (на этой высоте его удобнее всего измерять). Рис. 21 наглядно поясняет сказанное. Конечно, «видовые числа» различны для деревьев разной породы и высоты, так как форма ствола изменчива. Но колебания не особенно велики: для стволов сосны и для ели (выросших в густом насаждении) «видовые числа» заключаются между 0,45 и 0,51, т. е. равны примерно половине.

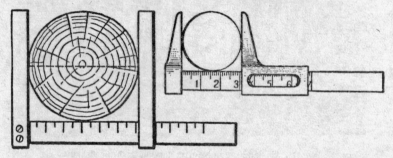

Рис. 20. Мерная вилка (налево) и штангенциркуль (направо).

Значит, без большой ошибки можно принимать за объём хвойного дерева на корню половину объёма цилиндра той же высоты с диаметром, равным поперечнику дерева на высоте груди.

Это, разумеется, лишь приближённая оценка, но не слишком отклоняющаяся от истинного результата: до 2% в сторону преувеличения и до 10% в сторону преуменьшения.[1]

Отсюда уже один шаг к тому, чтобы оценить и *вес* дерева на корню. Для этого достаточно лишь знать, что 1 *куб. м* све-

---

[1] Необходимо помнить, что «видовые числа» относятся лишь к деревьям, выросшим в лесу, т. е. к высоким и тонким (ровным, без узлов); для отдельно стоящих ветвистых деревьев нельзя указать подобных общих правил вычисления объёма.

жей сосновой или еловой древесины весит около 600—700 *кг*. Пусть, например, вы стоите возле ели, высоту которой вы определили в 28 *м*, а окружность ствола на высоте груди

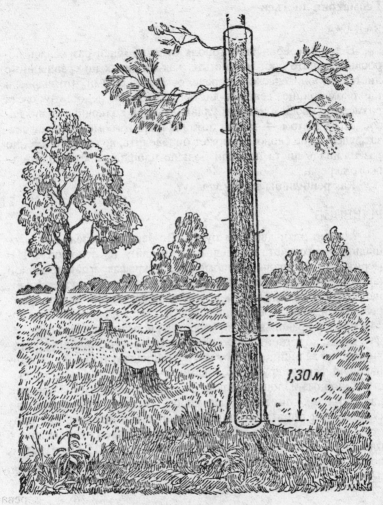

Рис. 21. Что такое «видовое число».

оказалась равной 120 *см*. Тогда площадь соответствующего круга равна 1100 *кв. см*, или 0,11 *кв. м*, а объем ствола $^1/_2 \times 0{,}11 \times 28 = 1{,}5$ *куб. м*. Принимая, что 1 *куб. м* свежей еловой древесины весит в среднем 650 *кг*, находим, что 1,5 *куб. м* должны весить около тонны (1000 *кг*).

Геометрия листьев

ЗАДАЧА

В тени серебристого тополя от его корней разрослась поросль. Сорвите лист и заметьте, как он велик по сравнению с листьями родительского дерева, особенно с теми, что выросли на ярком солнце. Теневые листья возмещают недостаток света размерами своей площади, улавливающей солнечные лучи. Разобраться в этом — задача ботаника. Но и геометр может сказать здесь свое слово: он может определить, во сколько именно раз площадь листа поросли больше площади листа родительского дерева.

Как решили бы вы эту задачу?

РЕШЕНИЕ

Можно идти двояким путем. Во-первых, определить площадь каждого листа в отдельности и найти их отношение. Измерить же площадь листа можно, покрывая его прозрачной клетчатой бумагой, каждый квадратик которой соответствует, например, 4 *кв. мм* (листок прозрачной клетчатой бумаги, употребляемой для подобных целей, называется *палеткой*). Это хотя и вполне правильный, но чересчур кропотливый способ.[1]

Более короткий способ основан на том, что оба листа, различные по величине, имеют все же одинаковую или почти одинаковую форму: другими словами, — это фигуры, геометрически подобные. Площади таких фигур, мы знаем, относятся, как квадраты их линейных размеров. Значит, определив, во сколько раз один лист длиннее или шире другого, мы простым возведением этого числа в квадрат узнаем отношение их площадей. Пусть лист поросли имеет в длину 15 *см*, а лист с ветви дерева — только 4 *см*; отношение линейных размеров $\frac{15}{4}$, и значит, по площади один больше другого в $\frac{225}{16}$, т. е. в 14 раз. Округляя (так как полной точности здесь быть не может),

---

[1] У этого способа есть, однако, и преимущество: пользуясь им, можно сравнивать площади листьев, имеющих *неодинаковую* форму, чего нельзя сделать по далее описанному способу.

мы вправе утверждать, что порослевой лист больше древесного по площади примерно в 15 раз.

Еще пример.

ЗАДАЧА

У одуванчика, выросшего в тени, лист имеет в длину 31 *см*. У другого экземпляра, выросшего на солнцепеке, длина листовой пластинки всего 3,3 *см*. Во сколько примерно раз площадь первого листа больше площади второго?

РЕШЕНИЕ

Поступаем по предыдущему. Отношение площадей равно

$$\frac{31^2}{3,3^2} = \frac{960}{10,9} = 87;$$

значит, один лист больше другого по площади раз в 90.

Рис. 22. Определите отношение площадей этих листьев.

Рис. 23. Определите отношение площадей этих листьев.

Нетрудно подобрать в лесу множество пар листьев одинаковой формы, но различной величины и таким образом получить любопытный материал для геометрических задач на отношение площадей подобных фигур. Непривычному глазу всегда кажется странным при этом, что сравнительно небольшая разница в длине и ширине листьев порождает заметную разницу в их площадях. Если, например, из двух листьев, геометрически подобных по форме, один длиннее другого на 20%, то отношение их площадей равно

$$1{,}2^2 \approx 1{,}4,$$

т. е. разница составляет 40%. А при различии ширины в 40% один лист превышает другой по площади в

$$1{,}4^2 \approx 2,$$

т. е. почти вдвое.

ЗАДАЧА

Предлагаем читателю определить отношение площадей листьев, изображенных на рис. 22 и 23.

Шестиногие богатыри

Удивительные создания муравьи! Проворно избегая по стебельку вверх с тяжелой для своего крошечного роста ношей в челюстях (рис. 24), муравей задает наблюдательному человеку головоломную задачу: откуда у насекомого берется сила, чтобы без видимого напряжения втаскивать груз в десять раз тяжелее его самого? Ведь человек не мог бы взбегать по лестнице, держа на плечах, например, пианино (рис. 24), а отношение веса груза к весу тела у муравья примерно такое же. Выходит, что муравей относительно сильнее человека!

Так ли?

Без геометрии здесь не разобраться. Послушаем что говорит специалист (проф. А. Ф. Брандт),

Рис. 24. Шестиногий богатырь.

прежде всего, о силе мускулов, а затем и о поставленном сейчас вопросе соотношения сил насекомого и человека:

«Живой мускул уподобляется упругому шнурку; только сокращение его основано не на упругости, а на других причинах, и проявляется нормально под влиянием нервного возбуждения, а в физиологическом опыте от прикладывания электрического тока к соответствующему нерву или непосредственно к самому мускулу.

Опыты весьма легко проделываются на мускулах, вырезанных из только что убитой лягушки, так как мускулы холоднокровных животных весьма долго и вне организма, даже при обыкновенной температуре, сохраняют свои жизненные свойства. Форма опыта очень простая. Вырезают главный мускул, разгибающий заднюю лапу, — мускул икр — вместе с куском бедренной кости, от которой он берет начало, и вместе с концевым сухожилием. Этот мускул оказывается наиболее удобным и по своей величине, и по форме, и по легкости препаровки. За обрезок кости мускул подвешивают на станке, а сквозь сухожилие продевают крючок, на который нацепляют гирю. Если до такого мускула дотрагиваться проволоками, идущими от гальванического элемента, то он моментально сокращается, укорачивается и приподнимает груз. Постепенным накладыванием дополнительных разновесок легко определить максимальную подъемную способность мускула. Свяжем теперь по длине два, три, четыре одинаковых мускула и станем раздражать их сразу. Этим мы не достигнем большей подъемной силы, а груз будет подниматься лишь на большую высоту, соответственно суммировке укорочений отдельных мускулов. Зато, если свяжем два, три, четыре мускула в *пучок*, то вся система будет при раздражении поднимать и в соответственное число раз больший груз. Точно такой же результат, очевидно, получился бы и тогда, если бы мускулы между собою срослись. Итак, мы убеждаемся в том, что подъемная сила мускулов зависит не от длины или общей массы, а лишь от *толщины*, т. е. поперечного разреза.

После этого отступления обратимся к сличению одинаково устроенных, геометрически подобных, но различных по величине животных. Мы представим себе двух животных; первоначальное и вдвое увеличенное во всех линейных измерениях. У второго объем и вес всего тела, а также каждого из его органов будет в 8 раз больше; все же соответственные плоскостные измерения, в том числе и поперечное сечение мускулов, лишь в 4 раза больше. Оказывается, мускульная сила, по мере того как животное разрастается до двойной длины и восьмерного веса, увеличивается лишь в четыре раза, т. е. животное сделалось относительно вдвое *слабее*. На этом основании животное, которое втрое длиннее (с поперечными сечениями в 9 раз обширнейшими и с весом в 27 раз большим), оказывалось бы относительно втрое слабее, а то, которое вчетверо длиннее, — вчетверо слабее и т. д.

Законом неодинакового нарастания объема и веса животного, а вместе с тем и мускульной силы объясняется, почему насекомое, —

как мы это наблюдаем на муравьях, хищных осах и т. д., может тащить тяжести, в 30, в 40 раз превосходящие вес собственного их тела, тогда как человек в состоянии тащить нормально — мы исключаем гимнастов и носильщиков тяжестей — лишь около $9/10$, а лошадь, на которую мы взираем как на прекрасную живую рабочую машину, и того меньше, а именно лишь около $7/10$ своего веса».[1]

После этих разъяснений мы другими глазами будем смотреть на подвиги того муравья-богатыря, о котором И. А. Крылов насмешливо писал:

> Какой-то муравей был силы непомерной,
> Какой не слыхано и в древни времена;
> Он даже (говорит его историк верный)
> Мог поднимать больших ячменных два зерна.

---

[1] Подробно об этом см. «Занимательную механику» Я. И. Перельмана, гл. X «Механика в живой природе».

ГЛАВА ВТОРАЯ
ГЕОМЕТРИЯ У РЕКИ

Измерить ширину реки

Не переплывая реки, измерить ее ширину — так же просто для знающего геометрию, как определить высоту дерева, не взбираясь на вершину. Неприступное расстояние измеряют теми же приемами, какими мы измеряли недоступную высоту. В обоих случаях определение искомого расстояния заменяется промером другого расстояния, легко поддающегося непосредственному измерению.

Из многих способов решения этой задачи рассмотрим несколько наиболее простых.

1) Для первого способа понадобится уже знакомый нам «прибор» с тремя булавками на вершинах равнобедренного прямоугольного треугольника (рис. 25). Пусть требуется определить ширину *AB* реки (рис. 26), стоя на том берегу, где точка *B*, и не перебираясь на противоположный. Став где-нибудь у точки *C*, держите булавочный прибор близ глаз так, чтобы, смотря одним глазом вдоль двух булавок, вы видели, как обе они покрывают точки *B* и *A*. Понятно, что, когда это вам удастся, вы будете находиться как раз на продолжении прямой *AB*. Теперь, не двигая дощечки прибора, смотрите вдоль других двух булавок (перпендикулярно к прежнему направлению) и заметьте какую-нибудь точку *D*, покрываемую этими булавками, т. е. лежащую на прямой, перпендикулярной к *AC*. После этого воткните в точку *C* веху, покиньте это место и идите с вашим инструментом вдоль прямой *CD*, пока не найдете на ней такую точку *E* (рис. 27), откуда можно одновременно покрыть

для глаза булавкой *b* шест точки *C*, а булавкой *a* — точку *A*. Это будет значить, что вы отыскали на берегу третью вершину

Рис. 25. Измерение ширины реки булавочным прибором.

Рис. 26. Первое положение булавочного прибора.

Рис. 27. Второе положение булавочного прибора.

треугольника *ACE*, в котором угол *C* — прямой, а угол *E* равен острому углу булавочного прибора, т. е. $\frac{1}{2}$ прямого. Очевидно, и угол *A* равен — прямого, т. е. *AC* = *CE*. Если вы измерите расстояние *CE* хотя бы шагами, вы узнаете расстояние *AC*, а отняв *BC*, которое легко измерить, определите искомую ширину реки.

Рис. 28. Пользуемся признаками равенства треугольников.

Довольно неудобно и трудно держать в руке булавочный прибор неподвижно; лучше поэтому прикрепить эту дощечку к палке с заостренным концом, которую и втыкать отвесно в землю.

2) Второй способ сходен с первым. Здесь также находят точку *C* на продолжении *AB* и намечают при помощи булавочного прибора прямую *CD* под прямым углом к *CA*. Но дальше поступают иначе (рис. 28). На прямой *CD* отмеряют равные расстояния *CE* и *EF* произвольной длины и втыкают в точки *E* и *F* вехи. Став затем в точке *F* с булавочным прибором, намечают направление *FG*, перпендикулярное к *FC*. Теперь, идя вдоль *FG*, отыскивают на этой линии такую точку *H*, из которой веха *E* кажется покрывающей точку *A*. Это будет означать, что точки *H*, *E* и *A* лежат на одной прямой.

Задача решена: расстояние *FH* равно расстоянию *AC*, от которого достаточно лишь отнять *BC*, чтобы узнать, искомую ширину реки (читатель, конечно, сам догадается, почему *FH* равно *AC*).

Этот способ требует больше места, чем первый; если местность позволяет осуществить оба приема, полезно проверить один результат другим.

3) Описанный сейчас способ можно видоизменить: отмерить на прямой *CF* не равные расстояния, а одно в несколько раз меньше другого. Например (рис. 29), отмеряют *FE* в четыре раза меньше *EC*, а далее поступают по-прежнему: по направлению *FG*, перпендикулярному к *FC*, отыскивают точку *H*, из которой веха *E* кажется покрывающей точку *A*. Но теперь уже *FH* не равно *AC*, а меньше этого расстояния в четыре раза: треугольники *ACE* и *EFH* здесь не равны, а подобны (имеют равные углы при неравных сторонах). Из подобия треугольников следует пропорция

$$AC : FH = CE : EF = 4 : 1.$$

Рис. 29. Пользуемся признаками подобия треугольников.

Значит, измерив *FH* и умножив результат на 4, получим расстояние *AC*, а отняв *BC*, узнаем искомую ширину реки.

Этот способ требует, как мы видим, меньше места и потому удобнее для выполнения, чем предыдущий.

4) Четвертый способ основан на том свойстве прямоугольного треугольника, что если один из его острых углов равен

30°, то противолежащий катет составляет половину гипотенузы. Убедиться в правильности этого положения очень легко. Пусть угол B прямоугольного треугольника ABC (рис. 30, слева) равен 30°; докажем, что в таком случае $AC = \frac{1}{2} AB$. Повернем треугольник ABC вокруг BC так, чтобы он расположился симметрично своему первоначальному положению (рис. 30, справа), образовав фигуру ABD; линия ACD — прямая, потому что оба угла у точки C прямые. В треугольнике ABD угол $A = 60°$, угол ABD, как составленный из двух углов по 30°, тоже равен 60°. Значит, $AD = BD$ как стороны, лежащие против равных углов. Но $AC = \frac{1}{2} AD$; следовательно, $AC = \frac{1}{2} AB$.

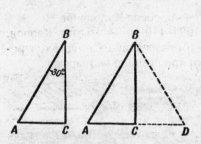

Рис. 30. Когда катет равен половине гипотенузы.

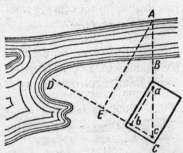

Рис. 31. Схема применения прямоугольного треугольника с углом в 30°.

Желая воспользоваться этим свойством треугольника, мы должны расположить булавки на дощечке так, чтобы основания их обозначали прямоугольный треугольник, в котором катет вдвое меньше гипотенузы. С этим прибором мы помещаемся в точке C (рис. 31) так, чтобы направление AC совпадало с гипотенузой булавочного треугольника. Смотря вдоль короткого катета этого треугольника, намечают направление CD и отыскивают на нем такую точку E, чтобы направление EA было перпендикулярно к CD (это выполняется при помощи того же булавочного прибора). Легко сообразить, что расстояние CE — катет, лежащий против угла 30°, — равно половине AC. Значит, измерив CE, удвоив это расстояние и отняв BC, получим искомую ширину AB реки.

Вот четыре легко выполнимых приема, при помощи которых всегда возможно, не переправляясь на другой берег, измерить ширину реки со вполне удовлетворительной точностью. Способов, требующих употребления более сложных приборов (хотя бы и самодельных), мы здесь рассматривать не будем.

При помощи козырька

Вот как этот способ пригодился старшему сержанту Куприянову во фронтовой обстановке.[1] Его отделению было приказано измерить ширину реки, через которую предстояло организовать переправу...

Подобравшись к кустарнику вблизи реки, отделение Куприянова залегло, а сам Куприянов вместе с солдатом Карповым выдвинулся ближе к реке, откуда был хорошо виден занятый фашистами берег. В таких условиях измерять ширину реки нужно было на глаз.

— Ну-ка, Карпов, сколько? — спросил Куприянов.

— По-моему, не больше 100—110 м, — ответил Карпов. Куприянов был согласен со своим разведчиком, но для контроля решил измерить ширину реки при помощи «козырька».

Рис. 32. Из-под козырька надо заметить точку на противоположном берегу.

Способ этот состоит в следующем. Надо стать лицом к реке и надвинуть фуражку на глаза так, чтобы нижний обрез

---

[1] А. Демидов, «Разведка реки», «Военные знания» № 8, 1949.

козырька точно совпал с линией противоположного берега (рис. 32). Козырек можно заменить ладонью руки или записной книжкой, плотно приложенной ребром ко лбу. Затем, не изменяя положения головы, надо повернуться направо или налево, или даже назад (в ту сторону, где поровней площадка, доступная для измерения расстояния) и заметить самую дальнюю точку, видимую из-под козырька (ладони, записной книжки).

Расстояние до этой точки и будет примерно равно ширине реки.

Этим способом и воспользовался Куприянов. Он быстро встал в кустах, приложил ко лбу записную книжку, также быстро повернулся и завизировал дальнюю точку. Затем вместе с Карповым он ползком добрался до этой точки, измеряя расстояние шнуром. Получилось 105 м.

Куприянов доложил командованию полученные им данные.

ЗАДАЧА

Дать геометрическое объяснение способу «козырька».

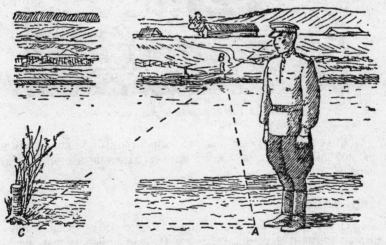

Рис. 33. Таким же образом заметить точку на своем берегу.

РЕШЕНИЕ

Луч зрения, касающийся обреза козырька (ладони, записной книжки), первоначально направлен на линию противоположного берега (рис. 32). Когда человек поворачивается, то луч зрения, подобно ножке циркуля, как бы описывает окружность, и тогда $AC = AB$ как радиусы одной окружности (рис. 33).

Длина острова

ЗАДАЧА

Теперь нам предстоит задача более сложная. Стоя у реки или у озера, вы видите остров (рис. 34), длину которого желаете измерить, не покидая берега. Можно ли выполнить такое измерение?

Рис. 34. Как определить длину острова.

Хотя в этом случае для нас неприступны оба конца измеряемой линии, задача все же вполне разрешима, притом без сложных приборов.

РЕШЕНИЕ

Пусть требуется узнать длину AB (рис. 35) острова, оставаясь во время измерения на берегу. Избрав на берегу две произвольные точки P и Q, втыкают в них вехи и отыскивают на прямой PQ точки M и N так, чтобы направления AM и BN составляли с направлением PQ прямые углы (для этого пользуются булавочным прибором). В середине O расстояния MN втыкают веху и отыскивают на продолжении линии AM такую точку C, откуда веха O кажется покрывающей точку B. Точно так же на продолжении *BN* отыскивают точку *D,* откуда веха *O* кажется покрывающей конец *A* острова. Расстояние *CD* и будет искомой длиной острова.

Доказать это нетрудно. Рассмотрите прямоугольные треугольники *AMO* и *OND*; в них катеты *MO* и *NO* равны, а кроме того, равны углы *AOM* и *NOD* — следовательно, треугольники равны, и *AO = OD*. Сходным образом можно доказать, что *BO = OC*. Сравнивая затем треугольники *ABO* и *COD*, убеждаемся в их равенстве, а значит, и в равенстве расстояния *AB* и *CD*.

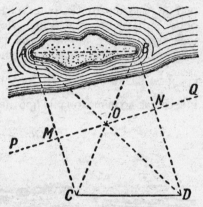

Рис. 35. Пользуемся признаками равенства прямоугольных треугольников.

Пешеход на другом берегу

ЗАДАЧА

По берегу вдоль реки идет человек. С другого берега вы отчетливо различаете его шаги. Можете ли вы, не сходя с места, определить, хотя бы приблизительно, расстояние от него до вас? Никаких приборов вы под рукою не имеете.

РЕШЕНИЕ

У вас нет приборов, но есть глаза и руки, — этого достаточно. Вытяните руку вперед по направлению к пешеходу и смотрите на конец пальца одним правым глазом, если пешеход идет в сторону вашей правой руки, и одним левым глазом, если пешеход идет в сторону левой руки. В тот момент, когда отдаленный пешеход покроется пальцем (рис. 36), вы закрываете глаз, которым сейчас смотрели, и открываете другой: пешеход покажется вам словно отодвинутым назад. Сосчитайте, сколько шагов сделает он, прежде чем снова поравняется с вашим пальцем. Вы получите все данные, необходимые для приблизительного определения расстояния.

Объясним, как ими воспользоваться. Пусть на рис. 36 *a* и *b* — ваши глаза, точка *M* — конец пальца вытянутой руки, точка *A* — первое положение пешехода, *B* — второе. Треугольники abM и ABM подобны (вы должны повернуться к пешеходу так, чтобы ab было приблизительно параллельно направлению его движения). Значит, $BM : bM = AB : ab$ — пропорция, в которой не известен только один член BM, все же остальные можно определить непосредственно. Действительно, bM — длина вашей вытянутой руки; ab — расстояние между зрачками ваших глаз, AB измерено шагами пешехода (шаг можно принять в среднем равным — $\frac{3}{4}$ м). Следовательно, неизвестное расстояние от вас до пешехода на противоположном берегу реки

$$MB = AB \cdot \frac{bM}{ab}.$$

Рис. 36. Как определить расстояние до пешехода, идущего по другому берегу реки.

Если, например, расстояние между зрачками глаз (ab) у вас 6 *см*, длина bM от конца вытянутой руки до глаза 60 *см*, а пешеход сделал от A до B, скажем, **14** шагов, то расстояние его от вас $MB = 14 \cdot \frac{60}{6} = 140$ шагов, или 105 *м*.

Достаточно вам заранее измерить у себя расстояние между зрачками и bM — расстояние от глаза до конца вытянутой руки, чтобы, запомнив их отношение $\frac{bM}{ab}$, быстро определять удаление недоступных предметов. Тогда останется лишь умножить AB на это отношение. В среднем у большинства людей $\frac{bM}{ab}$ равно 10 с небольшими колебаниями. Затруднение будет лишь в том, чтобы каким-нибудь образом определить расстояние AB. В нашем случае мы воспользовались шагами идущего вдали человека. Но можно привлечь к делу и иные указания. Если вы измеряете, например, расстояние до отдаленного товарного поезда, то длину AB можно оценить по сравнению с длиною товарного вагона, которая обычно известна (7,6 м между буферами). Если определяется расстояние до дома, то AB оценивают по сравнению с шириною окна, с длиною кирпича и т. п.

Тот же прием можно применить и для определения *размера* отдаленного предмета, если известно его расстояние от наблюдателя. Для этой цели можно пользоваться и иными «дальномерами», которые мы сейчас опишем.

Простейшие дальномеры

В первой главе был описан самый простой прибор для определения недоступных высот — высотомер. Теперь опишем простейшее приспособление для измерения неприступных расстояний — «дальномер». Простейший дальномер можно изготовить из обыкновенной спички. Для этого нужно лишь нанести на одной из ее граней миллиметровые деления, для ясности попеременно светлые и черные (рис. 37).

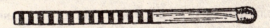

Рис. 37. Спичка-дальномер.

Пользоваться этим примитивным «дальномером» для оценки расстояния до отдаленного предмета можно только в тех случаях, когда размеры этого предмета вам известны (рис. 38); впрочем, и всякого рода иными дальномерами более совершенного устройства можно пользоваться при том же условии. Предположим, вы видите вдали человека и ставите себе задачу — определить расстояние до него. Здесь спичка-дальномер может вас выручить. Держа ее в своей вытянутой руке и глядя одним глазом, вы приводите свободный ее конец в совпадение с верхней частью отдаленной фигуры. Затем, медленно подвигая по спичке ноготь большого пальца, останавливаете его у той ее точки, которая проектируется на основание человеческой фигуры. Вам остается теперь только узнать, приблизив спичку к глазу, у которого деления остановился ноготь, — и тогда все данные для решения задачи у вас налицо.

Рис. 38. Употребление спички-дальномера для определения недоступных расстояний.

Легко убедиться в правильности пропорции:

$$\frac{\text{искомое расстояние}}{\text{расстояние от глаза до спички}} = \frac{\text{средний рост человека}}{\text{измеренная часть спички}}$$

Отсюда нетрудно вычислить искомое расстояние. Если, например, расстояние до спички 60 *см*, рост человека 1,7 *м*, а измеренная часть спички 12 *мм*, то определяемое расстояние равно

$$60 \cdot \frac{1700}{12} = 8500 \text{ } см = 85 \text{ } м.$$

Чтобы приобрести некоторый навык в обращении с этим дальномером, измерьте рост кого-либо из ваших товарищей и, попросив его отойти на некоторое расстояние, попытайтесь определить, на сколько шагов он от вас отошел.

Тем же приемом вы можете определить расстояние до всадника (средняя высота 2,2 *м*), велосипедиста (диаметр колеса 75 *см*), телеграфного столба вдоль рельсового пути (высота 8 *м*, отвесное расстояние между соседними изоляторами 90 *см*), до железнодорожного поезда, кирпичного дома и тому подобных предметов, размеры которых нетрудно оценить с достаточной точностью. Таких случаев может представиться во время экскурсий довольно много.

Для умеющих мастерить не составит большого труда изготовление более удобного прибора того же типа, предназначенного для оценки расстояний по величине отдаленной человеческой фигуры.

Устройство это ясно на рис. 39 и 40. Наблюдаемый предмет помещают как раз в промежуток *A*, образующийся при поднятии выдвижной части приборчика. Величина промежутка удобно определяется по делениям на частях *C* и *D* дощечки. Чтобы избавить себя от необходимости делать какие-либо расчеты, можно на полоске *C* прямо нанести против делений соответствующие им расстояния, если наблюдаемый предмет — человеческая фигура (прибор держат от глаза на расстоянии вытянутой руки). На правой полоске *D* можно нанести обозначения расстояний, заранее вычисленных для случаев, когда наблюдается фигура всадника (2,2 *м*). Для телеграфного столба (высота 8 *м*) аэроплана с размахом крыльев 15 *м* и тому подобных более крупных предметов можно использовать верхние, свободные части полосок *C* и *D*. Тогда прибор получит вид, представленный на рис. 40.

Рис. 39. Выдвижной дальномер в действии.

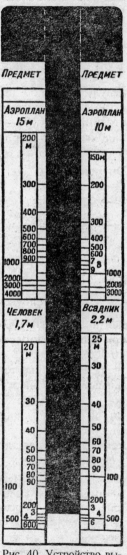

Рис. 40. Устройство выдвижного дальномера.

Конечно, точность такой оценки расстояния невелика. Это именно лишь оценка, а не измерение. В примере, рассмотренном ранее, когда расстояние до человеческой фигуры оценено было в 85 *м*, ошибка в 1 *мм* при измерении части спички дала бы погрешность результата в 7 *м* $\left(\frac{1}{12} \text{ от } 85\right)$. Но если бы человек отстоял вчетверо дальше, мы отмерили бы на спичке не 12, а 3 *мм*, и тогда ошибка даже в $\frac{1}{2}$ *мм* вызвала бы изменение результата на 57 *м*. Поэтому наш пример в случае человеческой фигуры надежен только для сравнительно близких расстояний — в 100—200 *м*. При оценке бо́льших расстояний надо избирать и более крупные предметы.

Энергия реки

> Ты знаешь край, где все обильем дышит,
> Где реки льются чище серебра,
> Где ветерок степной ковыль колышет,
> В вишневых рощах тонут хутора.
>
> *А. К. Толстой.*

Реку, длина которой не более 100 *км*, принято считать малой. Знаете ли вы, сколько таких малых рек в СССР? Очень много — 43 тысячи!

Если эти реки вытянуть в одну линию, то получилась бы лента длиною 1 300 000 *км*. Такой лентой земной шар можно тридцать раз опоясать по экватору (длина экватора примерно 40 000 *км*).

Неторопливо течение этих рек, но оно таит в себе неистощимый запас энергии. Специалисты полагают, что, если сложить скрытые возможности всех малых рек, которые протекают по нашей Родине, получится внушительное число — 34 миллиона киловатт! Эту даровую энергию необходимо широко использовать для электрификации хозяйства селений, расположенных вблизи рек.

> «Пусть свободная течет река, —
> Если в плане значится, плотина
> Гребнем каменным по всем глубинам
> Преградит дорогу на века».
>
> *С. Щипачев.*

Вы знаете, что это осуществляется при помощи гидроэлектростанций (ГЭС), и можете проявить много инициативы и оказать реальную помощь в подготовке строительства небольшой ГЭС. В самом деле, ведь строителей ГЭС будет интересовать все, что относится к режиму реки: ее ширина и скорость течения («расход воды»), площадь поперечного сечения русла («живое сечение») и какой напор воды допускают берега. А все это вполне поддается измерению доступными средствами и представляет сравнительно нетрудную геометрическую задачу.

К решению этой задачи мы сейчас и перейдем.

Но прежде приведем здесь практический совет специалистов, инженеров В. Ярош и И. Федорова, относящийся к выбору на реке подходящего места для строительства будущей плотины.

Небольшую гидроэлектростанцию мощностью в 15—20 киловатт они рекомендуют строить не дальше чем в 5 *км* от селения.

«Плотину ГЭС нужно строить не ближе чем в 10—15 *км* и не дальше чем в 20—40 *км* от истока реки, потому что удаление от истока влечет за собой удорожание плотины, которое вызывается большим притоком воды. Если же плотину располагать ближе чем в 10—15 *км* от истока, гидроэлектростанция в силу малого притока воды и недостаточного напора не сможет обеспечить необходимой мощности. Выбранный участок реки не должен изобиловать большими глубинами, которые тоже увеличивают стоимость плотины, требуя тяжелого фундамента».

Скорость течения

Меж селеньем и рощей нагорной
Вьется светлою лентой река

А. Фет.

А сколько воды протекает за сутки в такой речке?

Рассчитать нетрудно, если прежде измерить скорость течения воды в реке. Измерение выполняют два человека. У одного в руках часы, у другого — какой-нибудь хорошо заметный поплавок, например закупоренная полупустая бутылка с флажком. Выбирают прямолинейный участок реки и ставят вдоль берега две вехи *A* и *B* на расстоянии, например, 10 *м* одну от другой (рис. 41).

На линиях, перпендикулярных к *AB*, ставят еще две вехи *C* и *D*. Один из участников измерения с часами становится позади вехи *D*. Другой — с поплавком заходит несколько выше вехи *A*, поплавок бросает в воду, а сам становится позади вехи *C*. Оба смотрят вдоль направлений *CA* и *DB* на поверхность воды.

В тот момент, когда поплавок пересекает продолжение линии *CA*, первый наблюдатель взмахивает рукой. По этому сигналу второй наблюдатель засекает время первый раз и еще раз, когда поплавок пересечет направление *DB*.

Рис. 41. Измерение скорости течения реки.

Предположим, что разность времени 20 секунд. Тогда скорость течения воды в реке:

$$10 : 20 = 0{,}5 \text{ м в секунду}.$$

Обычно измерение повторяют раз десять, бросая поплавок в разные точки поверхности реки.[1] Затем складывают полученные числа и делят на количество измерений. Это дает среднюю скорость поверхностного слоя реки.

Более глубокие слои текут медленнее, и средняя скорость всего потока составляет примерно $\frac{4}{5}$ от поверхностной скорости, — в нашем случае, следовательно, 0,4 м в секунду.

Можно определить поверхностную скорость и иным — правда, менее надежным — способом.

---

[1] Вместо десятикратного бросания одного поплавка можно сразу бросить 10 поплавков на некотором отдалении друг от друга.

Сядьте в лодку и плывите 1 *км* (отмеренный по берегу) против течения, а затем обратно — по течению, стараясь все время грести с одинаковою силою.

Пусть вы проплыли эти 1000 *м* против течения в 18 минут, а по течению — в 6 минут. Обозначив искомую скорость течения реки через *x*, а скорость вашего движения в стоячей воде через *y*, вы составляете уравнения

$$\frac{1000}{y-x} = 18, \quad \frac{1000}{y+x} = 6,$$

откуда

$$y + x = \frac{1000}{6}$$
$$y - x = \frac{1000}{18}$$
$$\overline{2x = 110}$$
$$x = 55$$

Скорость течения воды на поверхности равна 55 *м* в минуту, а следовательно, средняя скорость — около $^5/_6$ *м* в секунду.

Сколько воды протекает в реке

Так или иначе вы всегда можете определить скорость, с какой течет вода в реке. Труднее вторая часть подготовительной работы, необходимой для вычисления количества протекающей воды, — определение площади поперечного разреза воды. Чтобы найти величину этой площади, — того, что принято называть «живым сечением» реки, — надо изготовить чертеж этого сечения. Выполняется подобная работа следующим образом.

Первый способ

В том месте, где вы измерили ширину реки, вы у самой воды вбиваете на обоих берегах по колышку. Затем садитесь с товарищем в лодку и плывете от одного колышка к другому, стараясь все время держаться прямой линии, соединяющей колышки. Неопытный гребец с такой задачей не справится, особенно в реке с быстрым течением. Ваш товарищ должен быть искусным гребцом; кроме того, ему должен помогать и третий участник работы, который, стоя на берегу, следит, чтобы лодка не сбивалась с надлежащего направления, и в нужных случаях дает гребцу сигналами указания, в какую сторону ему нужно повернуть. В первую переправу через речку вы должны сосчитать лишь, сколько ударов веслами она потребовала, и отсюда узнать, какое число ударов перемещает лодку на 5 или 10 *м*. Тогда вы совершаете второй переезд, вооружившись на этот раз достаточно длинной рейкой с нанесенными на ней делениями, и каждые 5—10 *м* (отмеряемые по числу ударов веслами) погружаете рейку отвесно до дна, записывая глубину речки в этом месте.

Таким способом можно промерить живое сечение только небольшой речки; для широкой, многоводной реки необходимы более сложные приемы; работа эта выполняется специалистами. Любителю приходится избирать себе задачу, отвечающую его скромным измерительным средствам.

Второй способ

На узкой неглубокой речке и лодка не нужна.

Между колышками вы натягиваете перпендикулярно к течению бечевку со сделанными на ней через 1 *м* пометками или узлами и, опуская рейку до дна у каждого узла, измеряете глубину русла.

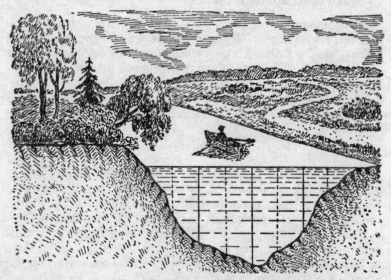

Рис. 42. «Живое сечение» реки.

Когда все измерения закончены, вы прежде всего наносите на миллиметровую бумагу либо на лист из ученической тетради в клетку чертеж поперечного профиля речки. У вас получится фигура вроде той, какая изображена на рис. 42. Площадь этой фигуры определить весьма несложно, так как она расчленяется на ряд трапеций (в которых вам известны оба основания и высота) и на два краевых треугольника также с известными основанием и высотой. Если масштаб чертежа 1:100, то результат получаем сразу в квадратных метрах.

Теперь вы располагаете уже всеми данными для расчета количества протекающей воды. Очевидно, через живое сечение реки протекает каждую секунду объем воды, равный объему призмы, основанием которой служит это сечение, а высотой — средняя секундная скорость течения. Если, например, средняя скорость течения воды в речке 0,4 *м* в секунду, а площадь живого сечения, скажем, равна 3,5 *кв. м*, то ежесекундно через это сечение переносится

$$3{,}5 \times 0{,}4 = 1{,}4 \text{ куб. м воды,}$$

или столько же тонн.[1] Это составляет в час

Рис. 43. Гидроэлектростанция мощностью 80 киловатт Бурмакинской сельскохозяйственной артели; дает энергию семи колхозам.

---

[1] 1 *куб. м* пресной воды весит 1 *т* (1000 *кг*).

$$1{,}4 \times 3600 = 5040 \; куб. \; м,$$

а в сутки

$$5040 \times 24 = 120\,960 \; куб. \; м,$$

свыше ста тысяч *куб. м*. А ведь река с живым сечением 3,5 *кв. м* — маленькая речка: она может иметь, скажем, 3,5 *м* ширины и 1 *м* глубины, вброд перейти можно, но и она таит в себе энергию, способную превратиться во всемогущее электричество. Сколько же воды протекает в сутки в такой реке, как Нева, через живое сечение которой ежесекундно проносится 3300 *куб. м* воды! Это — «средний расход» воды в Неве у Ленинграда. «Средний расход» воды в Днепре у Киева — 700 *куб. м*.

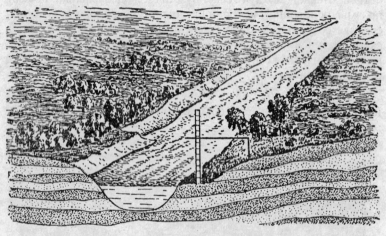

Рис. 44. Измерение профиля берегов.

Молодым изыскателям и будущим строителям своей ГЭС необходимо еще определить, какой напор воды допускают берега, т. е. какую разность уровней воды может создать плотина (рис. 43). Для этого в 5—10 *м* от воды на берегах вбивают два кола, как обычно по линии, перпендикулярной к течению реки. Двигаясь затем по этой линии, ставят маленькие колышки в местах характерных изломов берега (рис. 44). С помощью реек с делениями замеряют возвышение одного колышка над другим и расстояния между ними. По результатам измерений вычерчивают профиль берегов аналогично построению профиля русла реки.

По профилю берегов можно судить о величине допустимого напора.

Предположим, что уровень воды может быть поднят плотиной на 2,5 м. В таком случае вы можете прикинуть возможную мощность вашей будущей ГЭС.

Для этого энергетики рекомендуют 1,4 (секундный «расход» реки) умножить на 2,5 (высота уровня воды) и на 6 (коэффициент, который меняется в зависимости от потерь энергии в машинах). Результат получим в киловаттах. Таким образом,

$$1{,}4 \times 2{,}5 \times 6 = 21 \text{ киловатт.}$$

Так как уровни в реке, а следовательно, и расходы меняются в течение года, то для расчета надо узнать ту величину расхода, которая характерна для реки большую часть года.

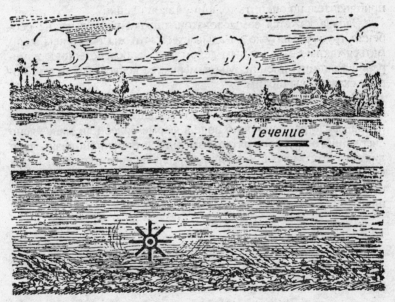

Рис. 45. В какую сторону будет вращаться колесо?

Водяное колесо

ЗАДАЧА

Колесо с лопастями устанавливается около дна реки так, что оно может легко вращаться. В какую сторону оно будет вращаться, если течение направлено справа налево (рис. 45)?

РЕШЕНИЕ

Колесо будет вращаться против движения часовой стрелки. Скорость течения глубже лежащих слоев воды меньше, чем скорость течения слоев, выше лежащих, следовательно, давление на верхние лопасти будет больше, чем на нижние.

Радужная пленка

На реке, в которую спускается вода от завода, можно заметить нередко близ стока красивые цветные переливы. Масло (например, машинное), стекающее на реку вместе с водою завода, остается на поверхности как более легкое и растекается чрезвычайно тонким слоем. Можно ли измерить или хотя бы приблизительно оценить толщину такой пленки?

Задача кажется замысловатой, однако решить ее не особенно трудно. Вы уже догадываетесь, что мы не станем заниматься таким безнадежным делом, как непосредственное измерение толщины пленки. Мы измерим ее косвенным путем, короче сказать, вычислим.

Возьмите определенное количество машинного масла, например 20 *г*, и вылейте на воду, подальше от берега (с лодки). Когда масло растечется по воде в форме более или менее ясно очерченного круглого пятна, измерьте хотя бы приблизительно диаметр этого круга. Зная диаметр, вычислите площадь. А так как вам известен и объем взятого масла (его легко вычислить по весу), то уже сама собою определится отсюда искомая толщина пленки. Рассмотрим пример.

ЗАДАЧА

Один грамм керосина, растекаясь по воде, покрывает круг поперечником в 30 *см*.[1] Какова толщина керосиновой пленки на воде? Кубический сантиметр керосина весит 0,8 *г*.

РЕШЕНИЕ

Найдем объем пленки, который, конечно, равен объему взятого керосина. Если один кубический сантиметр керосина весит 0,8 г, то на 1 г идет $\frac{1}{0,8}$ = 1,25 *куб. см*, или 1250 *куб. мм*.

---

[1] Обычный расход нефти при покрытии ею водоемов в целях уничтожения личинок малярийного комара — 400 *кг* на 1 *га*.

Площадь круга с диаметром 30 *см*, или 300 *мм*, равна 70000 *кв. мм*. Искомая толщина пленки равна объему, деленному на площадь основания:

$$\frac{1250}{70\,000} = 0{,}018 \text{ мм,}$$

т. е. менее 50-й доли миллиметра. Прямое измерение подобной толщины обычными средствами, конечно, невозможно.

Масляные и мыльные пленки растекаются еще более тонкими слоями, достигающими 0,0001 *мм* и менее. «Однажды, — рассказывает английский физик Бойз в книге «Мыльные пузыри», — я проделал такой опыт на пруде. На поверхность воды была вылита ложка оливкового масла. Сейчас же образовалось большое пятно, метров 20—30 в поперечнике. Так как пятно было в тысячу раз больше в длину и в тысячу раз больше в ширину, чем ложка, то толщина слоя масла на поверхности воды должна была приблизительно составлять миллионную часть толщины слоя масла в ложке, или около 0,000002 миллиметра».

Рис. 46. Круги на воде.

Круги на воде

ЗАДАЧА

Вы не раз, конечно, с любопытством рассматривали те круги, которые порождает брошенный в спокойную воду камень (рис. 46). И вас, без сомнения, никогда не затрудняло объяснение этого поучительного явления природы: волнение распространяется от начальной точки во все стороны с одинаковой скоростью; поэтому в каждый момент все волнующиеся точки должны быть расположены на одинаковом расстоянии от места возникновения волнения, т. е. на окружности.

Но как обстоит дело в воде текучей? Должны ли волны от камня, брошенного в воду быстрой реки, тоже иметь форму круга, или же форма их будет вытянутая?

На первый взгляд может показаться, что в текучей воде круговые волны должны вытянуться в ту сторону, куда увлекает их течение: волнение передается по течению быстрее, чем против течения и в боковых направлениях. Поэтому волнующиеся части водной поверхности должны, казалось бы, расположиться по некоторой вытянутой замкнутой кривой, во всяком случае, не по окружности.

В действительности, однако, это не так. Бросая камни в самую быструю речку, вы можете убедиться, что волны получаются строго круговые — совершенно такие же, как и в стоячей воде. Почему?

РЕШЕНИЕ

Будем рассуждать так. Если бы вода не текла, волны были бы круговые. Какое же изменение вносит течение? Оно увлекает каждую точку этой круговой волны в направлении,

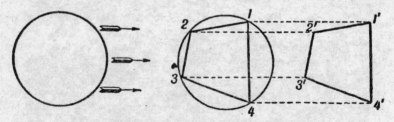

Рис. 47. Течение воды не изменяет формы волн.

указанном стрелками (рис. 47, слева), причем все точки переносятся по параллельным прямым с одинаковой скоростью, т. е. на одинаковые расстояния. А «параллельное перенесение» не изменяет формы фигуры. Действительно, в результате такого перенесения точка *1* (рис. 47, справа) окажется в точке *1'*, точка *2* — в точке *2'* и т. д.; четырехугольник *1234* заменится четырехугольником *1'2'3'4'*, который равен ему, как легко усмотреть из образовавшихся параллелограммов *122'1'*, *233'2'*, *344'3'* и т. д. Взяв на окружности не четыре, а больше точек, мы также получили бы равные многоугольники; наконец, взяв бесконечно много точек, т. е. окружность, мы получили бы после параллельного пересечения равную окружность.

Вот почему переносное движение воды не изменяет формы волн — они и в текучей воде остаются кругами. Разница лишь в том, что на поверхности озера круги не перемещаются (если не считать того, что они расходятся от своего неподвижного центра); на поверхности же реки круги движутся вместе со своим центром со скоростью течения воды.

Фантастическая шрапнель

ЗАДАЧА

Займемся задачей, которая как будто не имеет сюда отношения, на самом же деле, как увидим, тесно примыкает к рассматриваемой теме.

Вообразите шрапнельный снаряд, летящий высоко в воздухе. Вот он начал опускаться и вдруг разорвался; осколки разлетаются в разные стороны. Пусть все они брошены взрывом с одинаковой силой и несутся, не встречая помехи со стороны воздуха. Спрашивается: как расположатся осколки спустя секунду после взрыва, если за это время они еще не успеют достичь земли?

РЕШЕНИЕ

Задача похожа на задачу о кругах на воде. И здесь кажется, будто осколки должны расположиться некоторой фигурой, вытянутой вниз, в направлении падения; ведь осколки, брошенные вверх, летят медленнее, чем брошенные вниз. Нетрудно, однако, доказать, что осколки нашей воображаемой шрапнели должны расположиться на поверхности шара. Представьте на мгновение, что тяжести нет; тогда, разумеется, все осколки в течение секунды отлетят от места взрыва на строго одинаковое расстояние, т. е. расположатся на шаровой поверхности. Введем теперь в действие силу тяжести. Под ее влиянием осколки должны опускаться; но так как все тела, мы знаем, падают с одинаковой скоростью,[1]

---

[1] Различия обусловливаются сопротивлением воздуха, которое мы в нашей задаче исключили.

то и осколки должны в течение секунды опуститься на одинаковое расстояние, притом по параллельным прямым. Но такое параллельное перемещение не меняет формы фигуры, — шар остается шаром.

Итак, осколки фантастической шрапнели должны образовать шар, который, словно раздуваясь, опускается вниз со скоростью свободно падающего тела.

Килевая волна

Вернемся к реке. Стоя на мосту, обратите внимание на след, оставляемый быстро идущим судном. Вы увидите, как от носовой части расходятся под углом два водяных гребня (рис. 48).

Рис. 48. Килевая волна.

Откуда они берутся? И почему угол между ними тем острее, чем быстрее идет судно?

Чтобы уяснить себе причину возникновения этих гребней, обратимся еще раз к расходящимся кругам, возникающим на поверхности воды от брошенных в нее камешков.

Бросая в воду камешек за камешком через определенные промежутки времени, на поверхности воды можно увидеть круги разных размеров; чем позже брошен камешек, тем меньше вызванный им круг. Если при этом бросать камешки вдоль прямой линии, то образующиеся круги в своей совокупности порождают подобие волны у носа корабля. Чем камешки мельче и чем чаще их бросают, тем сходство заметнее. Погрузив в воду палку и ведя ею по поверхности воды, вы как бы заменяете прерывистое падение камешков непрерывным, и тогда вы видите как раз такую волну, какая возникает у носа корабля.

К этой наглядной картине остается прибавить немного, чтобы довести ее до полной отчетливости. Врезаясь в воду, нос корабля каждое мгновение порождает такую же круговую волну, как и брошенный камень. Круг расширяется во все стороны, но тем временем судно успевает продвинуться вперед и породить вторую круговую волну, за которой тотчас же следует третья, и т. д. Прерывистое образование кругов, вызванное камешками, заменяется непрерывным их возникновением, отчего и получается картина, представленная на рис. 49. Встречаясь между собою, гребни соседних волн разбивают друг друга: остаются нетронутыми только те два небольших участка полной окружности, которые находятся на их наружных частях. Эти наружные участки, сливаясь, образуют два сплошных гребня, имеющих положение внешних касательных ко всем круговым волнам (рис. 49, справа).

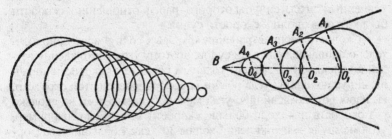

Рис. 49. Как образуется килевая волна.

Таково происхождение тех водяных гребней, которые видны позади судна, позади всякого вообще тела, движущегося с достаточной быстротой по поверхности воды.

Отсюда прямо следует, что явление это возможно только тогда, когда тело движется *быстрее*, чем бегут водяные волны. Если вы проведете палкой по воде медленно, то не увидите гребней: круговые волны расположатся одна внутри другой и общей касательной провести к ним будет нельзя.

Расходящиеся гребни можно наблюдать и в том случае, когда тело стоит на месте, а вода протекает мимо него. Если течение реки достаточно быстро, то подобные гребни образуются в воде, обтекающей мостовые устои. Форма волн получается здесь даже более отчетливая, чем, например, от парохода, так как правильность их не нарушается работою винта.

Выяснив геометрическую сторону дела, попробуем разрешить такую задачу.

ЗАДАЧА

От чего зависит величина угла между обеими ветвями килевой волны парохода?

РЕШЕНИЕ

Проведем из центра круговых волн (рис. 49, справа) радиусы к соответствующим участкам прямолинейного гребня, т. е. к точкам общей касательной. Легко сообразить, что O_1B есть путь, пройденный за некоторое время носовой частью корабля, а O_1A_1 — расстояние, на которое за то же время распространится волнение. Отношение $\dfrac{O_1A_1}{O_1B}$ есть синус угла O_1BA_1, в то же время это есть отношение скоростей волнения и корабля. Значит, угол B между гребнями килевой волны — не что иное, как удвоенный угол, синус которого равен отношению скорости бега круговых волн к скорости судна.

Скорость распространения круговых волн в воде приблизительно одинакова для всех судов; поэтому угол расхождения ветвей килевой волны зависит главным образом от скорости корабля: синус половины угла обычно пропорционален этой скорости. И, наоборот, по величине угла можно судить о том, во сколько раз скорость парохода больше скорости волн. Если, например, угол между ветвями килевой волны 30°, как у большинства морских грузопассажирских судов, то синус его половины (sin 15°) равен 0,26; это значит, что скорость парохода больше скорости бега круговых волн в $\dfrac{1}{0{,}26}$, т. е. примерно в четыре раза.

Скорость пушечных снарядов

ЗАДАЧА

Волны, наподобие сейчас рассмотренных, порождаются в воздухе летящею пулей или артиллерийским снарядом.

Существуют способы фотографировать снаряд налету; на рис. 50 воспроизводятся два таких изображения снарядов, движущихся неодинаково быстро. На обоих рисунках отчетливо видна интересующая нас «головная волна» (как ее в этом случае называют). Происхождение ее такое же, как и килевой волны парохода. И здесь применимы те же геометрические отношения, а именно: синус половины угла расхождения головных волн равен отношению скорости распространения волнения в воздухе к скорости полета самого снаряда. Но волнение в воздушной среде передается со скоростью, близкой к скорости звука, т. е. 330 *м* в секунду. Легко поэтому, располагая снимком летящего снаряда, определить приблизительно его скорость. Как сделать это для приложенных здесь двух изображений?

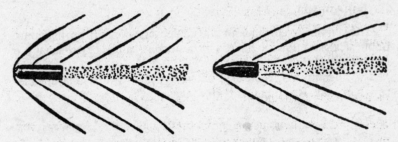

Рис. 50. Головная волна в воздухе, образуемая летящим снарядом.

РЕШЕНИЕ

Измерим угол расхождения ветвей головной волны на рис. 50. В первом случае он заключает около 80°, во втором — примерно 55°. Половина их — 40° и 27 $\frac{1}{2}$°. Sin 40° = 0,64, sin 27$\frac{1}{2}$° = 0,46. Следовательно, скорость распространения воздушной волны, т. е. 330 *м,* составляет в первом случае 0,64 скорости полета снаряда, во втором — 0,46. Отсюда скорость первого снаряда равна $\frac{330}{0,64} = 520$ *м,* второго $\frac{330}{0,46} = 720$ *м* в секунду.

Вы видите, что довольно простые геометрические соображения при некоторой поддержке со стороны физики помогли нам разрешить задачу, на первый взгляд очень замысловатую: по фотографии летящего снаряда определить его скорость в момент фотографирования. (Расчет этот, однако, лишь приблизительно верен, так как здесь не принимаются в соображение некоторые второстепенные обстоятельства.)

ЗАДАЧА

Для желающих самостоятельно выполнить подобное вычисление скорости ядер здесь даются три воспроизведения снимков снарядов, летящих с различной скоростью (рис. 51).

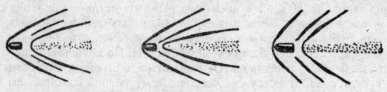

Рис. 51. Как определить скорость летящих снарядов?

Глубина пруда

Круги на воде отвлекли нас на время в область артиллерии. Вернемся же снова к реке и рассмотрим индусскую задачу о лотосе.

У древних индусов был обычай задачи и правила предлагать в стихах. Вот одна из таких задач:

ЗАДАЧА

> Над озером тихим,
> С *полфута* размером, высился лотоса цвет.
> Он рос одиноко. И ветер порывом
> Отнес его в сторону. Нет
> Воле цветка над водой,
> Нашел же рыбак его ранней весной
> В *двух* футах от места, где рос.
> Итак, предложу я вопрос:
> Как озера вода
> Здесь глубока?
>   (перевод В. И. *Лебедева*.)

РЕШЕНИЕ

Обозначим (рис. 52) искомую глубину CD пруда через x. Тогда, по теореме Пифагора, имеем:

$$BD^2 - x^2 = BC^2,$$

т. е.

$$x^2 = \left(x + \frac{1}{2}\right)^2 - 2^2,$$

откуда

$$x^2 = x^2 + x + \frac{1}{4} - 4, \quad x = 3\frac{3}{4}.$$

Искомая глубина — $3\frac{3}{4}$ фута.

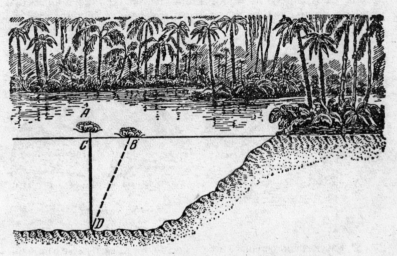

Рис. 52. Индусская задача о цветке лотоса.

Близ берега реки или неглубокого пруда вы можете отыскать водяное растение, которое доставит вам реальный материал для подобной задачи: без всяких приспособлений, не замочив даже рук, определить глубину водоема в этом месте.

Звездное небо в реке

Река и в ночное время предлагает геометру задачи. Помните у Гоголя в описании Днепра: «Звезды горят и светят над миром и все разом отдаются в Днепре. Всех их держит Днепр в темном лоне своем: ни одна не убежит от него, разве погаснет в небе». В самом деле, когда стоишь на берегу широкой реки, кажется, что в водном зеркале отражается целиком весь звездный купол. Но так ли в действительности? Все ли звезды «отдаются» в реке?

Сделаем чертеж (рис. 53): *A* — глаз наблюдателя, стоящего на берегу реки, у края обрыва, *MN* — поверхность воды. Какие звезды может видеть в воде наблюдатель из точки A? Чтобы ответить на этот вопрос, опустим из точки A перпендикуляр AD на прямую MN и продолжим его на равное расстояние, до точки A'. Если бы глаз наблюдателя находился в A', он мог бы видеть только ту часть звездного неба, которая помещается внутри угла $BA'C$. Таково же и поле зрения действительного наблюдателя, смотрящего из точки A. Звезды, находящиеся вне этого угла, не видны наблюдателю; их отраженные лучи проходят мимо его глаз.

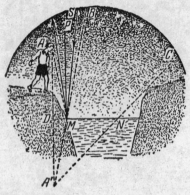

Рис. 53. Какую часть звездного неба можно увидеть в водном зеркале реки.

Рис. 54. В узенькой речке с низкими берегами можно увидеть больше звезд.

Как убедиться в этом? Как доказать, что, например, звезда S, лежащая вне угла $BA'C$, не видна нашему наблюдателю в водном зеркале реки? Проследим за ее лучом, падающим близко к берегу, в точку M; он отразится по законам физики под таким углом к перпендикуляру MP, который равен углу падения SMP и, следовательно, меньше угла PMA (это легко доказать, опираясь на равенство треугольников ADM и $A'DM$); значит, отраженный луч должен пройти мимо A. Тем более пройдут мимо глаз наблюдателя лучи звезды S, отразившиеся в точках, расположенных дальше точки M.

Значит, гоголевское описание содержит преувеличение: в Днепре отражаются далеко не все звезды, а, во всяком случае, меньше половины звездного неба.

Всего любопытнее, что обширность отраженной части неба вовсе не доказывает, что перед вами широкая река. В узенькой речке с низкими берегами вы можете видеть почти половину неба (т. е. больше, чем в широкой реке), если наклонитесь близко к воде. Легко удостовериться в этом, сделав для такого случая построение поля зрения (рис. 54).

Путь через реку

ЗАДАЧА

Между точками A и B течет река (или канал) с приблизительно параллельными берегами (рис. 55). Нужно построить через реку мост под прямым углом к его берегам. Где следует выбрать место для моста, чтобы путь от A до B был кратчайшим?

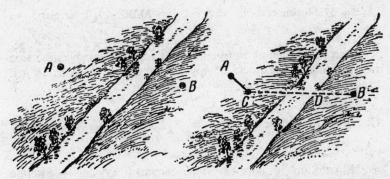

Рис. 55. Где построить мост под прямым углом к берегам реки, чтобы дорога от А к В была кратчайшей?

Рис. 56. Место для постройки моста выбрано.

РЕШЕНИЕ

Проведя через точку A (рис. 56) прямую, перпендикулярную к направлению реки, и отложив от A отрезок AC, равный ширине реки, соединяем C с B. В точке D и надо построить мост, чтобы путь из A в B был кратчайшим.

Действительно, построив мост DE (рис. 57) и соединив E с A, получим путь $AEDB$, в котором часть AE параллельна CD ($AEDC$ — параллелограмм, так как его противоположные стороны AC и ED равны и параллельны). Поэтому путь $AEDB$ по длине равен пути ACB. Легко показать, что всякий иной путь длиннее этого. Пусть мы заподозрили, что некоторый путь $AMNB$ (рис. 58) короче $AEDB$, т. е. короче ACB. Соединив C с N, видим, что CN равно AM. Значит, путь $AMNB = ACNB$. Но

CNB, очевидно, больше *CB*; значит, *ACNB* больше *ACB*, а следовательно, больше и *AEDB*. Таким образом, путь *AMNB* оказывается не короче, а длиннее пути *AEDB*.

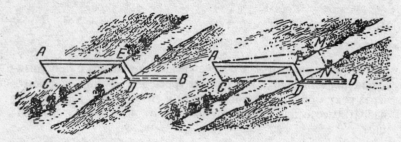

Рис. 57. Мост построен.   Рис. 58. Путь AEDB — действительно кратчайший.

Это рассуждение применимо ко всякому положению моста, не совпадающему с *ED*; другими словами, путь *AEDB* действительно кратчайший.

Построить два моста.

ЗАДАЧА

Может представиться более сложный случай — именно, когда надо найти кратчайший путь от А до В через реку, которую необходимо пересечь дважды под прямым углом к берегам (рис. 59). В каких местах надо тогда построить мосты?

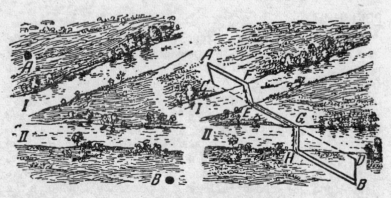

Рис. 59. Построены два моста.

254

РЕШЕНИЕ

Нужно из точки A (рис. 59, справа) провести отрезок AC, равный ширине реки в части I и перпендикулярный к ее берегам. Из точки B провести отрезок BO, равный ширине реки в части II и также перпендикулярный к берегам. Точки C и D соединить прямой. В точке E строят мост EF, а в точке G — мост GH. Путь $AFEGHB$ есть искомый кратчайший путь от A до B.

Как доказать это, читатель, конечно, сообразит сам, если будет в этом случае рассуждать так же, как рассуждали мы в предыдущей задаче.

ГЛАВА ТРЕТЬЯ
ГЕОМЕТРИЯ В ОТКРЫТОМ ПОЛЕ

Видимые размеры Луны

Какой величины кажется вам полный месяц на небе? От разных людей приходится получать весьма различные ответы на этот вопрос.

Луна величиною «с тарелку», «с яблоко», «с человеческое лицо» и т. п. — оценки крайне смутные, неопределенные, свидетельствующие лишь о том, что отвечающие не отдают себе отчета в существе вопроса.

Правильный ответ на столь, казалось бы, обыденный вопрос может дать лишь тот, кто ясно понимает, что, собственно, надо разуметь под «кажущейся», или «видимой», величиной предмета. Мало кто подозревает, что речь идет здесь о величине некоторого угла, — именно того угла, который составляется двумя прямыми линиями, проведенными к нашему глазу от крайних точек рассматриваемого предмета; угол этот называется «углом зрения», или «угловой величиной предмета» (рис. 60). И когда кажущуюся величину Луны на небе оценивают, сравнивая ее с размерами тарелки, яблока и т. п., то такие ответы либо вовсе лишены смысла, либо же должны означать, что Луна видна на небе под тем же углом зрения, как тарелка или яблоко. Но такое указание само по себе еще недостаточно: тарелку или яблоко мы видим ведь под различными углами в зависимости от их отдаления: вблизи — под большими углами, вдали — под меньшими. Чтобы внести определенность, необходимо указать, с какого расстояния тарелка или яблоко рассматриваются.

Сравнивать размеры отдаленных предметов с величиной других, расстояние которых не указывается, — весьма обычный литературный прием, которым пользовались и первоклассные писатели. Он производит известное впечатление благодаря своей близости к привычной психологии большинства

Рис. 60. Что такое угол зрения.

людей, но ясного образа не порождает. Вот пример из «Короля Лира» Шекспира; описывается (Эдгаром) вид с высокого обрыва морского берега:

                                    Как страшно!
Как кружится голова! Как низко ронять свои взоры...
Галки и вороны, которые вьются там в воздухе на средине
                                                               расстояния,
Кажутся едва ли так велики, как мухи. На полпути вниз
Висит человек, собирающий морские травы... Ужасное ремесло!
Он мне кажется не больше своей головы.
Рыбаки, которые ходят по побережью, —
Точно мыши; а тот высокий корабль на якоре
Уменьшился до размера своей лодки; его лодка — плавающая
                                                                              точка,
Как бы слишком малая для зрения...

                                                                      (*Перевод И. С. Тургенева.*)

Сравнения эти давали бы четкое представление о расстоянии, если бы сопровождались указаниями на степень удаления предметов сравнения (мух, головы человека, мыши, лодки...). Точно так же и при сравнении величины луны с тарелкой или яблоками нужны указания, как далеко от глаза должны отстоять эти обиходные предметы.

Расстояние это оказывается гораздо бо́льшим, чем обычно думают. Держа яблоко в вытянутой руке, вы заслоняете им не только Луну, но и обширную часть неба. Подвесьте яблоко на нитке и отходите от него постепенно все дальше, пока оно не покроет как раз полный лунный диск: в этом положении яблоко и Луна будут иметь для вас одинаковую видимую величину. Измерив расстояние от вашего глаза до яблока, вы убедитесь, что оно равно примерно 10 *м*. Вот как далеко надо отодвинуть от себя яблоко, чтобы оно действительно казалось одинаковой величины с Луной на небе! А тарелку пришлось бы удалить метров на 30, т. е. на полсотни шагов.

Сказанное кажется невероятным каждому, кто слышит об этом впервые, между тем это неоспоримо и вытекает из того, что Луна усматривается нами под углом зрения всего лишь в полградуса. Оценивать углы нам в обиходной жизни почти никогда не приходится, и потому, большинство людей имеет очень смутное представление о величине угла с небольшим числом градусов, например угла в 1°, в 2° или в 5° (не говорю о землемерах, чертежниках и других специалистах, привыкших на практике измерять углы). Только большие углы оцениваем мы более или менее правдоподобно, особенно если догадываемся сравнить их со знакомыми нам углами между стрелками часов; всем, конечно, знакомы углы в 90°, в 60°, в 30°, в 120°, в 150°, которые мы настолько привыкли видеть на циферблате (в 3 ч., в 2 ч., в 1 ч., в 4 ч., в 5 ч.), что даже, не различая цифр, угадываем время по величине угла между стрелками. Но мелкие и отдельные предметы мы видим обычно под гораздо меньшим углом и потому совершенно не умеем даже приблизительно оценивать углы зрения.

Угол зрения

Желая привести наглядный пример угла в один градус, рассчитаем, как далеко должен отойти от нас человек среднего роста (1,7 *м*), чтобы казаться под таким углом. Переводя задачу на язык геометрии, скажем, что нам нужно вычислить радиус круга, дуга которого в 1° имеет длину 1,7 *м* (строго говоря, не дуга, а хорда, но для малых углов разница между длинами дуги и хорды ничтожна). Рассуждаем так: если дуга в 1° равна 1,7 *м,* то полная окружность, содержащая 360°, будет иметь длину 1,7 × 360 = 610 *м,* радиус же в 2π раз меньше длины окружности; если принять число π приближенно равным $\frac{22}{7}$, то радиус будет равен

$$610 : \frac{44}{7} \approx 98 \text{ м.}$$

Рис. 61. Человеческая фигура с расстояния сотни метров видна под углом в 1°.

Итак, человек кажется под углом в 1°, если находится от нас примерно на расстоянии 100 *м* (рис. 61). Если он отойдет вдвое дальше — на 200 *м,* — он будет виден под углом в полградуса; если подойдет до расстояния в 50 *м,* то угол зрения возрастет до 2° и т. д.

Нетрудно вычислить также, что палка в 1 *м* длины должна представляться нам под углом в 1° на расстоянии $360 : \frac{44}{7} \approx 57$ с небольшим метров. Под таким же углом усматриваем мы 1 *см* с расстояния 57 *см,* 1 *км* с расстояния в 57 *км* и т. д. — вообще, всякий предмет с расстояния в 57 раз большего, чем его поперечник. Если запомним это число — 57, то сможем быстро и просто производить все расчеты, относящиеся к угловой величине предмета. Например, если желаем определить, как далеко надо отодвинуть яблоко в 9 *см* поперечником, чтобы видеть его под углом 1°, то достаточно умножить 9 × 57 — получим 510 *см*, или около 5 *м*; с двойного расстояния оно усматривается под вдвое меньшим углом — в полградуса, т. е. кажется величиною с Луну.

Таким же образом для любого предмета можем мы вычислить то расстояние, на котором он кажется одинаковых размеров с лунным диском.

Тарелка и Луна

ЗАДАЧА

На какое расстояние надо удалить тарелку диаметром в 25 *см*, чтобы она казалась такой же величины, как Луна на небе?

РЕШЕНИЕ

$$25 \text{ см} \times 57 \times 2 = 28 \text{ м}.$$

Луна и медные монеты

ЗАДАЧА

Сделайте тот же расчет для пятикопеечной (диаметр 25 *мм*) и для трехкопеечной монеты (22 *мм*).

РЕШЕНИЕ

$$0{,}025 \times 57 \times 2 = 2{,}9 \text{ м},$$
$$0{,}022 \times 57 \times 2 = 2{,}5 \text{ м}.$$

Если вам кажется невероятным, что Луна представляется глазу не крупнее чем двухкопеечная монета с расстояния четырех шагов или обыкновенный карандаш с расстояния 80 *см*, — держите карандаш в вытянутой руке против диска полной Луны: он с избытком закроет ее. И, как ни странно, наиболее подходящим предметом сравнения для Луны в смысле кажущихся размеров являются не тарелка, не яблоко, даже не вишня, а горошина или, еще лучше, головка спички! Сравнение с тарелкой или яблоком предполагает удаление их на необычно большое расстояние; яблоко в наших руках или тарелку на обеденном столе мы видим в десять-двадцать раз крупнее, чем лунный диск. И только спичечную головку, которую разглядываем на расстоянии 25 *см* от глаза («расстояние ясного зрения»), мы видим действительно под углом в полградуса, т. е. величиною, одинаковой с Луною.

То, что лунный диск обманчиво вырастает в глазах большинства людей в 10—20 раз, есть один из любопытнейших обманов зрения. Он зависит, надо думать, всего больше от *яркости* Луны: полный месяц выделяется на фоне неба гораздо резче, чем выступают среди окружающей обстановки тарелки, яблоки, монеты и иные предметы сравнения.[1]

Эта иллюзия навязывается нам с такой неотразимой принудительностью, что даже художники, отличающиеся верным глазом, поддаются ей наряду с прочими людьми и изображают на своих картинах полный месяц гораздо крупнее, чем следовало бы. Достаточно сравнить ландшафт, написанный художником, с фотографическим, чтобы в этом убедиться.

Сказанное относится и к Солнцу, которое мы видим с Земли под тем же углом в полградуса; хотя истинный поперечник солнечного шара в 400 раз больше лунного, но и удаление его от нас также больше в 400 раз.

Сенсационные фотографии

Чтобы пояснить важное понятие угла зрения, отклонимся немного от нашей прямой темы — геометрии в открытом поле — и приведем несколько примеров из области фотографии.

На экране кинематографа вы, конечно, видели такие катастрофы, как столкновение поездов, или такие невероятные сцены, как автомобиль, едущий по морскому дну.

Вспомните фильм «Дети капитана Гранта». Какое сильное впечатление — не правда ли? — осталось у вас от сцен гибели корабля во время бури или от зрелища крокодилов, окруживших мальчика, попавшего в болото. Никто, конечно, не думает, что подобные фотографии сняты непосредственно с натуры. Но каким же способом они получены?

Секрет раскрывается приложенными здесь иллюстрациями. На рис. 62 вы видите «катастрофу» игрушечного поезда в игрушечной обстановке; на рис. 63 — игрушечный автомобиль,

---

[1] По той же причине раскаленная нить электрической лампочки кажется нам гораздо толще, чем в холодном, несветящемся состоянии.

который тянут на нитке позади аквариума. Это и есть та «натура», с которой снята была кинематографическая лента. Почему же, видя эти снимки на экране, мы поддаемся иллюзии, будто

Рис. 62. Подготовка железнодорожной катастрофы для киносъемки.

Рис. 63. Автомобильное путешествие по дну моря.

перед нами подлинные поезд и автомобиль. Ведь здесь, на иллюстрациях, мы сразу заметили бы их миниатюрные размеры, даже если бы и не могли сравнить их с величиной других предметов. Причина проста: игрушечные поезд и автомобиль сняты для экрана с очень близкого расстояния; поэтому они представляются зрителю примерно под тем же углом зрения, под каким мы видим обычно настоящие вагоны и автомобили. В этом и весь секрет иллюзии.

Рис. 64. Кадр из фильма «Руслан и Людмила».

Или вот еще кадр из фильма «Руслан и Людмила» (рис. 64). Огромная голова и маленький Руслан на коне. Голова помещена на макетном поле вблизи от съемочного аппарата. А Руслан на коне — на значительном расстоянии. В этом и весь секрет иллюзии.

Рис. 65 представляет собою другой образчик иллюзии, основанной на том же принципе. Вы видите странный ландшафт, напоминающий природу древнейших геологических эпох: причудливые деревья, сходные с гигантскими мхами, на них огромные водяные капли, а на переднем плане — исполинское чудовище, имеющее, однако, сходство с безобидными мокрицами. Несмотря на столь необычайный вид, рисунок исполнен с натуры: это не что иное, как небольшой участок почвы в лесу, только срисованный под необычным углом зрения. Мы никогда не видим стеблей мха, капель воды, мокриц и т. п. под столь большим углом зрения, и оттого рисунок кажется нам столь чуждым, незнакомым. Перед нами ландшафт, какой мы видели бы, если бы уменьшились до размеров муравья.

Рис. 65. Загадочный ландшафт, воспроизведенный с натуры.

Так же поступают обманщики из буржуазных газет для изготовления мнимых репортерских фотографий. В одной из иностранных газет помещена была однажды заметка с упреками по адресу городского самоуправления, допускающего, чтобы на улицах города скоплялись огромные горы снега. В подтверждение прилагается снимок одной из таких гор производящий внушительное впечатление (рис. 66, слева). На поверку оказалось, что натурой для фотографии послужил небольшой снежный бугорок, снятый «шутником»-фотографом с весьма близкого расстояния, т. е. под необычно большим углом зрения (рис. 66, справа).

В другой раз та же газета воспроизвела снимок широкой расселины в скале близ города; она служила, по словам газеты, входом в обширное подземелье, где пропала без вести группа неосторожных туристов, отважившихся проникнуть в грот для исследования. Отряд добровольцев, снаряженный на розыски заблудившихся, обнаружил, что расселина сфотографирована... с едва заметной трещины в обледенелой стене, трещины в сантиметр шириною!

Рис. 66. Гора снега на фотографии (налево) и в натуре (направо).

Живой угломер

Изготовить самому угломерный прибор простого устройства не очень трудно, особенно если воспользоваться транспортиром. Но и самодельный угломер не всегда бывает под рукою во время загородной прогулки. В таких случаях можно пользоваться услугами того «живого угломера», который всегда при нас. Это — наши собственные пальцы. Чтобы пользоваться ими для приблизительной оценки углов зрения, нужно лишь произвести предварительно несколько измерений и расчетов.

Прежде всего надо установить, под каким углом зрения видим мы ноготь указательного пальца своей вытянутой вперед руки. Обычная ширина ногтя — 1 *см*, а расстояние его от глаза в таком положении — около 60 *см;* поэтому мы видим его примерно под углом в 1° (немного менее, потому что угол в 1° получился бы при расстоянии в 57 *см*). У подростков ноготь меньше, но и рука короче, так что угол зрения для них примерно тот же — 1°. Читатель хорошо сделает, если, не полагаясь на книжные данные, выполнит для себя это измерение и расчет, чтобы убедиться, не слишком ли отступает результат от 1°; если уклонение велико, надо испытать другой палец.

Зная это, вы располагаете способом оценивать малые углы зрения буквально голыми руками. Каждый отдаленный предмет, который как раз покрывается ногтем указательного пальца вытянутой руки, виден вами под углом в 1° и, следовательно, отодвинут в 57 раз дальше своего поперечника. Если ноготь покрывает половину предмета, значит, угловая величина его 2°, а расстояние равно 28 поперечникам.

Полная Луна покрывает только половину ногтя, т. е. видна под углом в полградуса, и значит, отстоит от нас на 114 своих поперечников; вот ценное астрономическое измерение, выполненное буквально голыми руками!

Для углов побольше воспользуйтесь ногтевым суставом вашего большого пальца, держа его *согнутым* на вытянутой руке. У взрослого человека длина (заметьте: *длина*, а не ширина) этого сустава — около $3\frac{1}{2}$ *см*, а расстояние от глаза при вытянутой руке — около 55 *см*. Легко рассчитать, что угловая величина его в таком положении должна равняться 4°. Это дает средство оценивать углы зрения в 4° (а значит и в 8°).

Сюда надо присоединить еще два угла, которые могут быть измерены пальцами, — именно те, под которыми нам представляются на вытянутой руке промежутки 1) между средним и указательным пальцами, расставленными возможно шире; 2) между большим и указательным, также раздвинутыми в наибольшей степени. Нетрудно вычислить, что первый угол равен примерно 7—8°, второй 15—16°.

Случаев применить ваш живой угломер во время прогулок по открытой местности может представиться множество. Пусть вдалеке виден товарный вагон, который покрывается примерно половиною сустава большого пальца вашей вытянутой руки, т. е. виден под углом около 2°. Так как длина товарного вагона известна (около 6 *м*), то вы легко находите, какое расстояние вас от него отделяет: $6 \times 28 \approx 170$ *м* или около того. Измерение, конечно, грубо приближенное, но все же более надежное, чем необоснованная оценка просто на глаз.

Заодно укажем также способ проводить на местности прямые углы, пользуясь лишь своим собственным телом.

Если вам нужно провести через некоторую точку перпендикуляр к данному направлению, то, став на эту точку лицом в направлении данной линии, вы, *не поворачивая пока головы*, свободно протягиваете руку в ту сторону, куда желаете провести перпендикуляр. Сделав это, приподнимите большой палец своей вытянутой руки, поверните к нему голову и заметьте, какой предмет — камешек, кустик и т. п. — покрывается большим пальцем, если на него смотреть соответствующим глазом (т. е. правым, когда вытянута правая рука, и левым — когда левая).

Вам остается лишь отметить на земле прямую линию от места, где вы стояли, к замеченному предмету, — это и будет искомый перпендикуляр. Способ, как будто не обещающий хороших результатов, но после недолгих упражнений вы научитесь ценить услуги этого «живого эккера»[1] не ниже настоящего, крестообразного.

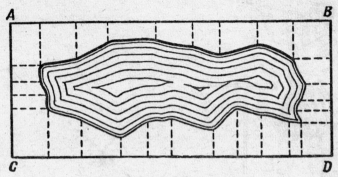

Рис. 67. Съемка озера на план.

Далее пользуясь «живым угломером», вы можете, при отсутствии всяких приспособлений, измерять угловую высоту светил над горизонтом, взаимное удаление звезд в градусной мере, видимые размеры огненного пути метеора и т. п. Наконец, умея без приборов проводить прямые углы на местности, вы можете снять план небольшого участка по способу, сущность которого ясна из рис. 67, например, при съемке озера измеряют прямоугольник *ABCD,* а также длины перпендикуляров, опущенных из приметных точек берега, и расстояния их оснований от вершин прямоугольника. Словом, в положении Робинзона уменье пользоваться собственными руками для измерения углов (и ногами для измерения расстояний) могло бы пригодиться для самых разнообразных надобностей.

Посох Якова

При желании располагать более точными измерителями углов, нежели сейчас описанный нами природный «живой угломер», вы можете изготовить себе простой и удобный прибор,

---

[1] Эккером называется землемерный прибор для проведения на местности линий под прямым углом.

некогда служивший нашим предкам. Это — названный по имени изобретателя «посох Якова» — прибор, бывший в широком употреблении у мореплавателей до XVIII века (рис. 68), до того как его постепенно вытеснили еще более удобные и точные угломеры (секстанты).

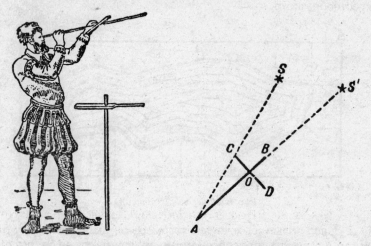

Рис. 68. Посох Якова и схема его употребления.

Он состоит из длинной линейки AB в 70—100 *см*, по которой может скользить перпендикулярный к ней брусок CD; обе части CO и OD скользящего бруска равны между собою. Если вы желаете при помощи этого бруска определить угловое расстояние между звездами S и S' (рис. 68), то приставляете к глазу конец A линейки (где для удобства наблюдения приделана просверленная пластинка) и направляете линейку так, чтобы звезда S' была видна у конца B линейки; затем двигаете поперечину CD вдоль линейки до тех пор, пока звезда S не будет видна как раз у конца C (рис. 68). Теперь остается лишь измерить расстояние AO, чтобы, зная длину CO, вычислить величину угла SAS'. Знакомые с тригонометрией сообразят, что тангенс искомого угла равен отношению $\dfrac{CO}{AO}$; наша «походная тригонометрия», изложенная в пятой главе, также достаточна для выполнения этого расчета; вы вычисляете по теореме Пифагора длину AC, затем находите угол, синус которого равен $\dfrac{CO}{AC}$.

Наконец, вы можете узнать искомый угол и графическим путем: построив треугольник *ACO* на бумаге в произвольном масштабе, измеряете угол *A* транспортиром, а если его нет, то и без транспортира — способом, описанным в нашей «походной тригонометрии» (см. главу пятую).

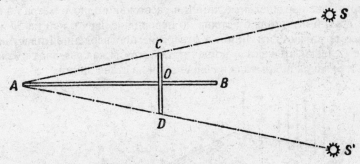

Рис. 69. Определение углового расстояния между звездами при помощи посоха Якова.

Для чего же нужна другая половина поперечины? На тот случай, когда измеряемый угол слишком велик, так что его не удается измерить сейчас указанным путем. Тогда на светило S' направляют не линейку *AB*, а прямую *AD*, подвигая поперечину так, чтобы ее конец *C* пришелся в то же время у светила *S* (рис. 69). Найти величину угла *SAS'* вычислением или построением, конечно, не составит труда.

Чтобы при каждом измерении не приходилось делать расчета или построения, можно выполнить их заранее, еще при изготовлении прибора, и обозначить результаты на линейке *AB*; тогда, направив прибор на звезды, вы прочитываете лишь показание, записанное у точки *O*, — это и есть величина измеряемого угла.

Грабельный угломер

Еще легче изготовить другой прибор для измерения угловой величины — так называемый «грабельный угломер», действительно напоминающий по виду грабли (рис. 70). Главная часть его — дощечка любой формы, у одного края которой укреплена просверленная пластинка; ее отверстие наблюдатель приставляет к глазу. У противоположного края дощечки втыкают ряд тонких булавок (употребляемых для коллекций насекомых), промежутки между которыми составляют 57-ю долю их расстояния от отверстия просверленной пластинки.[1] Мы уже знаем, что при этом каждый промежуток усматривается под углом в один градус. Можно разместить булавки также следующим приемом, дающим более точный результат; на стене чертят две параллельные линии в расстоянии одного метра одну от другой и, отойдя от стены по перпендикуляру к ней на 57 *м*, рассматривают эти линии в отверстие просверленной пластинки; булавки втыкают в дощечку так, чтобы каждая пара смежных булавок покрывала начерченный на стене линии.

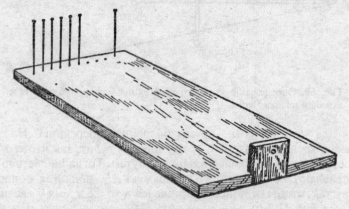

Рис. 70. Грабельный угломер.

Когда булавки поставлены, можно некоторые из них снять, чтобы получить углы в 2°, в 3°, в 5°. Способ употребления этого угломера, конечно, понятен читателю и без объяснений. Пользуясь этим угломером, можно измерять углы зрения с довольно большою точностью, не меньше чем $1/4°$.

Угол артиллериста

Артиллерист не стреляет «вслепую».

Зная высоту цели, он определяет ее угловую величину и вычисляет расстояние до цели; в другом случае определяет, на какой угол ему надо повернуть орудие для переноса огня с одной цели на другую.

---

[1] Вместо булавок можно употреблять рамку с натянутыми на ней нитями.

Подобного рода задачи он решает быстро и в уме. Каким образом?

Посмотрите на рис. 71. AB — это дуга окружности радиуса $OA = D$; ab — дуга окружности радиуса $Oa = r$.

Рис. 71. Схема угломера артиллериста.

Из подобия двух секторов AOB и aOb следует:

$$\frac{AB}{D} = \frac{ab}{r},$$

или

$$AB = \frac{ab}{r} D.$$

Отношение $\frac{ab}{r}$ характеризует величину угла зрения AOB; зная это отношение, легко вычислить AB по известному D или D по известному AB.

Артиллеристы облегчают себе расчет тем, что делят окружность не на 360 частей, как обычно, а на 6000 равных дуг, тогда длина каждого деления составляет примерно $\frac{1}{1000}$ радиуса окружности.

В самом деле, пусть, например, дуга *ab* угломерного круга O (черт. 71) представляет одну единицу деления; тогда длина всей окружности $2\pi r \approx 6r$, а длина дуги $ab = \dfrac{6r}{6000} = \dfrac{1}{1000}r$.

В артиллерии ее так и называют «тысячная». Значит,

$$AB = \frac{0{,}001r}{r}D = 0{,}001 \cdot D,$$

т. е. для того, чтобы узнать, какое расстояние AB на местности соответствует одному делению угломера (углу в одну «тысячную»), достаточно в дальности D отделить запятой справа три знака.

При передаче команды или результатов наблюдений по полевому телефону или радио число «тысячных» произносят так, как номер телефона, например:
угол в 105 «тысячных» произносят: «один нуль пять», а пишут:

1—05;

угол в 8 «тысячных» произносят: «нуль нуль восемь», а пишут:

0—08.

Теперь вы легко решите такую артиллерийскую

ЗАДАЧУ

Танк (по высоте) виден от противотанкового орудия под углом 0—05. Определить дальность до танка, считая высоту его равной 2 *м*.

РЕШЕНИЕ

5 делений угломера = 2 *м*,
1 деление угломера = $\dfrac{2 м}{5}$ = 0,4 *м*.

Так как одно деление угломера есть одна тысячная дальности, то вся дальность, следовательно, в тысячу раз больше, т. е.

D = 0,4 · 1000 = 400 *м*.

Если у командира или разведчика нет под рукой угломерных приборов, то он пользуется ладонью, пальцами или любыми подручными средствами так, как об этом рассказано в нашей книжке (см. «Живой угломер»). Только их «цену» надо знать артиллеристу не в градусах, а в «тысячных».

Вот примерная «цена» в «тысячных» некоторых предметов:

ладонь руки	1—20
средний, указательный или безымянный палец	0—30
карандаш круглый (толщина)	0—12
трехкопеечная или двадцатикопеечная монета (диаметр)	0—40
спичка по длине	0—75
спичка по толщине	0—03

Острота вашего зрения

Освоившись с понятием угловой величины предмета, вы сможете понять, как измеряется острота зрения, и даже сами выполнить такого рода измерение.

Начертите на листке бумаги 20 равных черных линий длиною в спичку (5 *см*) и в миллиметр толщины так, чтобы они заполняли квадрат (рис. 72). Прикрепив этот чертеж на хорошо освещенной стене, отходите от него до тех пор, пока не заметите, что линии уже не различаются раздельно, а сливаются в сплошной серый фон. Измерьте это расстояние и вычислите — вы уже знаете как — угол зрения, под которым вы перестаете различать полоски в 1 *мм* толщины. Если этот угол равен 1' (одной минуте), то острота вашего зрения нормальная; если трем минутам — острота составляет $1/3$ нормальной и т. д.

ЗАДАЧА

Линии рис. 72 сливаются для вашего глаза на расстоянии 2 *м*. Нормальна ли острота зрения?

РЕШЕНИЕ

Мы знаем, что с расстояния 57 *мм* полоска в 1 *мм* ширины видна под углом 1°, т. е. 60'. Следовательно, с расстояния 2000 *мм* она видна под углом x, который определяется из пропорции

$$x : 60 = 57 : 2000,$$
$$x = 1{,}7'.$$

Острота зрения ниже нормальной и составляет:

$$1 : 1{,}7 = \text{около } 0{,}6.$$

Рис. 72. К измерению остроты зрения.

Предельная минута

Сейчас мы сказали, что полоски, рассматриваемые под углом зрения менее одной минуты, перестают различаться раздельно нормальным глазом. Это справедливо для всякого предмета: каковы бы ни были очертания наблюдаемого объекта, они перестают различаться нормальным глазом, если видны под углом меньше 1′. Каждый предмет превращается при этом в едва различимую точку, «слишком малую для зрения» (Шекспир), в пылинку без размеров и формы. Таково свойство нормального человеческого глаза: одна угловая минута — средний предел его остроты. Чем это обусловлено — вопрос особый, касающийся физики и физиологии зрения. Мы говорим здесь лишь о геометрической стороне явления.

Сказанное в равной степени относится и к предметам крупным, но чересчур далеким, и к близким, но слишком мелким. Мы не различаем простым глазом формы пылинок, реющих в воздухе: озаряемые лучами солнца, они представляются нам одинаковыми крошечными точками, хотя в действительности имеют весьма разнообразную форму. Мы не различаем мелких подробностей тела насекомого опять-таки потому, что видим их под углом меньше 1′. По той же причине не видим мы без телескопа деталей на поверхности Луны, планет и других небесных светил.

Мир представлялся бы нам совершенно иным, если бы граница естественного зрения была отодвинута далее. Человек, предел остроты зрения которого был бы не 1′, а, например, $\frac{1'}{2}$, видел бы окружающий мир глубже и дальше, чем мы. Очень картинно описано это преимущество *зоркого* глаза у Чехова в повести «Степь».

«Зрение у него (Васи) было поразительно острое. Он видел так хорошо, что бурая пустынная степь была для него всегда полна жизни и содержания. Стоило ему только вглядеться в даль, чтобы увидеть лисицу, зайца, дрофу или другое какое-нибудь животное, держащее себя подальше от людей. Немудрено увидеть убегающего зайца или летящую дрофу, — это видел всякий, проезжавший степью, — но не всякому доступно видеть диких животных в их домашней жизни, когда они не бегут, не прячутся и не глядят встревоженно по сторонам. А Вася видел играющих лисиц, зайцев, умывающихся лапками, дроф, расправляющих крылья, стрепетов, выбивающих свои «точки».

Благодаря такой остроте зрения, кроме мира, который видели все, у Васи был еще другой мир, свой собственный, никому недоступный и, вероятно, очень хороший, потому что, когда он глядел и восхищался, трудно было не завидовать ему».

Странно подумать, что для такой поразительной перемены достаточно лишь понизить предел различимости с $1'$ до $\frac{1'}{2}$ или около того....

Волшебное действие микроскопов и телескопов обусловлено тою же самой причиной. Назначение этих приборов — так изменять ход лучей рассматриваемого предмета, чтобы они вступали в глаз более круто расходящимся пучком; благодаря этому, объект представляется под бо́льшим углом зрения. Когда говорят, что микроскоп или телескоп увеличивает в 100 раз, то это значит, что при помощи их мы видим предметы под углом, в 100 раз бо́льшим, чем невооруженным глазом. И тогда подробности, скрывающиеся от простого глаза за пределом остроты зрения, становятся доступны нашему зрению. Полный месяц мы видим под углом в $30'$; а так как поперечник Луны равен 3500 *км*, то каждый участок Луны, имеющий в поперечнике $\frac{3500}{30}$, т. е. около 120 *км*, сливается для невооруженного глаза в едва различимую точку. В трубу же, увеличивающую в 100 раз, неразличимыми будут уже гораздо более мелкие участки с поперечником в $\frac{120}{100} = 1{,}2$ *км*, а в телескоп с 1000-кратным увеличением — участок в 120 *м* шириною. Отсюда следует, между прочим, что будь на Луне такие, например, сооружения, как наши крупные заводы или океанские пароходы, мы могли бы их видеть в современные телескопы.[1]

Правило предельной минуты имеет большое значение и для обычных наших повседневных наблюдений. В силу этой особенности нашего зрения каждый предмет, удаленный на 3400 (т. е. 57×60) своих поперечников, перестает различаться нами в своих очертаниях и сливается в точку. Поэтому, если

---

[1] При условии полной прозрачности и однородности нашей атмосферы. В действительности воздух неоднороден и не вполне прозрачен; поэтому при больших увеличениях видимая картина туманится и искажается. Это ставит предел пользованию весьма сильными увеличениями и побуждает астрономов воздвигать обсерватории в ясном воздухе высоких горных вершин.

кто-нибудь станет уверять вас, что простым глазом узнал лицо человека с расстояния четверти километра, не верьте ему, — разве только он обладает феноменальным зрением. Ведь расстояние между глазами человека — всего 3 *см*; значит, оба глаза сливаются в точку уже на расстоянии 3 × 3400 *см*, т. е. 100 *м*. Артиллеристы пользуются этим для глазомерной оценки расстояния. По их правилам, если глаза человека кажутся издали двумя раздельными точками, то расстояние до него не превышает 100 шагов (т. е. 60—70 *м*). У нас получилось большее расстояние — 100 *м*: это показывает, что примета военных имеет в виду несколько пониженную (на 30 %) остроту зрения.

ЗАДАЧА

Может ли человек с нормальным зрением различить всадника на расстоянии 10 *км*, пользуясь биноклем, увеличивающим в три раза?

РЕШЕНИЕ

Высота всадника 2,2 *м*. Фигура его превращается в точку для простого глаза на расстоянии 2,2 × 3400 = 7 *км*; в бинокль же, увеличивающий втрое, — на расстоянии 21 *км*. Следовательно, в 10 *км* различить его в такой бинокль возможно (если воздух достаточно прозрачен).

Луна и звезды у горизонта

Самый невнимательный наблюдатель знает, что полный месяц, стоящий низко у горизонта, имеет заметно бо́льшую величину, чем когда он висит высоко в небе. Разница так велика, что трудно ее не заметить. То же верно и для Солнца; известно, как велик солнечный диск при заходе или восходе по сравнению с его размерами высоко в небе, например, когда он просвечивает сквозь облака (прямо смотреть на незатуманенное солнце вредно для глаз).

Для звезд эта особенность проявляется в том, что расстояния между ними увеличиваются, когда они приближаются к горизонту. Кто видел зимою красивое созвездие Ориона (или летом — Лебедя) высоко на небе и низко близ горизонта, тот не мог не поразиться огромной разницей размеров созвездия в обоих положениях.

Все это тем загадочнее, что, когда мы смотрим на светила при восходе или заходе, они не только не ближе, но, напротив, дальше (на величину земного радиуса), как легко понять из рис. 73: в зените мы рассматриваем светило из точки *A*, а у горизонта — из точек *B* или *C*. Почему же Луна, Солнце и созвездия увеличиваются у горизонта?

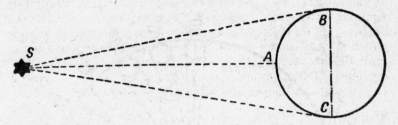

Рис. 73. Почему Солнце, находясь на горизонте, дальше от наблюдателя, чем находясь на середине неба.

«Потому что это неверно», — можно бы ответить. Это обман зрения. При помощи грабельного или иного угломера нетрудно убедиться, что лунный диск виден в обоих случаях под одним и тем же углом зрения [1] в полградуса. Пользуясь тем же прибором или «посохом Якова», можно удостовериться, что и угловые расстояния между звездами не меняются, где бы созвездие ни стояло: у зенита или у горизонта. Значит, увеличение — оптический обман, которому поддаются все люди без исключения.

Чем объясняется столь сильный и всеобщий обман зрения? Бесспорного ответа на этот вопрос, насколько нам известно, наука еще не дала, хотя и стремится разрешить его 2000 лет, со времени Птолемея. Иллюзия находится в связи с тем, что весь небесный свод представляется нам не полушаром в геометрическом смысле слова, а шаровым сегментом, высота которого в 2—3 раза меньше радиуса основания. Это потому, что при обычном положении головы и глаз расстояния в горизонтальном направлении и близком к нему оцениваются нами как более значительные по сравнению с вертикальными: в горизонтальном направлении мы рассматриваем предмет «прямым взглядом», а во всяком другом — глазами, поднятыми вверх или опущенными вниз. Если Луну наблюдать лежа на спине, то

---

[1] Измерения, произведенные более точными инструментами, показывают, что видимый диаметр Луны даже меньше, когда Луна находится вблизи от горизонта, вследствие того, что рефракция несколько сплющивает диск.

она, наоборот, покажется больше, когда будет в зените, чем тогда, когда она будет стоять низко над горизонтом.[1] Перед психологами и физиологами стоит задача объяснить, *почему* видимый размер предмета зависит от ориентации наших глаз.

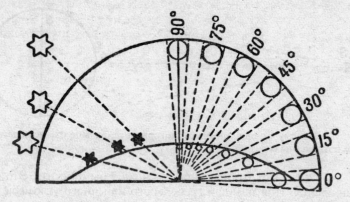

Рис. 74. Влияние приплюснутости небесного свода на кажущиеся размеры светил.

Что же касается влияния кажущейся приплюснутости небесного свода на величину светил в разных его частях, то оно становится вполне понятным из схемы, изображенной на рис. 74. На своде неба лунный диск всегда виден под углом в полградуса, будет ли Луна у горизонта (на высоте 0°), или у зенита (на высоте 90°). Но наш глаз относит этот диск не всегда на одно и то же расстояние: Луна в зените отодвигается нами на более близкое расстояние, нежели у горизонта, и потому величина его представляется неодинаковой — внутри одного и того же угла ближе к вершине помещается меньший кружок, чем подальше от нее. На левой стороне того же рисунка показано, как благодаря этой причине расстояния между звездами словно растягиваются с приближением их к горизонту: одинаковые угловые расстояния между ними кажутся тогда неодинаковыми.

---

[1] В предыдущих изданиях «Занимательной геометрии» Я. И. Перельман объяснял кажущееся увеличение Луны у горизонта тем, что у горизонта мы ее видим *рядом* с отдаленными предметами, а на пустом небесном своде ее видим одну. Однако та же иллюзия наблюдается и на ничем не заполненном горизонте моря, так что предлагавшееся прежде объяснение описываемого эффекта надо признать неудовлетворительным. (*Прим. Б. А. Кордемского.*)

Есть здесь и другая поучительная сторона. Любуясь огромным лунным диском близ горизонта, заметили ли вы на нем хоть одну новую черточку, которой не удалось вам различить на диске высоко стоящей Луны? Нет. Но ведь перед вами увеличенный диск, отчего же не видно новых подробностей? Оттого, что здесь нет того увеличения, какое дает, например, бинокль: здесь не *увеличивается угол зрения*, под которым представляется нам предмет. Только увеличение этого угла помогает нам различать новые подробности; всякое иное «увеличение» есть просто обман зрения, для нас совершенно бесполезный.[1]

Какой длины тень Луны и тень стратостата

Довольно неожиданное применение для угла зрения найдено мною в задачах на вычисление длины тени, отбрасываемой различными телами в пространстве. Луна, например, отбрасывает в мировом пространстве конус тени, который сопровождает ее всюду.

Как далеко эта тень простирается?

Чтобы выполнить это вычисление, нет необходимости, основываясь на подобии треугольников, составлять пропорцию, в которую входят диаметры Солнца и Луны, а также расстояние между Луной и Солнцем. Расчет можно сделать гораздо проще. Вообразите, что глаз ваш помещен в той точке, где кончается конус лунной тени, в вершине этого конуса, и вы смотрите оттуда на Луну. Что вы увидите? Черный круг Луны, закрывающий Солнце. Угол зрения, под которым виден нам диск Луны (или Солнца), известен: он равен половине градуса. Но мы уже знаем, что предмет, видимый под углом в полградуса, удален от наблюдателя на $2 \times 57 = 114$ своих поперечников. Значит, вершина конуса лунной тени отстоит от Луны на 114 лунных поперечников. Отсюда длина лунной тени равна

$$3500 \times 114 \approx 400000 \text{ км}.$$

Она длиннее расстояния от Земли до Луны; оттого и могут случаться полные солнечные затмения (для мест земной поверхности, которые погружаются в эту тень).

Нетрудно вычислить и длину тени Земли в пространстве: она во столько раз больше лунной, во сколько раз диаметр Земли превышает диаметр Луны, т. е. примерно в четыре раза.

---

[1] Подробнее см. в книге того же автора «Занимательная физика», кн. 2-я, гл. IX.

Тот же прием годен и для вычисления длины пространственных теней более мелких предметов. Найдем, например, как далеко простирался в воздухе конус тени, отбрасываемой стратостатом «СОАХ-1» в тот момент, когда оболочка его раздувалась в шар. Так как диаметр шара стратостата 36 м, то длина его тени (угол при вершине конуса тени тот же, полградуса)

$$36 \times 114 \approx 4100 \text{ м,}$$

или около 4 км.

Во всех рассмотренных случаях речь шла, конечно, о *длине* полной тени, а не полутени.

Высоко ли облако над землей?

Вспомните, как вас изумила длинная петлистая белая дорожка, когда вы ее впервые увидели высоко в ясном голубом небе. Теперь вы, конечно, знаете, что эта облачная лента — своеобразный «автограф» самолета, оставленный им воздушному пространству «на память» о своем местопребывании.

В охлажденном, влажном и богатом пылинками воздухе легко образуется туман.

Летящий самолет непрерывно выбрасывает мелкие частицы — продукты работы мотора, и эти частицы являются теми точками, около которых сгущаются водяные пары; возникает облачко.

Если определить высоту этого облачка, пока оно не растаяло, то можно судить примерно и о том, как высоко забрался наш отважный пилот на своем самолете.

ЗАДАЧА

Как определить высоту облака над землей, если оно еще даже не над нашей головой?

РЕШЕНИЕ

Для определения больших высот надо привлечь на помощь обыкновенный фотоаппарат — прибор довольно сложный но в наше время достаточно распространенный и любимый молодежью.

В данном случае нужны два фотоаппарата с одинаковыми фокусными расстояниями. (Фокусные расстояния бывают обычно записаны на ободке объектива аппарата.)

Оба фотоаппарата устанавливают на более или менее равных по высоте возвышениях.

В поле это могут быть треноги, в городе — вышки на крышах домов. Расстояние между возвышениями должно быть таким, чтобы один наблюдатель мог видеть другого непосредственно или в бинокль.

Рис. 75. Изображение двух фотоотпечатков óблака.

Это расстояние (базис) измеряют или определяют по карте или плану местности. Фотоаппараты устанавливают так, чтобы их оптические оси были параллельны. Можно их направить, например, в зенит.

Когда фотографируемый объект окажется в поле зрения объектива фотоаппарата, один наблюдатель подает сигнал другому, например, взмахом платка, и по этому сигналу оба наблюдателя одновременно производят снимки.

На фотоотпечатках, которые по размерам должны быть точно равны фотопластинкам, проводят прямые *YY* и *XX*, соединяющие середины противоположных краев снимков (рис. 75).

Затем отмечают на каждом снимке одну и ту же точку óблака и вычисляют ее расстояния (в *мм*) от прямых *YY* и *XX*. Эти расстояния обозначают соответственно буквами x_1, y_1 для одного снимка и x_2, y_2 — для другого.

Если отмеченные точки на снимках окажутся по разные стороны от прямой *YY* (как на рис. 75), то высоту облака *H* вычисляют по формуле

$$H = b \cdot \frac{F}{x_1 + x_2},$$

где b — длина базиса (в *м*), F — фокусное расстояние (в *мм*).

Если же отмеченные точки окажутся по одну сторону от прямой YY, то высоту облака определяют по формуле

$$H = b \cdot \frac{F}{x_1 - x_2}.$$

Что касается расстояний y_1 и y_2, то они для вычисления H не нужны, но, сравнивая их между собой, можно определить правильность съемки.

Если пластинки лежали в кассетах плотно и симметрично, то y_1 окажется равным y_2. Практически же они, конечно, будут немного неодинаковы.

Пусть, например, расстояния от прямых YY и XX до отмеченной точки облака *на оригинале* фотоснимков следующие:

$$x_1 = 32 \text{ мм}, \quad y_1 = 29 \text{ мм},$$
$$x_2 = 23 \text{ мм}, \quad y_2 = 25 \text{ мм}.$$

Фокусные расстояния объективов $F = 135$ *мм* и расстояние между фотоаппаратами [1] (базис) $b = 937$ *м*.

Фотографии показывают, что для определения высоты облака надо применить формулу

$$H = b \cdot \frac{F}{x_1 + x_2};$$

$H = 937 \text{м} \cdot \dfrac{135}{32 + 23} \approx 2300$ *м*, т. е. сфотографированное облако находилось на высоте около 2,3 *км* от земли.

Желающие разобраться в выводе формулы для определения высоты облака могут воспользоваться схемой, изображенной на рис. 76.

Чертеж, изображенный на рис. 76, надо вообразить в пространстве (пространственное воображение вырабатывается

---

[1] По опыту, описанному в книге Н. Ф. Платонова, «Приложение математического анализа к решению практических задач». В статье «Высота облаков» Н. Ф. Платонов приводит вывод формулы для вычисления H, описывает иные возможные установки аппаратов для фотографирования облака и дает ряд практических советов.

при изучении той части геометрии, которую называют стереометрией).

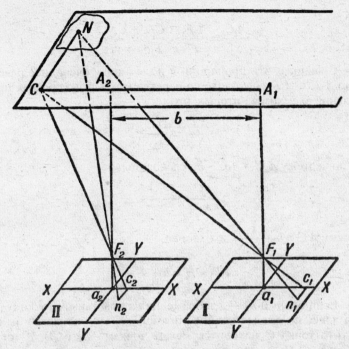

Рис. 76. Схема изображения точки облака на пластинках двух фотоаппаратов, направленных в зенит.

Фигуры I и II — изображения фотопластинок; F_1 и F_2 — оптические центры объективов фотоаппаратов; N — наблюдаемая точка облака; n_1 и n_2 — изображения точки N на фотопластинках; a_1A_1 и a_2A_2 — перпендикуляры, восставленные из середины каждой фотопластинки до уровня облака; $A_1A_2 = a_1a_2 = b$ — размер базиса.

Если двигаться от оптического центра F_1 вверх до точки A_1, затем от точки A_1 вдоль базиса до такой точки C, которая будет вершиной прямого угла A_1CN, и, наконец, из точки C в точку N, то отрезкам F_1A_1, A_1C_1 и CN будут в фотоаппарате соответствовать отрезки $F_1a_1 = F$ (фокусное расстояние), $a_1c_1 = x_1$ и $c_1n_1 = y_1$.

Аналогичные построения и для второго фотоаппарата.

Из подобия треугольников следуют пропорции

$$\frac{A_1C}{x_1} = \frac{A_1F_1}{F} = \frac{C_1F_1}{F_1c} = \frac{CN}{y_1}$$

и

$$\frac{A_2C}{x_2} = \frac{A_2F_2}{F} = \frac{CF_2}{F_2c} = \frac{CN}{y_2}.$$

Сравнивая эти пропорции и имея в виду очевидное равенство $A_2F_2 = A_1F_1$, находим, во-первых, что $y_1 = y_2$ (признак правильной съемки), во-вторых, что

$$\frac{A_1C}{x_1} = \frac{A_2C}{x_2};$$

но по чертежу $A_2C = A_1C - b$, следовательно,

$$\frac{A_1C}{x_1} = \frac{A_1C - b}{x_2},$$

откуда $A_1C = b \cdot \dfrac{x_1}{x_1 - x_2}$ и, наконец,

$$A_1F_1 \approx H = b \cdot \frac{F}{x_1 - x_2}.$$

Если бы n_1 и n_2 — изображения на пластинках точки N — оказались по разные стороны прямой YY, это указывало бы на то, что точка C находится между точками A_1 и A_2, и тогда $A_2C = b - A_1C_1$, а искомая высота

$$H = b \cdot \frac{F}{x_1 + x_2}.$$

Эти формулы относятся только к тому случаю, когда оптические оси фотоаппаратов направлены в зенит. Если облако далеко от зенита и в поле зрения аппаратов не попадает, то вы можете придать аппаратам и иное положение (сохраняя параллельность оптических осей), например, направить их горизонтально и притом перпендикулярно к базису или вдоль базиса.

Для каждого положения аппаратов необходимо предварительно построить соответствующий чертеж и вывести формулы для определения высоты облака.

Вот «среди белого дня» появились в небе белесоватого цвета заметные перистые, высокослоистые облака. Определите их высоту два-три раза через некоторые промежутки времени. Если окажется, что облака спустились — это признак ухудшения погоды: через несколько часов ждите дождь.

Сфотографируйте парящий аэростат или стратостат и определите его высоту.

Высота башни по фотоснимку

ЗАДАЧА

При помощи фотоаппарата можно определить не только высоту облака или летящего самолета, но и высоту наземного сооружения: башни, мачты, вышки и т. п.

Рис. 77. Ветродвигатель ЦВЭИ в Крыму.

На рис. 77 — фотография ветродвигателя ЦВЭИ, установленного в Крыму около Балаклавы. В основании башни квадрат, длина стороны которого, предположим, вам известна в результате непосредственного обмера: 6 *м*.

Произведите необходимые измерения на фотоснимке и определите высоту *h* всей установки ветродвигателя.

РЕШЕНИЕ

Фотография башни и ее подлинные очертания геометрически подобны друг другу. Следовательно, во сколько раз изображение высоты больше изображения основания, во столько же раз высота башни в натуре больше стороны или диагонали ее основания.

Измерения изображения: длина наименее искаженной диагонали основания равна 23 *мм*, высота всей установки равна 71 *мм*.

Так как длина стороны квадрата основания башни 6 *м*, то диагональ основания равна $\sqrt{6^2+6^2} = 6\sqrt{2} = 8{,}48\ldots$ *м*.

Следовательно,

$$\frac{71}{23} = \frac{h}{8{,}48},$$

откуда

$$h = \frac{71 \cdot 8{,}48}{23} \approx 26 \text{ м}.$$

Разумеется, пригоден не всякий снимок, а только такой, в котором пропорции не искажены, как это бывает у неопытных фотографов.

Для самостоятельных упражнений

Пусть читатель сам применит теперь почерпнутые из этой главы сведения к решению ряда следующих разнообразных задач:

Человек среднего роста (1,7 *м*) виден издали под углом 12'. Найти расстояние до него.

Кавалерист на лошади (2,2 *м*) виден издали под углом 9'. Найти расстояние до него.

Телеграфный столб (8 *м*) виден под углом 22'. Найти расстояние до него.

Маяк высотою 42 *м* виден с корабля под углом 1°10'. На каком расстоянии от маяка находится корабль?

Земной шар усматривается с Луны под углом 1°54'. Определить расстояние Луны от Земли.

С расстояния 2 *км* видно здание под углом 12'. Найти высоту здания.

Луна видна с Земли под углом 30'. Зная, что расстояние до Луны равно 380000 *км*, определить ее диаметр.

Как велики должны быть буквы на классной доске, чтобы ученики, сидя на партах, видели их столь же ясно, как буквы в своих книгах (в расстоянии 25 *см* от глаза)? Расстояние от парт до доски взять 5 *м*.

Микроскоп увеличивает в 50 раз. Можно ли в него рассматривать кровяные тельца человека, поперечник которых 0,007 *мм*?

Если бы на Луне были люди нашего роста, то какое увеличение телескопа требовалось бы, чтобы различить их с Земли?

Сколько «тысячных» в одном градусе?

Сколько градусов в одной «тысячной»?

Самолет, двигаясь перпендикулярно к линии нашего наблюдения, за 10 секунд проходит расстояние, видимое под углом в 300 «тысячных». Определить скорость самолета, если дальность до него 2000 *м*?

ГЛАВА ЧЕТВЕРТАЯ

ГЕОМЕТРИЯ В ДОРОГЕ

Искусство мерить шагами

Очутившись во время загородной прогулки у железнодорожного полотна или на шоссе, вы можете выполнить ряд интересных геометрических упражнений.

Прежде всего воспользуйтесь шоссе, чтобы измерить длину своего шага и скорость ходьбы. Это даст вам возможность измерять расстояния шагами — искусство, которое приобретается довольно легко после недолгого упражнения. Главное здесь — приучить себя делать шаги всегда одинаковой длины т. е. усвоить определенную «мерную» походку.

На шоссе через каждые 100 *м* установлен белый камень; пройдя такой 100-метровый промежуток своим обычным «мерным» шагом и сосчитав число шагов, вы легко найдете среднюю длину своего шага. Подобное измерение следует повторять ежегодно, — например, каждую весну, потому что длина шага, особенно у молодых людей, не остается неизменной.

Отметим любопытное соотношение, обнаруженное многократными измерениями: средняя длина шага взрослого человека равна примерно половине его роста, считая до уровня глаз. Если, например, рост человека до глаз 1 *м* 40 *см*, то длин его шага — около 70 *см*. Интересно при случае проверить это правило.

Кроме длины своего шага, полезно знать также *скорость своей ходьбы* — число километров, проходимых в час. Иногда пользуются для этого следующим правилом: мы проходим в час столько километров, сколько делаем шагов в три секунды;

например, если в три секунды мы делаем четыре шага, то в час проходим 4 *км.* Однако правило это применимо лишь при известной длине шага. Нетрудно определить, при какой именно: обозначив длину шага в метрах через *x*, а число шагов в три секунды через *n*, имеем уравнение

$$\frac{3600}{3} \cdot nx = n \cdot 1000,$$

откуда 1200*x* = 1000 и $x = {}^5/_6$ *м,* т. е. около 80—85 *см.* Это сравнительно большой шаг; такие шаги делают люди высокого роста. Если ваш шаг отличается от 80—85 *см,* то вам придется произвести измерение скорости своей ходьбы иным способом, определив по часам, во сколько времени проходите вы расстояние между двумя дорожными столбами.

Глазомер

Приятно и полезно уметь не только измерять расстояния без мерной цепи, шагами, но и оценивать их прямо на глаз без измерения. Это искусство достигается лишь путем упражнения. В мои школьные годы, когда с группой товарищей я участвовал в летних экскурсиях за город, подобные упражнения были у нас очень обычны. Они осуществлялись в форме особого спорта, нами самими придуманного, — в форме состязания на точность глазомера. Выйдя на дорогу, мы намечали глазами какое-нибудь придорожное дерево или другой отдаленный предмет, — и состязание начиналось.

— Сколько шагов до дерева? — спрашивал кто-либо из участников игры.

Остальные называли предполагаемое число шагов и затем совместно считали шаги, чтобы определить, чья оценка ближе к истинной, — это и был выигравший. Тогда наступала его очередь намечать предмет для глазомерной оценки расстояния.

Кто определил расстояние удачнее других, тот получал одно очко. После 10 раз подсчитывали очки: получивший наибольшее число очков считался победителем в состязании.

Помню, на первых порах наши оценки расстояний давались с грубыми ошибками. Но очень скоро, — гораздо скорее, чем можно было ожидать, — мы так изощрились в искусстве определять на глаз расстояния, что ошибались очень мало. Лишь; при резкой перемене обстановки, например при переходе с пустынного поля в редкий лес или на заросшую кустарником поляну, при возвращении в пыльные, тесные городские улицы, а также ночью, при обманчивом освещении луны, мы ловили друг друга на крупных ошибках. Потом, однако, научились применяться ко всяким обстоятельствам, мысленно учитывать их при глазомерных оценках. Наконец, группа наша достигла такого совершенства в глазомерной оценке расстояний, что пришлось отказаться совсем от этого спорта: все угадывали одинаково хорошо, и состязания утратили интерес. Зато мы приобрели недурной глазомер, сослуживший нам хорошую службу во время наших загородных странствований.

Рис. 78. Дерево за пригорком кажется близко.

Любопытно, что глазомер как будто не зависит от остроты зрения. Среди нашей группы был близорукий мальчик, который не только не уступал остальным в точности глазомерной оценки, но иной раз даже выходил победителем из состязаний. Наоборот, одному мальчику со вполне нормальным зрением искусство определять расстояния на глаз никак не давалось. Впоследствии мне пришлось наблюдать то же самое и при глазомерном определении высоты деревьев: упражняясь в этом со студентами — уже не для игры, а для нужд будущей профессии, — я заметил, что близорукие овладевали этим искусством нисколько не хуже других. Это может служить утешением для близоруких: не обладая зоркостью, они все же способны развить в себе вполне удовлетворительный глазомер.

Упражняться в глазомерной оценке расстояний можно во всякое время года, в любой обстановке. Идя по улице города, вы можете ставить себе глазомерные задачи, пытаясь отгадывать, сколько шагов до ближайшего фонаря, до того или иного попутного предмета. В дурную погоду вы незаметно заполните таким образом время переходов по безлюдным улицам.

Рис. 79. Поднимешься на пригорок, а до дерева еще столько же.

Глазомерному определению расстояний много внимания уделяют военные: хороший глазомер необходим разведчику, стрелку, артиллеристу. Интересно познакомиться с теми признаками, которыми пользуются они в практике глазомерных оценок. Вот несколько замечаний из учебника артиллерии.

«На глаз расстояния определяют или по навыку различать, по известной степени отчетливости видимых предметов их разные удаления от наблюдателя, или оценивая расстояния некоторым привычным глазу протяжением в 100—200 шагов, кажущимся тем меньшим, чем далее от наблюдателя оно откладывается.

«При определении расстояний по степени отчетливости видимых предметов следует иметь в виду, что кажутся ближе предметы освещенные или ярче отличающиеся по цвету от местности или на воде; предметы, расположенные выше других; группы сравнительно с отдельными предметами и вообще предметы более крупные.

«Можно руководствоваться следующими признаками: до 50 шагов можно ясно различать глаза и рот людей; до 100 шагов глаза кажутся точками; на 200 шагов пуговицы и подробности обмундирования все еще можно различать; на 300 — видно лицо; на 400 — различается движение ног; на 500 — виден цвет мундира».

При этом наиболее изощренный глаз делает ошибку до 10% определяемого расстояния в ту или другую сторону. Бывают, впрочем, случаи, когда ошибки глазомера гораздо значительнее. Во-первых, при определении расстояния на ровной, совершенно одноцветной поверхности — на водной глади рек или озера, на чистой песчаной равнине, на густо заросшем поле. Тут расстояние всегда кажется меньшим истинного; оценивая его на глаз, мы ошибемся вдвое, если не больше. Во-вторых, ошибки легко возможны, когда определяется расстояние до такого предмета, основание которого заслонено железнодорожною насыпью, холмиком, зданием, вообще каким-нибудь возвышением. В таких случаях мы невольно считаем предмет находящимся не *позади* возвышения, а *на нем* самом и, следовательно, делаем ошибку опять-таки в сторону уменьшения определяемого расстояния (рис. 78 и 79).

В подобных случаях полагаться на глазомер опасно, и приходится прибегать к другим приемам оценки расстояния, о которых мы уже говорили и еще будем говорить.

Уклоны

Вдоль железнодорожного полотна, кроме верстовых (точнее — километровых) столбов, вы видите еще и другие невысокие столбы с непонятными для многих надписями на косо прибитых дощечках, вроде таких, как на рис. 80.

Рис. 80. «Уклонные знаки».

Это — «уклонные знаки». В первой, например, надписи верхнее число 0,002 означает, что уклон пути здесь (в какую сторону — показывает положение дощечки) равен 0,002: путь поднимается или опускается на 2 *мм* при каждой тысяче миллиметров. А нижнее число 140 показывает, что такой уклон идет на протяжении 140 *м*, где поставлен другой знак с обозначением нового уклона. (Когда дороги не были еще переустроены по метрической системе мер, такая дощечка означала, что на протяжении 140 сажен путь поднимается или опускается каждую сажень на 0,002 сажени.) Вторая дощечка с надписью $\frac{0{,}006}{55}$ показывает, что на протяжении ближайших 55 *м* путь поднимается или опускается на 6 *мм* при каждом метре.

Зная смысл знаков уклона, вы легко можете вычислить разность высот двух соседних точек пути, отмеченных этими знаками. В первом случае, например, разность высот составляет $0{,}002 \times 140 = 0{,}28$ м; во втором — $0{,}006 \times 55 = 0{,}33$ м.

В железнодорожной практике, как видите, величина наклона пути определяется не в градусной мере. Однако легко перевести эти путевые обозначения уклона в градусные. Если AB (рис. 80) — линия пути, BC — разность высот точек A и B, то наклон линии пути AB к горизонтальной линии AC будет на столбике обозначен отношением $\dfrac{BC}{AB}$. Так как угол A очень мал, то можно принять AB и AC за радиусы окружности, дуга которой есть BC.[1] Тогда вычисление угла A, если известно отношение $BC : AB$, не составит труда. При наклоне, например, обозначенном 0,002, рассуждаем так: при длине дуги, равной $\dfrac{1}{57}$ радиуса, угол составляет $1°$ (см. стр. 259); какой же угол соответствует дуге в 0,002 радиуса? Находим его величину x из пропорции

$$x : 1° = 0{,}002 : \dfrac{1}{57}, \text{ откуда } x = 0{,}002 \times 57 = 0{,}11°,$$

т. е. около $7'$.

На железнодорожных путях допускаются лишь весьма малые уклоны. У нас установлен предельный уклон в 0,008, т. е. в градусной мере $0{,}008 \times 57$ — менее $1/2°$: это наибольший уклон. Только для Закавказской железной дороги допускаются в виде исключения уклоны до 0,025, соответствующие в градусной мере почти $1\,1/2°$.

Столь незначительные уклоны совершенно не замечаются нами. Пешеход начинает ощущать наклон почвы под своими ногами лишь тогда, когда он превышает $1/24$: это отвечает в градусной мере $57/24$, т. е. около $2\,1/2°$.

---

[1] Иному читателю покажется, быть может, недопустимым считать наклонную AB равною перпендикуляру AC. Поучительно поэтому убедиться, как мала, разница в длине AC и AB, когда BC составляет, например, 0,01 от AB. По теореме Пифагора имеем:

$$AC^2 = \sqrt{AB^2 - \left(\dfrac{AB}{100}\right)^2} = \sqrt{0{,}9999\,AB^2} = 0{,}99995\,AB\,.$$

Разница в длине составляет всего 0,00005. Для приближенных вычислений подобной ошибкой можно, конечно, пренебречь.

Пройдя по железнодорожному пути несколько километров и записав замеченные при этом знаки уклона, вы сможете вычислить, насколько в общей сложности вы поднялись или опустились, т. е. какова разность высот между начальными и конечными пунктами.

ЗАДАЧА

Вы начали прогулку вдоль полотна железной дороги у столбика со знаком подъема $\frac{0{,}004}{153}$ и встретили далее следующие знаки:

площадка[1]	подъем	подъем	площадка	падение
$\frac{0{,}000}{60}$,	$\frac{0{,}0017}{84}$,	$\frac{0{,}0032}{121}$,	$\frac{0{,}000}{45}$,	$\frac{0{,}004}{210}$.

Прогулку вы кончили у очередного знака уклона. Какой путь вы прошли и какова разность высот между первым и последним знаками?

РЕШЕНИЕ

Всего пройдено

$$153 + 60 + 84 + 121 + 45 + 210 = 673 \text{ м.}$$

Вы поднялись на

$$0{,}004 \times 153 + 0{,}0017 \times 84 + 0{,}0032 \times 121 = 1{,}15 \text{ м.}$$

а опустились на

$$0{,}004 \times 210 = 0{,}84 \text{ м,}$$

значит, в общей сложности вы оказались выше исходной точки на

$$1{,}15 - 0{,}84 = 0{,}31 \text{ м} = 31 \text{ см.}$$

Кучи щебня

Кучи щебня по краям шоссейной дороги также представляют предмет, заслуживающий внимания «геометра на вольном воздухе». Задайте вопрос, какой объем заключает лежащая пе-

---

[1] Знак 0,000 означает горизонтальный участок пути («площадку»).

ред вами куча, — и вы поставите себе геометрическую задачу, довольно замысловатую для человека, привыкшего преодолевать математические трудности только на бумаге или на классной доске. Придется вычислить объем конуса, высота и радиус которого недоступны для непосредственного измерения. Ничто не мешает, однако, определить их величину косвенным образом. Радиус вы найдете, измерив рулеткой или шнуром окружность основания и разделив [1] ее длину на 6,28.

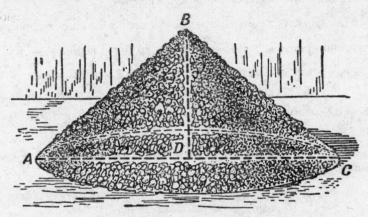

Рис. 81. К задаче о куче щебня.

Сложнее обстоит с высотой: приходится (рис. 81) измерять длину образующей *AB* или, как делают дорожные десятники, обеих образующих *ABC* сразу (перекидывая мерную ленту через вершину кучи), а затем, зная радиус основания, вычисляют высоту *BD* по теореме Пифагора. Рассмотрим пример.

ЗАДАЧА

Окружность основания конической кучи щебня 12,1 *м*; длина двух образующих 4,6 *м*. Каков объем кучи?

РЕШЕНИЕ

Радиус основания кучи равен

$$12{,}1 \times 0{,}159 \text{ (вместо } 12{,}1 : 6{,}28) = 1{,}9 \text{ м}.$$

---

[1] На практике это действие заменяют *умножением* на обратное число 0,318, если ищут диаметр, и на 0,159, если желают вычислить радиус.

Высота равна

$$\sqrt{2{,}3^2 - 1{,}9^2} = 1{,}2 \, м,$$

откуда объем кучи

$$\frac{1}{3} \times 3{,}14 \times 1{,}9^2 \times 1{,}2 = 4{,}5 \ куб. \ м$$

(или в прежних мерах около $\frac{1}{2}$ куб. сажени).

Обычные объемные размеры куч щебня на наших дорогах согласно прежним дорожным правилам были равны $\frac{1}{2}, \frac{1}{4}$ и $\frac{1}{8}$ куб. сажени, т. е. в метрических мерах 4,8, 2,4 и 1,2 *куб. м.*

«Гордый холм»

При взгляде на конические кучи щебня или песку мне вспоминается старинная легенда восточных народов, рассказанная у Пушкина в «Скупом рыцаре»:

> Читал я где-то,
> Что царь однажды воинам своим
> Велел снести земли по горсти в кучу, —
> И гордый холм возвысился,
> И царь мог с высоты с весельем озирать
> И дол, покрытый белыми шатрами,
> И море, где бежали корабли.

Это одна из тех немногих легенд, в которых при кажущемся правдоподобии нет и зерна правды. Можно доказать геометрическим расчетом, что если бы какой-нибудь древний деспот вздумал осуществить такого рода затею, он был бы обескуражен мизерностью результата: перед ним высилась бы настолько жалкая кучка земли, что никакая фантазия не в силах была бы раздуть ее в легендарный «гордый холм».

Сделаем примерный расчет. Сколько воинов могло быть у древнего царя? Старинные армии были не так многочисленны, как в наше время. Войско в 100 000 человек было уже очень внушительно по численности. Остановимся на этом числе, т. е. примем, что холм составился из 100 000 горстей. Захватите самую большую горсть земли и насыпьте в стакан: вы пе наполните его одною горстью. Мы примем, что горсть древнего воина равнялась по объему $\frac{1}{5}$ л (куб. дм). Отсюда определяется объем холма:

$$\frac{1}{5} \times 100\,000 = 20\,000 \text{ куб. дм.} = 20 \text{ куб. м.}$$

Значит, холм представлял собою конус объемом не более 20 *куб. м.* Такой скромный объем уже разочаровывает. Не будем продолжать вычисления, чтобы определить высоту холма. Для этого нужно знать, какой угол составляют образующие конуса с его основанием. В нашем случае можем принять его равным углу естественного откоса, т. е. 45°: более крутых склонов нельзя допустить, так как земля будет осыпаться (правдоподобнее было бы взять даже более пологий уклон, например полуторный). Остановившись на угле в 45°, заключаем, что высота такого конуса равна радиусу его основания; следовательно,

$$20 = \frac{\pi x^2}{3},$$

откуда

$$x = \sqrt[3]{\frac{60}{\pi}} = 2{,}4 \text{ м.}$$

Надо обладать богатым воображением, чтобы земляную кучу в 2,4 м (1 $\frac{1}{2}$ человеческих роста) назвать «гордым холмом». Сделав расчет для случая полуторного откоса, мы получили бы еще более скромный результат.

У Атиллы было самое многочисленное войско, какое знал древний мир. Историки оценивают его в 700 000 человек. Если бы все эти воины участвовали в насыпании холма, образовалась бы куча повыше вычисленной нами, но не очень: так как объем ее был бы в семь раз больше, чем нашей, то высота превышала бы высоту нашей кучи всего в $\sqrt[3]{7}$, т. е. в 1,9 раза она; равнялась бы 2,4 × 1,9 = 4,6 м. Сомнительно, чтобы курган подобных размеров мог удовлетворить честолюбие Атиллы.

С таких небольших возвышений легко было, конечно, видеть «дол, покрытый белыми шатрами», но обозревать море было возможно разве только, если дело происходило невдалеке от берега.

О том, как далеко можно видеть с той или иной высоты, мы побеседуем в шестой главе.

У дорожного закругления

Ни шоссейная, ни железная дороги никогда не заворачивают круто, а переходят всегда с одного направления на другое плавно, без переломов, дугой. Дуга эта обычно есть часть окружности, расположенная так, что прямолинейные части дороги служат касательными к ней. Например, на рис. 82 прямые участки AB и CD дороги соединены дугою BC так, что AB и CD касаются (геометрически) этой дуги в точках B и C, т. е. AB составляет прямой угол с радиусом OB, а CD — такой же угол с радиусом OC. Делается это, конечно, для того, чтобы путь плавно переходил из прямого направления в кривую часть и обратно.

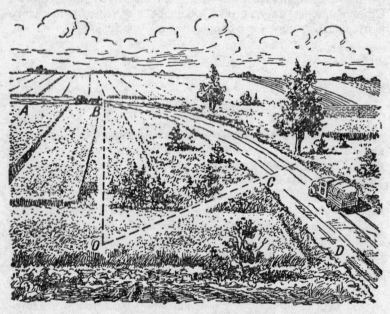

Рис. 82. Дорожное закругление.

Радиус дорожного закругления обыкновенно берется весьма большой — на железных дорогах не менее 600 м; наиболее же обычный радиус закругления на главном железнодорожном пути — 1000 и даже 2000 м.

Радиус закругления

Стоя близ одного из таких закруглений, могли бы вы определить величину его радиуса? Это не так легко, как найти радиус дуги, начерченной на бумаге. На чертеже дело просто: вы проводите две произвольные хорды и из середин их восставляете перпендикуляры: в точке их пересечения лежит, как известно, центр дуги; расстояние его от какой-либо точки кривой и есть искомая длина радиуса.

Но сделать подобное же построение на местности было бы, конечно, очень неудобно: ведь центр закругления лежит в расстоянии 1—2 *км* от дороги, зачастую в недоступном месте. Можно было бы выполнить построение на плане, но снять закругления на план — тоже нелегкая работа.

Все эти затруднения устраняются, если прибегнуть не к построению, а к вычислению радиуса. Для этого можно воспользоваться следующим приемом. Дополним (рис. 83) мысленно дугу AB закругления до окружности. Соединив произвольные точки C и D дуги закругления, измеряем хорду CD а также «стрелку» EF (т. е. высоту сегмента CED). По этим двум данным уже нетрудно вычислить искомую длину радиуса. Рассматривая прямые CD и диаметр круга как пересекающиеся хорды, обозначим длину хорды

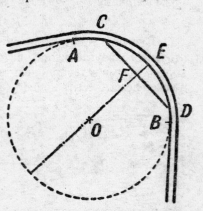

Рис. 83. К вычислению радиуса закругления.

через a, длину стрелки через h, радиус через R; имеем:

$$\frac{a^2}{4} = h(2R - h),$$

откуда

$$\frac{a^2}{4} = 2Rh - h^2,$$

и искомый радиус

$$R = \frac{a^2 + 4h^2}{8h}.$$

Например, при стрелке в 0,5 м и хорде 48 м искомый радиус

$$R = \frac{48^2 + 4 \times 0{,}5^2}{8 \times 0{,}5} = 580 \text{ м.}$$

Это вычисление можно упростить, если считать $2R - h$ равным $2R$ — вольность позволительная, так как h весьма мало но сравнению с R (ведь R — сотни метров, а h — единицы их). Тогда получается весьма удобная для вычислений приближенная формула

$$R = \frac{a^2}{8h}.$$

Применив ее в сейчас рассмотренном случае, мы получили бы ту же величину

$$R = 580.$$

Вычислив длину радиуса закругления и зная, кроме того, что центр закругления находится на перпендикуляре к середине хорды, вы можете приблизительно наметить и то место, где должен лежать центр кривой части дороги.

Рис. 84. К вычислению радиуса железнодорожного закругления

Если на дороге уложены рельсы, то нахождение радиуса закругления упрощается. В самом деле, натянув веревку по касательной к внутреннему рельсу, мы получаем хорду дуги наружного рельса, стрелка которой h (рис. 84) равна ширине колеи — 1,52 м. Радиус закругления в таком случае (если a — длина хорды) равен приближенно

$$R = \frac{a^2}{8 \times 1{,}25} = \frac{a^2}{12{,}2}.$$

При $a = 120$ м радиус закругления равен 1200 м.[1]

Дно океана

От дорожного закругления к дну океана — скачок как будто слишком неожиданный, во всяком случае не сразу понятный. Но геометрия связывает обе темы вполне естественным образом.

Речь идет о кривизне дна океана, о том, какую форму оно имеет: вогнутую, плоскую или выпуклую. Многим, без сомнения, покажется невероятным, что океаны при огромной своей глубине вовсе не представляют на земном шаре впадин; как сейчас увидим, их дно не только не вогнуто, но даже выпукло.

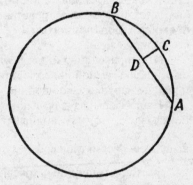

Рис. 85. Плоское ли дно у океана?

Считая океан «бездонным и безбрежным», мы забываем, что его безбрежность» во много сотен раз больше его «бездонности», т. е. что водная толща океана представляет собою далеко простирающийся слой, который, конечно, повторяет кривизну нашей планеты.

Возьмем для примера Атлантический океан. Ширина его близ экватора составляет примерно шестую часть полной окружности. Если круг рис. 85 — экватор, то дуга ACB изображает водную скатерть Атлантического океана. Если бы дно его

---

[1] На практике способ этот представляет то неудобство, что ввиду большого радиуса закругления веревка для хорды требуется очень длинная.

было плоско, то глубина равнялась бы CD, стрелке дуги ACB. Зная, что дуга $AB = \frac{1}{6}$ окружности и, следовательно, хорда AB есть сторона правильного вписанного шестиугольника (которая, как известно, равна радиусу R круга), мы можем вычислить CD из выведенной раньше формулы для дорожных закруглений:

$$R = \frac{a^2}{8h}, \text{ откуда } h = \frac{a^2}{8R}.$$

Зная, что $a = R$, получаем для данного случая:

$$h = \frac{R}{8}.$$

При $R = 6400$ *км* имеем:

$$h = 800 \text{ км}.$$

Итак, чтобы дно Атлантического океана было плоско, наибольшая глубина его должна была бы достигать 800 *км*. В действительности же она не достигает и 10 *км*. Отсюда прямой вывод: дно этого океана представляет по общей своей форме выпуклость, лишь немного менее искривленную, чем выпуклость его водной глади.

Это справедливо и для других океанов: дно их представляет собою на земной поверхности *места уменьшенной кривизны*, почти не нарушая ее общей шарообразной формы.

Наша формула для вычисления радиуса кривизны дороги показывает, что, чем водный бассейн обширнее, тем дно его выпуклее. Рассматривая формулу $h = \frac{a^2}{8R}$, мы прямо видим, что с возрастанием ширины a океана или моря его глубина h должна, — чтобы дно было плоское, — возрастать очень быстро, пропорционально квадрату ширины a. Между тем при переходе от небольших водных бассейнов к более обширным глубина вовсе не возрастает в такой стремительной прогрессии. Океан шире иного моря, скажем, **в 100 раз**, но глубже его вовсе не в 100×100, т. е. в 10000 раз. Поэтому сравнительно мелкие бассейны имеют дно более вдавленное, нежели океаны. Дно Черного моря между Крымом и Малой Азией не выпукло, как у океанов, даже и не плоско, а несколько вогнуто. Водная поверхность этого моря представляет дугу приблизительно в 2° (точнее в $\frac{1}{700}$ долю окружности Земли). Глубина Черного моря довольно равномерна и равна 2,2 *км*. Приравнивая в данном случае дугу хорде, получаем, что для обладания плоским дном море это должно было бы иметь наибольшую глубину

$$h = \frac{40\,000^2}{170^2 \times 8R} = 1{,}1 \text{ км}.$$

Значит, действительное дно Черного моря лежит более чем на километр (2,2—1,1) ниже воображаемой плоскости, проведенной через крайние точки его противоположных берегов, т. е. представляет собою *впадину*, а не выпуклость.

Существуют ли водяные горы?

Выведенная ранее формула для вычисления радиуса кривизны дорожного закругления поможет нам ответить на этот вопрос.

Рис. 86. «Водяная гора».

Предыдущая задача уже подготовила нас к ответу. Водяные горы существуют, но не в физическом, а в геометрическом значении этих слов. Не только каждое море, но даже каждое озеро представляет собою в некотором роде водяную гору. Когда вы стоите у берега озера, вас отделяет от противоположной точки берега водная выпуклость, высота которой тем больше, чем озеро шире. Высоту эту мы можем вычислить: из формулы

$R = \dfrac{a^2}{8h}$ имеем величину стрелки $h = \dfrac{a^2}{8R}$; здесь a — расстояние между берегами по прямой линии, которое можем приравнять ширине озера (хорду — дуге). Если эта ширина, скажем, 100 *км*, то высота водяной «горы»

$$h = \frac{10\,000}{8 \times 6400} = \text{около } 200 \text{ м.}$$

Водяная гора внушительной высоты!

Даже небольшое озеро в 10 *км* ширины возвышает вершину своей выпуклости над прямой линией, соединяющей ее берега, на 2 *м*, т. е. выше человеческого роста.

Но вправе ли мы называть эти водные выпуклости «горами»? В физическом смысле нет: они не поднимаются над горизонтальной поверхностью, значит, это равнины. Ошибочно думать, что прямая *AB* (рис. 86) есть горизонтальная линия, над которой поднимается дуга *ACB*. Горизонтальная линия здесь не *AB*, а *ACB*, совпадающая со свободной поверхностью спокойной воды. Прямая же *ADB* — наклонная к горизонту: *AD* уходит наклонно вниз под земную поверхность до точки *D*, ее глубочайшего пункта, и затем вновь поднимается вверх, выходя из-под земли (или воды) в точке *B*. Если бы вдоль прямой *AB* были проложены трубы, то шарик, помещенный в точке *A*, не удержался бы здесь, а скатился бы (когда стенки трубы гладки) до точки *D* и отсюда, разогнавшись, взбежал бы к точке *B*; затем, не удержавшись здесь, скатился бы к *D*, добежал бы до *A*, снова скатился бы и т. д. Идеально гладкий шарик по идеально гладкой трубе (притом при отсутствии воздуха, мешающего движению) катался бы так туда и обратно вечно...

Итак, хотя глазу кажется (рис. 86), что *ACB* — гора, но в физическом значении слова здесь — ровное место. Гора — если хотите — существует тут только в геометрическом смысле.

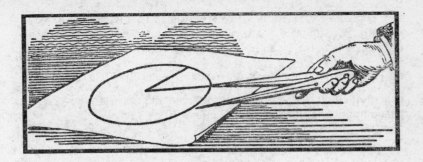

ГЛАВА ПЯТАЯ
ПОХОДНАЯ ТРИГОНОМЕТРИЯ
БЕЗ ФОРМУЛ И ТАБЛИЦ

Вычисление синуса

В этой главе будет показано, как можно вычислять стороны треугольника с точностью до 2% и углы с точностью до 1°, пользуясь одним лишь понятием синуса и не прибегая ни к таблицам, ни к формулам. Такая упрощенная тригонометрия может пригодиться во время загородной прогулки, когда таблиц под рукой нет, а формулы полузабыты. Робинзон на своем острове мог бы успешно пользоваться такой тригонометрией.

Итак, вообразите, что вы еще не проходили тригонометрии или же забыли ее без остатка, — состояние, которое иным из читателей, вероятно, нетрудно себе представить. Начнем знакомиться с ней сызнова. Что такое синус острого угла? Это — отношение противолежащего катета к гипотенузе в том треугольнике, который отсекается от угла перпендикуляром к одной из его сторон. Например, синус угла a (рис. 87) есть $\frac{BC}{AB}$, или $\frac{ED}{AD}$, или $\frac{D'E'}{AD'}$, или $\frac{B'C'}{AC'}$. Легко видеть, что вследствие подобия образовавшихся здесь треугольников все эти отношения равны одно другому.

Чему же равны синусы различных углов от 1 до 90°? Как узнать это, не имея под рукой таблиц? Весьма просто: надо составить таблицу синусов самому. Этим мы сейчас и займемся.

Начнем с тех углов, синусы которых нам известны из геометрии. Это, прежде всего, угол в 90°, синус которого, очевидно, равен 1. Затем угол в 45°, синус которого легко вычислить по Пифагоровой теореме; он равен $\frac{\sqrt{2}}{2}$, т. е. 0,707. Далее нам известен синус 30°; так как катет, лежащий против такого угла, равен половине гипотенузы, то синус 30° = $^1/_2$.

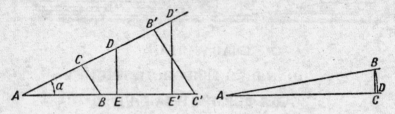

Рис. 87. Что такое синус острого угла?

Итак, мы знаем синусы (или, как принято обозначать, sin) трех углов

$$\sin 30° = 0{,}5,$$
$$\sin 45° = 0{,}707,$$
$$\sin 90° = 1.$$

Этого, конечно, недостаточно; необходимо знать синусы и всех промежуточных углов по крайней мере через каждый градус. Для очень малых углов можно при вычислении синуса вместо отношения катета к гипотенузе брать без большой погрешности отношение дуги к радиусу: из рис. 87 (справа) видно, что отношение $\frac{BC}{AB}$ мало отличается от отношения $\frac{\breve{BD}}{AB}$. Последнее же легко вычислить. Например, для угла в 1° дуга $BD = \frac{2\pi R}{360}$ и, следовательно, sin 1° можно принять равным

$$\frac{2\pi R}{360 R} = \frac{\pi}{180} = 0{,}0175.$$

Таким же образом находим:

$$\sin 2° = 0{,}0349,$$
$$\sin 3° = 0{,}0524,$$
$$\sin 4° = 0{,}0698,$$
$$\sin 5° = 0{,}0873.$$

Но надо убедиться, как далеко можно продолжать эту табличку, не делая большой погрешности. Если бы мы вычислили по такому способу sin 30°, то получили бы 0,524 вместо 0,500; разница была бы уже во второй значащей цифре, и погрешность составляла бы $\dfrac{24}{500}$, т. е. около 5%. Это чересчур грубо даже для нетребовательной походной тригонометрии.

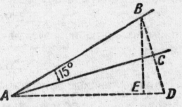

Рис. 88. Как вычислить sin 15°?

Чтобы найти границу, до которой позволительно вести вычисление синусов по указанному приближённому способу, постараемся найти точным приёмом sin 15°. Для этого воспользуемся следующим не особенно замысловатым построением (рис. 88). Пусть $\sin 15° = \dfrac{BC}{AB}$. Продолжим *BC* на равное расстояние до точки *D*; соединим *A* с *D*, тогда получим два равных треугольника: *ADC* и *ABC*, и угол *BAD*, равный 30°. Опустим на *AD* перпендикуляр *BE*; образуется прямоугольный треугольник *BAE* с углом 30° (<*BAE*), тогда $BE = \dfrac{AB}{2}$. Далее вычисляем *AE* из треугольника *ABE* по теореме Пифагора:

$$AE^2 = AB^2 - \left(\dfrac{AB}{2}\right)^2 = \dfrac{3}{4}AB^2;$$

$$AE = \dfrac{AB}{2}\sqrt{3} = 0{,}866 AB.$$

Значит, $ED = AD - AE = AB - 0{,}866 AB = 0{,}134 AB$. Теперь из треугольника *BED* вычисляем *BD*:

$$BD^2 = BE^2 + ED^2 = \left(\dfrac{AB}{2}\right)^2 + (0{,}134\, AB)^2 = 0{,}268\, AB^2;$$

$$BD = \sqrt{0{,}268 AB^2} = 0{,}518 AB.$$

Половина *BD*, т. е. *BC*, равна 0,259*AB*, следовательно, искомый синус

$$\sin 15° = \dfrac{BC}{AB} = \dfrac{0{,}259 AB}{AB} = 0{,}259.$$

Это — табличное значение sin 15°, если ограничиться тремя знаками. Приближенное же значение его, которое мы нашли бы по прежнему способу, равно 0,262. Сопоставляя обозначения
$$0{,}259 \text{ и } 0{,}262,$$
видим, что, ограничиваясь двумя значащими цифрами, мы получаем:
$$0{,}26 \text{ и } 0{,}26,$$
т. е. тождественные результаты. Ошибка при замене более точного значения (0,259) приближенным (0,26) составляет $\frac{1}{1000}$, т. е. около 0,4%. Это погрешность, позволительная для походных расчетов, и следовательно, синусы углов от 1 до 15° мы вправе вычислить по нашему, приближенному способу.

Для промежутка от 15 до 30° мы можем вычислять синусы при помощи пропорций. Будем рассуждать так. Разница между sin 30° и sin 15° равна 0,50 – 0,26 = 0,24. Значит, — можем мы допустить, — при увеличении угла на каждый градус синус его возрастает примерно на $\frac{1}{15}$ этой разницы, т. е. на $\frac{0{,}24}{15} = 0{,}016$. Строго говоря, это, конечно, не так, но отступление от указанного правила обнаруживается только в третьей значащей цифре, которую мы все равно отбрасываем. Итак, прибавляя последовательно по 0,016 к sin 15°, получим синусы 16°, 17°, 18° и т. д.:

$$\sin 16° = 0{,}26 + 0{,}016 = 0{,}28,$$
$$\sin 17° = 0{,}26 + 0{,}032 = 0{,}29,$$
$$\sin 18° = 0{,}26 + 0{,}048 = 0{,}31,$$
. . . .
$$\sin 25° = 0{,}26 + 0{,}16 = 0{,}42 \text{ и т. д.}$$

Все эти синусы верны в первых двух десятичных знаках, т. е. с достаточною для наших целей точностью: они отличаются от истинных синусов менее чем на половину единицы последней цифры.

Таким же способом поступают при вычислении углов в промежутках между 30 и 45°. Разность sin 45° – sin 30° = 0,707 – 0,5 = 0,207. Разделив ее на 15, имеем 0,014. Эту величину будем прибавлять последовательно к синусу 30°; тогда получим:

$$\sin 31° = 0{,}54 - 0{,}014 = 0{,}51,$$
$$\sin 32° = 0{,}54 - 0{,}028 = 0{,}53,$$
. . . .
$$\sin 40° = 0{,}5 + 0{,}14 = 0{,}64 \text{ и т. д.}$$

Остается найти синусы острых углов больше 45°. В этом поможет нам Пифагорова теорема. Пусть, например, мы желаем найти sin 53°, т. е. (рис. 90) отношение $\dfrac{BC}{AB}$. Так как угол $B = 37°$, то синус его мы можем вычислить по предыдущему: он равен $0{,}5 + 7 \times 0{,}014 = 0{,}6$. С другой стороны, мы знаем, что $\sin B = \dfrac{AC}{AB}$. Итак, $\dfrac{AC}{AB} = 0{,}6$, откуда $AC = 0{,}6 \times AB$. Зная AC, легко вычислить BC. Этот отрезок равен

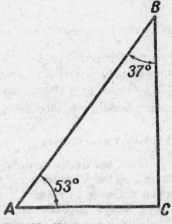

Рис. 89. К вычислению синуса угла, большего 45°.

$$\sqrt{AB^2 - AC^2} = \sqrt{AB^2 - (0{,}6AB)^2} =$$
$$= AB\sqrt{1 - 0{,}36} = 0{,}8AB.$$

Расчет в общем нетруден; надо только уметь вычислять квадратные корни.

Извлечение квадратного корня

Указываемый в курсах алгебры способ извлечения квадратных корней легко забывается. Но можно обойтись и без него. В моих учебных книгах по геометрии приведен древний упрощенный способ вычисления квадратных корней по способу деления. Здесь сообщу другой старинный способ, также более простой, нежели рассматриваемый в курсах алгебры.

Пусть надо вычислить $\sqrt{13}$. Он заключается между 3 и 4 и, следовательно, равен 3 с дробью, которую обозначим через x.

Итак,

$$\sqrt{13} = 3 + x, \text{ откуда } 13 = 9 + 6x + x^2.$$

Квадрат дроби x есть малая дробь, которою в первом приближении можно пренебречь; тогда имеем:

$$13 = 9 + 6x, \text{ откуда } 6x = 4 \text{ и } x = \dfrac{2}{3} = 0{,}67.$$

Значит, приближенно $\sqrt{13} = 3{,}67$. Если мы хотим определить значение корня еще точнее, напишем уравнение

$\sqrt{13} = 3\,{}^2/_3 + y$, где небольшая дробь, положительная или отрицательная. Отсюда $13 = \frac{121}{9} + \frac{22}{3}y + y^2$. Отбросив y^2, находим, что y приближенно равен $-\frac{2}{33} = -0{,}06$. Следовательно, во втором приближении $\sqrt{13} = 3{,}67 - 0{,}06 = 3{,}61$. Третье приближение находим тем же приемом и т. д.

Обычным, указываемым в курсах алгебры способом мы нашли бы $\sqrt{13}$ с точностью до $0{,}01$ — также $3{,}61$.

Найти угол по синусу

Итак, мы имеем возможность вычислить синус любого угла от 0 до 90° с двумя десятичными знаками. Надобность в готовой таблице отпадает; для приближенных вычислений мы всегда можем сами составить ее, если пожелаем.

Но для решения тригонометрических задач нужно уметь и обратно — вычислять углы по данному синусу. Это тоже несложно. Пусть требуется найти угол, синус которого равен 0,38. Так как данный синус меньше 0,5, то искомый угол меньше 30°. Но он больше 15°, так как sin 15°, мы знаем, равен 0,26. Чтобы найти этот угол, заключающийся в промежутке между 15 и 30°, поступаем как объяснено в разделе «Вычисление синуса»:

$$0{,}38 - 0{,}26 = 0{,}12,$$
$$\frac{0{,}12}{0{,}016} = 7{,}5°,$$
$$15° + 7{,}5° = 22{,}5°.$$

Итак, искомый угол приближенно равен 22,5°. Другой пример: найти угол, синус которого 0,62.

$$0{,}62 - 0{,}50 = 0{,}12,$$
$$\frac{0{,}12}{0{,}014} = 8{,}6°,$$
$$30° + 8{,}6° = 38{,}6°.$$

Искомый угол приближенно равен 38,6°.

Наконец, третий пример: найти угол, синус которого 0,91.

Так как данный синус заключается между 0,71 и 1, то искомый угол лежит в промежутке между 45° и 90°. На рис. 91 BC есть синус угла A, если $BA = 1$. Зная BC, легко найти синус угла B:

$$AC^2 = 1 - BC^2 = 1 - 0{,}91^2 = 1 - 0{,}83 = 0{,}17,$$
$$AC = \sqrt{0{,}17} = 0{,}42.$$

Теперь найдем величину угла B, синус которого равен 0,42; после этого легко будет найти угол A, равный $90° - B$. Так как 0,42 заключается между 0,26 и 0,5, то угол B лежит в промежутке между 15° и 30°. Он определяется так:

$$0{,}42 - 0{,}26 = 0{,}16,$$
$$\frac{0{,}16}{0{,}016} = 10°,$$
$$B = 15° + 10° = 25°.$$

И, значит, угол $A = 90° - B = 90° - 25° = 65°$.

Мы вполне вооружены теперь для того, чтобы приближенно решать тригонометрические задачи, так как умеем находить синусы по углам и углы по синусам с точностью, достаточной для походных целей.

Но достаточно ли для этого одного только синуса? Разве не понадобятся нам остальные тригонометрические функции — косинус, тангенс и т. д.? Сейчас покажем на ряде примеров, что для нашей упрощенной тригонометрии можно вполне обойтись одним только синусом.

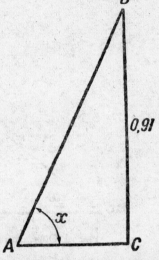

Рис. 90. К вычислению острого угла по его синусу.

Высота Солнца

ЗАДАЧА

Тень BC (рис. 91) от отвесного шеста AB высотою 4,2 м имеет 6,5 м длины. Какова в этот момент высота Солнца над горизонтом, т. е. как велик угол C?

РЕШЕНИЕ

Легко сообразить, что синус угла C равен $\dfrac{AB}{AC}$. Но $AC = \sqrt{AB^2 + BC^2} = \sqrt{4{,}2^2 + 6{,}5^2} = 7{,}74$. Поэтому искомый синус равен $\frac{4{,}2}{7{,}74} = 0{,}55$. По указанному ранее способу находим соответствующий угол: 33°. Высота Солнца — 33° с точностью до $1/2$°.

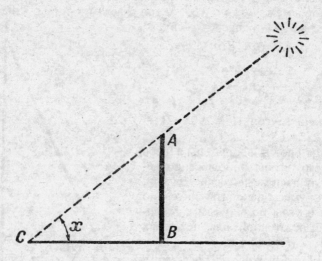

Рис. 91. Определить высоту Солнца над горизонтом.

Расстояние до острова

ЗАДАЧА

Бродя с компасом (буссолью) возле реки, вы заметили на ней (рис. 92) островок A и желаете определить его расстояние от точки B на берегу. Для этого вы определяете по компасу величину угла ABN, составленного с направлением север — юг (NS) прямой BA. Затем измеряете прямую линию BC и определяете величину угла NBC между нею и NS. Наконец, то же самое делаете в точке C для прямой AC. Допустим, что вы получили следующие данные:

направление	AB	отклоняется	от	NS	к востоку	на	52°
»	BC	»	»	NS	»	»	110°
»	CA	»	»	NS	»	»	27°

Длина $BC = 187$ м.

Как по этим данным вычислить расстояние BA?

РЕШЕНИЕ

В треугольнике ABC нам известна сторона BC. Угол $ABC = 110° - 52° = 58°$; угол $ACB = 180° - 110° - 27° = 43°$. Опустим в этом треугольнике (рис. 93, направо) высоту BD. Имеем: $\sin C = \sin 43° = \dfrac{BD}{187}$. Вычисляя ранее указанным способом $\sin 43°$, получаем: 0,68. Значит,

$$BD = 187 \times 0{,}68 = 127.$$

Рис. 92. Как вычислить расстояние до острова?

Теперь в треугольнике ABD нам известен катет BD; угол $A = 180° - (58° + 43°) = 79°$ и угол $ABD = 90° - 79° = 11°$. Синус 11° мы можем вычислить: он равен 0,19. Следовательно, $\dfrac{AD}{AB} = 0{,}19$. С другой стороны, по теореме Пифагора

$$AB^2 = BD^2 + AD^2.$$

Подставляя 0,19 AB вместо AD, а вместо BD число 127, имеем:

$$AB^2 = 127^2 + (0{,}19 AB)^2,$$

откуда $AB \approx 128$.

Итак, искомое расстояние до острова около 128 м.

Читатель не затруднился бы, думаю, вычислить и сторону AC, если бы это понадобилось.

Ширина озера

ЗАДАЧА

Чтобы определить ширину AB озера (рис. 93), вы нашли по компасу, что прямая AC уклоняется к западу на 21°, а BC — к востоку на 22°. Длина $BC = 68$ м, $AC = 35$ м. Вычислить по этим данным ширину озера.

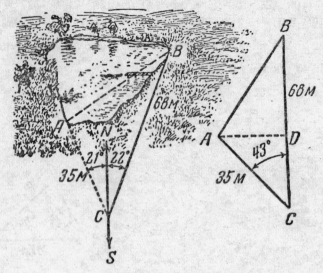

Рис. 93. Вычисление ширины озера.

РЕШЕНИЕ

В треугольнике ABC нам известны угол 43° и длины заключающих его сторон — 68 м и 35 м. Опускаем (рис. 93, справа) высоту AD; имеем: $\sin 43° = \dfrac{AD}{AC}$. Вычисляем, независимо от этого, $\sin 43°$ и получаем: 0,68. Значит, $\dfrac{AD}{AC} = 0{,}68$, $AD = 0{,}68 \times 35 = 24$. Затем вычисляем CD:

$$CD^2 = AC^2 - AD^2 = 35^2 - 24^2 = 649;\ CD = 25{,}5;$$
$$BD = BC - CD = 68 - 25{,}5 = 42{,}5.$$

Теперь из треугольника ABD имеем:
$$AB^2 = AD^2 + BD^2 = 24^2 + 42{,}5^2 = 2380;$$
$$AB \approx 49.$$

Итак, искомая ширина озера около 49 м.

Если бы в треугольнике ABC нужно было вычислить и другие два угла, то, найдя $AB = 49$, поступаем далее так:

$$\sin B = \frac{AD}{AB} = \frac{24}{49} = 0{,}49, \quad \text{отсюда } B = 29°.$$

Третий угол C найдём, вычитая из 180° сумму углов 29° и 43°; он равен 108°.

Может случиться, что в рассматриваемом случае решения треугольника (по двум сторонам и углу между ними) данный угол не острый, а тупой. Если, например, в треугольнике ABC (рис. 94) известны тупой угол A и две стороны, AB и AC, то ход вычисления остальных его элементов таков. Опустив высоту BD, определяют BD и AD из треугольника BDA; затем, зная $DA + AC$, находят BC и $\sin C$, вычислив отношение $\frac{BD}{BC}$.

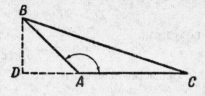

Рис. 94. К решению тупоугольного треугольника

Треугольный участок

ЗАДАЧА

Во время экскурсии мы измерили шагами стороны треугольного участка и нашли, что они равны 43, 60 и 54 шагам. Каковы углы этого треугольника?

РЕШЕНИЕ

Это — наиболее сложный случай решения треугольника: по трём сторонам. Однако и с ним можно справиться, не обращаясь к другим функциям, кроме синуса.

Опустив (рис. 95) высоту BD на длиннейшую сторону AC, имеем:

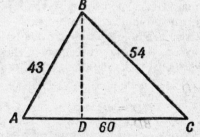

Рис. 95. Найти углы этого треугольника: 1) вычислением, 2) при помощи транспортира.

$$BD^2 = 43^2 - AD^2, \quad BD^2 = 54^2 - DC^2,$$

откуда

$$43^2 - AD^2 = 54^2 - DC^2,$$

$$DC^2 - AD^2 = 54^2 - 43^2 = 1070.$$

Но

$$DC^2 - AD^2 = (DC + AD)(DC - AD) = 60(DC - AD).$$

Следовательно,

$$60(DC - AD) = 1070 \text{ и } DC - AD = 17,8.$$

Из двух уравнений

$$DC - AD = 17,8 \text{ и } DC + AD = 60$$

получаем:

$$2DC = 77,8, \text{ т. е. } DC = 38,9.$$

Теперь легко вычислить высоту:

$$BD = \sqrt{54^2 - 38,9^2} = 37,4,$$

откуда находим:

$$\sin A = \frac{BD}{AB} = \frac{37,4}{43} = 0,87; \; A = \text{около } 60°.$$

$$\sin C = \frac{BD}{BC} = \frac{37,4}{54} = 0,69; \; C = \text{около } 44°.$$

Третий угол $B = 180 - (A + C) = 76°$.

Если бы мы в данном случае вычисляли при помощи таблиц, по всем правилам «настоящей» тригонометрии, то получили бы углы, выраженные в градусах и минутах. Но эти минуты были бы заведомо ошибочны, так как стороны, измеренные шагами, заключают погрешность не менее 2—3%. Значит, чтобы не обманывать самого себя, следовало бы полученные «точные» величины углов округлить по крайней мере до целых градусов. И тогда у нас получился бы тот же самый результат, к которому мы пришли, прибегнув к упрощенным приемам. Польза нашей «походной» тригонометрии выступает здесь очень наглядно.

Определение величины данного угла без всяких измерений

Для измерения углов на местности нам нужен хотя бы компас, а иной раз достаточно и собственных пальцев или спичечной коробки. Но может возникнуть необходимость измерить угол, нанесенный на бумагу, на план или на карту.

Разумеется, если есть под руками транспортир, то вопрос решается просто. А если транспортира нет, например в походных условиях? Геометр не должен растеряться и в этом случае. Как бы вы решили следующую задачу:

ЗАДАЧА

Изображен угол *AOB* (рис. 96), меньший 180°. Определить его величину без измерений.

РЕШЕНИЕ

Можно было бы из произвольной точки стороны *BO* опустить перпендикуляр на сторону *AO*, в получившемся прямоугольном треугольнике измерить катеты и гипотенузу, найти синус угла, а затем и величину самого угла (см. «Найти угол по синусу»). Но такое решение задачи не соответствовало бы жесткому условию — ничего не измерять!

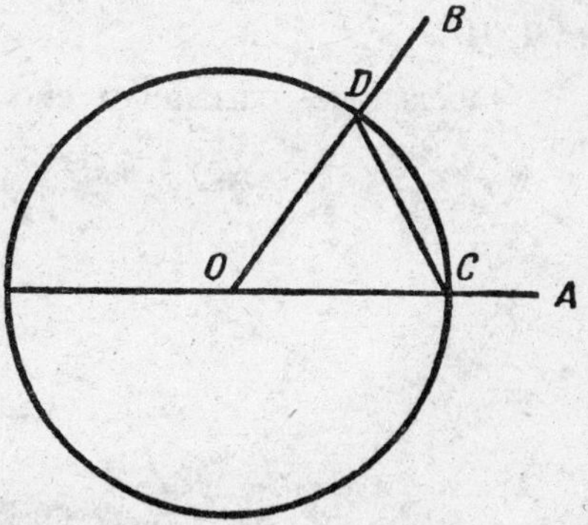

Воспользуемся решением, предложенным в 1946 г. З. Рупейка из Каунаса.

Из вершины *O*, как из центра, произвольным раствором циркуля построим полную окружность. Точки C и D ее пересечения со сторонами угла соединим отрезком прямой.

Рис. 96. Как определить величину изображенного угла *AOB*, пользуясь только циркулем?

Теперь от начальной точки C на окружности будем откладывать последовательно при помощи циркуля хорду *CD* в одном и том же направлении до тех пор, пока ножка циркуля опять совпадет с исходной точкой C.

Откладывая хорды, мы должны считать, сколько раз за это время будет обойдена окружность и сколько раз будет отложена хорда.

Допустим, что окружность мы обошли n раз и за это время S раз отложили хорду *CD*. Тогда искомый угол будет равен

$$\angle AOB = \frac{360° \cdot n}{S}.$$

Действительно, пусть данный угол содержит $x°$; отложив на окружности хорду *CD* S раз, мы как бы увеличили угол $x°$ в S

раз, но так как окружность при этом оказалась пройденной n раз, то этот угол составит $360° \cdot n$, т. е. $x° \cdot S = 360° \cdot n$; отсюда

$$x° = \frac{360° \cdot n}{S}.$$

Для угла, изображенного на чертеже, $n = 3$, $S = 20$ (проверьте!); следовательно, $\angle AOB = 54°$. При отсутствии циркуля окружность можно описать при помощи булавки и полоски бумаги; хорду откладывать тоже можно при помощи той же бумажной полоски.

ЗАДАЧА

Определите указанным способом углы треугольника на рис. 95.

ГЛАВА ШЕСТАЯ

ГДЕ НЕБО С ЗЕМЛЕЙ СХОДЯТСЯ

Горизонт

В степи или на ровном поле вы видите себя в центре окружности, которая ограничивает доступную вашему глазу земную поверхность. Это — горизонт. Линия горизонта неуловима: когда вы идете к ней, она от вас отодвигается. Но, недоступная, она все же реально существует; это не обман зрения, не мираж. Для каждой точки наблюдения имеется определенная граница видимой из нее земной поверхности, и дальность этой границы нетрудно вычислить. Чтобы уяснить себе геометрические отношения, связанные с горизонтом, обратимся к рис. 97, изображающему часть земного шара. В точке C помещается глаз наблюдателя на высоте CD над земной поверхностью. Как далеко видит кругом себя на ровном месте этот наблюдатель? Очевидно, только до точек M, N, где луч зрения касается земной поверхности: дальше земля лежит ниже луча зрения. Эти точки M, N (и другие, лежащие на окружности MEN) представляют собою границу видимой части земной поверхности, т. е. образуют линию горизонта. Наблюдателю должно казаться, что здесь небо опирается на землю, потому что в этих точках он видит одновременно и небо и земные предметы.

Быть может, вам покажется, что рис. 97 не дает верной картины действительности: ведь на самом деле горизонт всегда находится на уровне глаз, между тем как на рисунке круг явно лежит ниже наблюдателя. Действительно, нам всегда кажется, что линия горизонта расположена на одном уровне с глазами и даже повышается вместе с нами, когда мы поднимаемся. Но это — обман зрения: на самом деле линия горизонта всегда ниже глаз, как и показано на рис. 97. Но угол, составляемый прямыми линиями *CN* и *CM* с прямой *CK*, перпендикулярной к радиусу в точке *C* (этот угол называется «понижением горизонта»), весьма мал, и уловить его без инструмента невозможно.

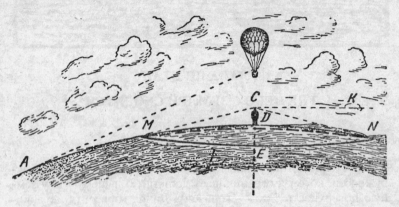

Рис. 97. Горизонт.

Отметим попутно и другое любопытное обстоятельство. Мы сказали сейчас, что при поднятии наблюдателя над земной поверхностью, например на аэроплане, линия горизонта кажется остающейся на уровне глаз, т. е. как бы поднимается вместе с наблюдателем. Если он достаточно высоко поднимается, ему будет казаться, что почва под аэропланом лежит *ниже линии горизонта*, — другими словами, земля представится словно вдавленной в форме чаши, краями которой служит линия горизонта. Это очень хорошо описано и объяснено у Эдгара По в фантастическом «Приключении Ганса Пфаля».

«Больше всего, — рассказывает его герой-аэронавт, — удивило меня то обстоятельство, что поверхность земного шара казалось *вогнутой*. Я ожидал, что увижу ее непременно выпуклой во время подъема кверху; только путем размышления нашел я объяснение этому явлению. Отвесная линия, проведенная от моего шара к земле, образовала бы катет прямоугольного треугольника, основанием которого была бы линия от основания отвеса до горизонта, а гипотенузой — линия от горизонта до моего шара. Но моя высота была ничтожна по сравнению с полем зрения; другими словами, основание и гипотенуза воображаемого прямоугольного треугольника были так велики по сравнению с отвесным катетом, что их можно было считать почти параллельными. Поэтому каждая точка, находящаяся как раз под аэронавтом, всегда кажется лежащей ниже уровня горизонта. Отсюда впечатление вогнутости. И это должно продолжаться до тех пор, пока высота подъема не станет настолько значительной, что основание треугольника и гипотенуза перестанут казаться параллельными».

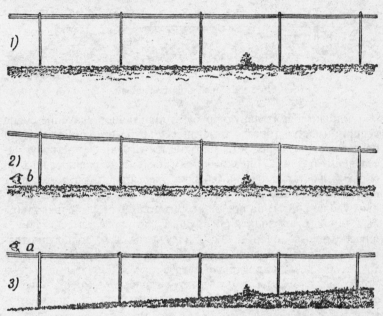

Рис. 98. Что видит глаз, наблюдающий ряд телеграфных столбов.

В дополнение к этому объяснению добавим следующий пример. Вообразите прямой ряд телеграфных столбов (рис. 98). Для глаза, помещенного в точке b, на уровне оснований столбов, ряд принимает вид, обозначенный цифрой 2. Но для глаза в точке a, на уровне вершин столбов, ряд принимает вид 3, т. е. почва кажется ему словно приподнимающейся у горизонта.

Корабль на горизонте

Когда с берега моря или большого озера мы наблюдаем за кораблем, появляющимся из-под горизонта, нам кажется, что мы видим судно не в той точке (рис. 99), где оно действительно находится, а гораздо ближе, в точке *B*, где линия нашего зрения скользит по выпуклости моря. При наблюдении невооруженным глазом трудно отделаться от впечатления, что судно находится в точке *B*, а не дальше за горизонтом (ср. со сказанным в четвертой главе о влиянии пригорка на суждение о дальности).

Рис. 99. Корабль за горизонтом.

Однако в зрительную трубу это различное удаление судна воспринимается гораздо отчетливее. Труба не одинаково ясно показывает нам предметы близкие и отдаленные: в трубу, наставленную вдаль, близкие предметы видны расплывчато, и, обратно, наставленная на близкие предметы труба показывает нам даль в тумане. Если поэтому направить трубу (с достаточным увеличением) на водный горизонт и наставить так, чтобы ясно видна была водная поверхность, то корабль представится в расплывчатых очертаниях, обнаруживая свою большую отдаленность от наблюдения (рис. 100). Наоборот, установив трубу так, чтобы резко видны были очертания корабля, полускрытого под горизонтом, мы заметим, что водная поверхность у горизонта утратила свою прежнюю ясность и рисуется словно в тумане (рис. 101).

Дальность горизонта

Как же далеко лежит от наблюдателя линия горизонта? Другими словами: как велик радиус того круга, в центре которого мы видим себя на ровной местности? Как вычислить дальность горизонта, зная величину возвышения наблюдателя над земной поверхностью?

Задача сводится к вычислению длины отрезка *CN* (рис. 102) касательной, проведенной из глаза наблюдателя к земной поверхности. Квадрат касательной — мы знаем из геометрии — равен произведению внешнего отрезка *h* секущей на всю длину этой секущей, т. е. на $h + 2R$, где R — радиус земного шара. Так как возвышение глаза наблюдателя над землею обычно крайне

Рис. 100—101. Корабль за горизонтом, рассматриваемый в зрительную трубу.

мало по сравнению с диаметром ($2R$) земного шара, составляя, например, для высочайшего поднятия аэроплана около 0,001 его доли, то $2R + h$ можно принять равным $2R$, и тогда формула упростится:

$$CN^2 = h \cdot 2R.$$

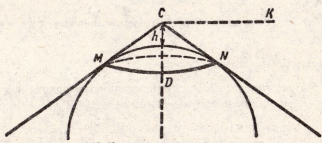

Рис. 102. К задаче о дальности горизонта.

Значит, дальность горизонта можно вычислять по очень простой формуле

$$\text{дальность горизонта} = \sqrt{2Rh},$$

где R — радиус земного шара (около 6400 км [1]), а h — возвышение глаза наблюдателя над земной поверхностью.

---

[1] Точнее 6371 км.

Так как $\sqrt{6400} = 80$, то формуле можно придать следующий вид:

$$\text{дальность горизонта} = 80\sqrt{2h} = 113\sqrt{h},$$

где h непременно должно быть выражено в частях километра.

Это расчет чисто геометрический, упрощенный. Если пожелаем уточнить его учетом физических факторов, влияющих на дальность горизонта, то должны принять в соображение так называемую «атмосферную рефракцию». Рефракция, т. е. преломление (искривление) световых лучей в атмосфере, увеличивает дальность горизонта примерно на $^1/_{15}$ рассчитанной дальности (на 6%). Число это — 6% — только среднее. Дальность горизонта несколько увеличивается или уменьшается в зависимости от многих условий, а именно, она

увеличивается:	*уменьшается:*
при высоком давлении,	при низком давлении,
близ поверхности земли,	на высоте,
в холодную погоду,	в теплую погоду,
утром и вечером,	днем,
в сырую погоду,	в сухую погоду,
над морем,	над сушей.

ЗАДАЧА

Как далеко может обозревать землю человек, стоящий на равнине?

РЕШЕНИЕ

Считая, что глаз взрослого человека возвышается над почвой на 1,6 *м*, или на 0,0016 *км*, имеем:

$$\text{дальность горизонта} = 113\sqrt{0,0016} = 4,52 \text{ км}.$$

Воздушная оболочка Земли, как было сказано выше, искривляет путь лучей, вследствие чего горизонт отодвигается в среднем на 6% дальше того расстояния, которое получается по формуле. Чтобы учесть эту поправку, надо 4,52 *км* умножить на 1,06; получим:

$$4,52 \times 1,06 \approx 4,8 \text{ км}.$$

Итак, человек среднего роста видит на ровном месте не далее 4,8 *км*. Поперечник обозреваемого им круга — всего 9,6 *км*, а площадь — 72 *кв. км*. Это гораздо меньше, чем обычно думают люди, которые описывают далекий простор степей, окидываемый глазом.

ЗАДАЧА

Как далеко видит море человек, сидящий в лодке?

РЕШЕНИЕ

Если возвышение глаза сидящего в лодке человека над уровнем воды примем за 1 *м*, или 0,001 *км*, то дальность горизонта равна

$$113\sqrt{0{,}001} = 3{,}58 \text{ км},$$

или с учетом средней атмосферной рефракции около 3,8 *км*. Предметы, расположенные далее, видны только в своих верхних частях; основания их скрыты под горизонтом.

При более низком положении глаза горизонт суживается: для полуметра, например, до $2\frac{1}{2}$ *км*. Напротив, при наблюдении с возвышенных пунктов (с мачты) дальность горизонта возрастает: для 4 *м*, например, до 7 *км*.

ЗАДАЧА

Как далеко во все стороны простиралась земля для воздухоплавателей, наблюдавших из гондолы стратостата «СОАХ-1», когда он находился в высшей точке своего подъема?

РЕШЕНИЕ

Так как шар находился на высоте 22 *км*, то дальность горизонта для такого возвышения равна

$$113\sqrt{22} = 530 \text{ км},$$

а с учетом рефракции — 580 *км*.

ЗАДАЧА

Как высоко должен подняться летчик, чтобы видеть кругом себя на 50 *км*?

РЕШЕНИЕ

Из формулы дальности горизонта имеем в данном случае уравнение

откуда

$$50 = \sqrt{2Rh},$$

$$h = \frac{50^2}{2R} = \frac{2500}{12\,800} = 0{,}2 \text{ км}.$$

Значит, достаточно подняться всего на 200 м.

Чтобы учесть поправку, скинем 6% от 50 *км*, получим 47 км; далее $h = \dfrac{47^2}{2R} = \dfrac{2200}{12\,800} = 0{,}17$ км, т. е. 170 *м* (вместо 200).

Рис. 103. Московский университет (рисунок с проекта строящегося здания).

На самой высокой точке Ленинских гор в Москве строится двадцатишестиэтажное здание Университета (рис. 103) — крупнейшего в мире учебного и научного центра.

Оно будет возвышаться на 200 *м* над уровнем Москвы-реки. Следовательно, из окон верхних этажей Университета откроется панорама до 50 *км* в радиусе.

Башня Гоголя

ЗАДАЧА

Интересно знать, что увеличивается быстрее: высота поднятия или дальность горизонта? Многие думают, что с возвышением наблюдателя горизонт возрастает необычайно быстро. Так думал, между прочим, и Гоголь, писавший в статье «Об архитектуре нашего времени» следующее:

«Башни огромные, колоссальные, необходимы в городе... У нас обыкновенно ограничиваются высотой, дающей возможность оглядеть один только город, между тем как для столицы необходимо видеть, по крайней мере, на полтораста верст [1] во все стороны, и для этого, может быть, один только или два этажа лишних, — и все изменяется. Объем кругозора по, мере возвышения распространяется необыкновенною прогрессией».

Так ли в действительности?

РЕШЕНИЕ

Достаточно взглянуть на формулу
$$\text{дальность горизонта} = \sqrt{2Rh},$$
чтобы сразу стала ясна неправильность утверждения, будто «объем горизонта» с возвышением наблюдателя возрастает очень быстро. Напротив, дальность горизонта растет медленнее, чем высота поднятия: она пропорциональна квадратному корню из высоты. Когда возвышение наблюдателя увеличивается в 100 раз, горизонт отодвигается всего только в 10 раз дальше; когда высота становится в 1000 раз больше, горизонт отодвигается всего в 31 раз дальше. Поэтому ошибочно утверждать, что «один только или два этажа лишних, — и все изменяется». Если к восьмиэтажному дому пристроить еще два этажа, дальность горизонта возрастет в $\sqrt{\frac{10}{8}}$, т. е. в 1,1 раза — всего на 10%. Такая прибавка мало ощутительна.

Что же касается идеи сооружения башни, с которой можно было бы видеть, «по крайней мере, на полтораста верст», т. е.

---

[1] 1 верста составляет 1,0668 *км;* 150 верст — 160 *км.*

на 160 км, то она совершенно несбыточна. Гоголь, конечно, не подозревал, что такая башня должна иметь огромную высоту.

Действительно, из уравнения

$$160 = \sqrt{2Rh}$$

получаем:

$$h = \frac{160^2}{2R} = \frac{25\,600}{12\,800} = 2 \text{ км}.$$

Это высота большой горы. Самый пока высокий из запроектированных домов в столице нашей Родины — 32-этажное административное здание, золоченый шатер которого должен по проекту возвышаться на 280 м от основания здания — в семь раз ниже проектируемых Гоголем вышек.

Холм Пушкина

Сходную ошибку делает и Пушкин, говоря в «Скупом рыцаре» о далеком горизонте, открывающемся с вершины «гордого холма»:

> И царь мог с высоты с весельем озирать
> И дол, покрытый белыми шатрами,
> И море, где бежали корабли...

Мы уже видели, как скромна была высота этого «гордого» холма: даже полчища Атиллы не могли бы по этому способу воздвигнуть холм выше $4\frac{1}{2}$ м. Теперь мы можем завершить расчеты, определив, насколько холм этот расширял горизонт наблюдателя, поместившегося на его вершине.

Глаз такого зрителя возвышался бы над почвой на $4\frac{1}{2} + 1\frac{1}{2}$, т. е. на 6 м, и следовательно, дальность горизонта равна была бы $\sqrt{2 \times 6400 \times 0{,}006} = 8{,}8$ км. Это всего на 4 км больше того, что можно видеть, стоя на ровной земле.

Где рельсы сходятся

ЗАДАЧА

Конечно, вы не раз замечали, как суживается уходящая в даль рельсовая колея. Но случалось ли вам видеть ту точку, где оба рельса, наконец, встречаются друг с другом? Да и возможно ли видеть такую точку? У вас теперь достаточно знаний, чтобы решить эту задачу.

РЕШЕНИЕ

Вспомним, что каждый предмет превращается для нормального глаза в точку тогда, когда виден под углом в 1′, т. е, когда он удален на 3400 своих поперечников. Ширина рельсовой колеи — 1,52 *м*. Значит, промежуток между рельсами должен слиться в точку на расстоянии 1,52 × 3400 = 5,2 км. Итак, если бы мы могли проследить за рельсами на протяжения 5,2 *км*, мы увидели бы, как оба они сходятся в одной точке. Но на ровной местности горизонт лежит ближе 5,2 *км*, — именно, на расстоянии всего 4,4 *км*. Следовательно, человек с нормальным зрением, стоя на ровном месте, не может видеть точки встречи рельсов. Он мог бы наблюдать ее лишь при одном из следующих условий:

1) если острота зрения его понижена, так что предметы сливаются для него в точку при угле зрения, большем 1′;

2) если железнодорожный путь не горизонтален;

3) если глаз наблюдателя возвышается над землей более чем на

$$\frac{5{,}2^2}{2R} = \frac{27}{12\,800} = 0{,}0021 \ \text{км},$$

т. е. 210 *см*.

Задачи о маяке

ЗАДАЧА

На берегу находится маяк, верхушка которого возвышается на 40 *м* над поверхностью воды.

С какого расстояния откроется этот маяк для корабля, если матрос-наблюдатель («марсовой») находится на «марсе» корабля на высоте 10 *м* над водной поверхностью?

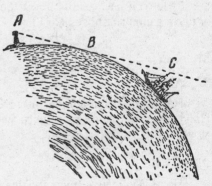

Рис. 104. К задачам о маяке.

РЕШЕНИЕ

Из рис. 104 видно, что задача сводится к вычислению длины прямой *AC*, составленной из двух частей *AB* и *BC*.

Часть *AB* есть дальность горизонта маяка при высоте над землей 40 *м*, а *BC* — дальность горизонта «марсового» при высоте 10 *м*. Следовательно, искомое расстояние равно

$$113\sqrt{0{,}04} + 113\sqrt{0{,}01} = 113\,(0{,}2 + 0{,}1) = 34 \text{ км}.$$

ЗАДАЧА

Какую часть этого маяка увидит тот же «марсовой» с расстояния 30 *км*?

РЕШЕНИЕ

Из рис. 104 ясен ход решения задачи: нужно, прежде всего, вычислить длину *BC*, затем отнять полученный результат от общей длины *AC*, т. е. от 30 *км*, чтобы узнать расстояние *AB*. Зная *AB*, мы вычислим высоту, с которой дальность горизонта равна *AB*. Выполним же все эти расчеты:

$$50 = 113\sqrt{0{,}01} - 11{,}3 \text{ км};$$
$$30 - 11{,}3 = 18{,}7 \text{ км};$$
$$\text{высота} = \frac{18{,}7^2}{2R} = \frac{350}{12\,800} = 0{,}027 \text{ км}.$$

Значит, с расстояния 30 *км* не видно 27 *м* высоты маяка; остаются видимыми только 13 *м*.

Молния

ЗАДАЧА

Над вашей головой, на высоте 1,5 *км*, сверкнула молния. На каком расстоянии от вашего места еще можно было видеть молнию?

РЕШЕНИЕ

Надо вычислить (рис. 105) дальность горизонта для высоты 1,5 *км*. Она равна

$$113\sqrt{1{,}5} = 138 \text{ км}.$$

Значит, если местность ровная, то молния была видна человеку, глаз которого находится на уровне земли, на расстоянии 138 *км* (а с 6%-ной поправкой — на 146 *км*). В точках, удалённых на 146 *км*, она была видна на самом горизонте; а так как на такое расстояние звук не доносится, то наблюдалась она здесь как зарница — молния без грома.

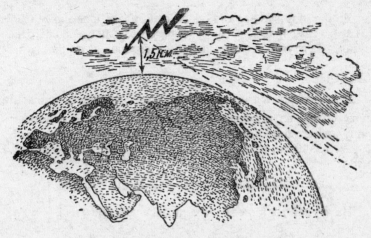

Рис. 105. К задаче о молнии.

Парусник

ЗАДАЧА

Вы стоите на берегу озера или моря, у самой воды, и, наблюдаете за удаляющимся от вас парусником. Вам известно, что верхушка мачты возвышается на 6 *м* над уровнем моря. На каком расстоянии от вас парусник начнёт кажущимся образом опускаться в воду (т. е. за горизонт) и на каком расстоянии он скроется окончательно?

РЕШЕНИЕ

Парусник начнёт скрываться под горизонт (см. рис. 99) в точке B — на расстоянии дальности горизонта для человека среднего роста, т. е. 4,4 *км*. Совсем скроется он под горизонт в точке, расстояние которой от B равно

$$113\sqrt{0{,}006} = 8{,}7 \text{ км}.$$

Значит, парусник скроется под горизонт на расстоянии от берега

$$4{,}4 + 8{,}7 = 13{,}1 \; км.$$

Горизонт на Луне

ЗАДАЧА

До сих пор все расчеты наши относились к земному шару. Но как бы изменилась дальность горизонта, если бы наблюдатель очутился на другой планете, например на одной из равнин Луны?

РЕШЕНИЕ

Задача решается по той же формуле; дальность горизонта равна $\sqrt{2Rh}$, но в данном случае вместо $2R$ надо подставить длину диаметра не земного шара, а Луны. Так как диаметр Луны равен 3500 км, то при возвышении глаза над почвой на 1,5 м имеем:

$$\text{дальность горизонта} = \sqrt{3500 \times 0{,}0015} = 2{,}3 \; км.$$

На лунной равнине мы видели бы вдаль всего на $2\frac{1}{3}$ км.

В лунном кратере

ЗАДАЧА

Наблюдая Луну в зрительную трубу даже скромных размеров, мы видим на ней множество так называемых кольцевых гор — образований, подобным которым на Земле нет. Одна из величайших кольцевых гор — «кратер Коперника» — имеет в диаметре снаружи 124 км, внутри 90 км. Высочайшие точки кольцевого вала возвышаются над почвой внутренней котлованы на 1500 м. Но если бы вы очутились в средней части внутренней котловины, увидели бы вы оттуда этот кольцевой вал?

РЕШЕНИЕ

Чтобы ответить на вопрос, нужно вычислить дальность горизонта для гребня вала, т. е. для высоты 1,5 км. Она равна на луне $\sqrt{3500 \times 1{,}5} = 23$ км. Прибавив дальность горизонта для человека среднего роста, получим расстояние, на котором кольцевой вал скрывается под горизонтом наблюдателя

23 + 2,3 = около 25 *км*.

А так как центр вала удален от его краев на 45 *км*, то видеть этот вал из центра невозможно, — разве только взобравшись на склоны центральных гор, возвышающихся на дне этого кратера до высоты 600 *м*.[1]

На Юпитере

ЗАДАЧА

Как велика дальность горизонта на Юпитере, диаметр которого в 11 раз больше земного?

РЕШЕНИЕ

Если Юпитер покрыт твердой корой и имеет ровную поверхность, то человек, перенесенный на его равнину, мог бы видеть вдаль на

$$\sqrt{11 \times 12\,800 \times 0{,}0016} = 14{,}4 \; км.$$

Для самостоятельных упражнений

Вычислить дальность горизонта для перископа подводной лодки, возвышающегося над спокойной поверхностью моря на 30 *см*.

Как высоко должен подняться летчик над Ладожским озером, чтобы видеть сразу оба берега, разделенные расстоянием 210 *км*?

Как высоко должен подняться летчик между Ленинградом и Москвой, чтобы сразу видеть оба города? Расстояние Ленинград — Москва равно 640 *км*.

---

[1] См. книгу Я. И. Перельмана «Занимательная астрономия», гл. II, статью «Лунные пейзажи».

ГЛАВА СЕДЬМАЯ

ГЕОМЕТРИЯ РОБИНЗОНОВ

(Несколько страниц из Жюля Верна)

Геометрия звездного неба

> Открылась бездна, звезд полна;
> Звездам числа нет, бездне дна
>
> *Ломоносов.*

Было время, когда автор этой книги готовил себя к не совсем обычной будущности: к карьере человека, потерпевшего кораблекрушение. Короче сказать, я думал сделаться Робинзоном. Если бы это осуществилось, настоящая книга могла бы быть составлена интереснее, чем теперь, но, может быть, и вовсе осталась бы ненаписанной. Мне не пришлось сделаться Робинзоном, о чем я теперь не жалею. Однако в юности я горячо верил в свое призвание Робинзона и готовился к нему вполне серьезно. Ведь даже самый посредственный Робинзон должен обладать многими знаниями и навыками, не обязательными для людей других профессий.

Что, прежде всего, придется сделать человеку, закинутому крушением на необитаемый остров? Конечно, определить географическое положение своего невольного обиталища — широту и долготу. Об этом, к сожалению, слишком кратко говорится в большинстве историй старых и новых Робинзонов. В полном издании подлинного «Робинзона Крузо» вы найдете об этом всего одну строку да и ту в скобках:

«В тех широтах, где лежит мой остров (т.е., по моим вычислениям, на 9°22′ севернее экватора)...».

Эта досадная краткость приводила меня в отчаяние, когда я запасался сведениями, необходимыми для моей воображаемой будущности. Я готов был уже отказаться от карьеры единственного обитателя пустынного острова, когда секрет раскрылся передо мною в «Таинственном острове» Жюля Верна.

Я не готовлю моих читателей в Робинзоны, но все же считаю нелишним остановиться здесь на простейших способах определения географической широты. Умение это может пригодиться не для одних только обитателей неведомых островов. У нас еще столько населенных мест, не обозначенных на картах (да и всегда ли под руками подробная карта?), что задача определения географической широты может встать перед многими из моих читателей. Правда, мы не можем утверждать, как некогда Лермонтов, что даже:

> «Тамбов на карте генеральной
> Кружком означен не всегда»;

но множество местечек и колхозов не обозначено на общих картах еще и в наши дни. Не надо пускаться в морские приключения, чтобы оказаться в роли Робинзона, впервые определяющего географическое положение места своего обитания.

Дело это в основе сравнительно несложное. Наблюдая в ясную звездную ночь за небом, вы заметите, что звезды медленно описывают на небесном своде наклонные круги, словно весь купол неба плавно вращается на косо утвержденной невидимой оси. В действительности же, конечно, вы сами, вращаясь вместе с Землею, описываете круги около ее оси в обратную сторону. Единственная точка звездного купола в нашем северном полушарии, которая сохраняет неподвижность, — та, куда упирается мысленное продолжение земной оси. Этот северный «полюс мира» приходится невдалеке от яркой звезды на конце хвоста Малой Медведицы — Полярной звезды. Найдя ее на нашем северном небе, мы тем самым найдем и положение северного полюса мира. Отыскать же ее нетрудно, если найти сначала положение всем известного созвездия Большой Медведицы: проведите прямую линию через ее крайние звезды, как показано на рис. 106, и, продолжив ее на расстояние, примерно равное длине всего созвездия, вы наткнетесь на Полярную.

Это одна из тех точек на небесной сфере, которые понадобятся нам для определения географической широты. Вторая — так называемый «зенит» — есть точка, находящаяся на небе отвесно над вашей головой. Другими словами, зенит есть точка на небе, куда упирается мысленное продолжение того радиуса Земли, который приведен к занимаемому вами месту. Градусное расстояние по небесной дуге между вашим зенитом и Полярной звездой есть в то же время градусное расстояние вашего места от земного полюса. Если ваш зенит отстоит от Полярной на 30°, то вы отдалены от земного полюса на 30°, а значит, отстоите от экватора на 60°; иначе говоря, вы находитесь на, 60-й параллели.

Рис. 106. Разыскание Полярной звезды.

Следовательно, чтобы найти широту какого-либо места, надо лишь измерить в градусах (и его долях) «зенитное расстояние» Полярной звезды; после этого останется вычесть эту величину из 90° — и широта определена. Практически можно поступать иначе. Так как дуга между зенитом и горизонтом содержит 90°, то вычитая зенитное расстояние Полярной звезды из 90°, мы получаем в остатке не что иное, как длину небесной дуги от Полярной до горизонта; иначе говоря, мы получаем «высоту» Полярной звезды над горизонтом. Поэтому географическая широта какого-либо места равна высоте Полярной звезды над горизонтом этого места.

Теперь вам понятно, что нужно сделать для определения широты. Дождавшись ясной ночи, вы отыскиваете на небе Полярную звезду и измеряете ее угловую высоту над горизонтом; результат сразу даст вам искомую широту вашего места. Если хотите быть точным, вы должны принять в расчет, что Полярная звезда не строго совпадает с полюсом мира, а отстоит от него на $1\ 1/4°$. Поэтому Полярная звезда не остается совершенно неподвижной: она описывает около неподвижного небесного полюса маленький кружок, располагаясь то выше его, то ниже, то справа, то слева на $1\ 1/4°$. Определив высоту Полярной звезды в самом высоком и в самом низком ее положении (астроном сказал бы: в моменты ее верхней и нижней «кульминаций»), вы берете среднее из обоих измерений. Это и есть истинная высота полюса, а следовательно, и искомая широта места.

Но если так, то незачем избирать непременно Полярную звезду: можно остановиться на любой незаходящей звезде и, измерив ее высоту в обоих крайних положениях над горизонтом, взять среднюю из этих измерений. В результате получится высота полюса над горизонтом, т. е. широта места. Но при этом необходимо уметь улавливать моменты наивысшего и наинизшего положений избранной звезды, что усложняет дело; да и не всегда удается это наблюдать в течение одной ночи. Вот почему для первых приближенных измерений лучше работать с Полярной звездой, пренебрегая небольшим удалением ее от полюса.

До сих пор мы воображали себя находящимися в северном полушарии. Как поступили бы вы, очутившись в южном полушарии? Точно так же, с той лишь разницей, что здесь надо определять высоту не северного, а южного полюса мира. Близ этого полюса, к сожалению, нет яркой звезды вроде Полярной в нашем полушарии. Знаменитый Южный Крест сияет довольно далеко от южного полюса, и если мы желаем воспользоваться звездами этого созвездия для определения широты, то придется брать среднее из двух измерений — при наивысшем и наинизшем положении звезды.

Герои романа Жюля Верна при определении широты своего «таинственного острова» пользовались именно этим красивым созвездием южного неба.

Поучительно перечесть то место романа, где описывается вся процедура. Заодно познакомимся и с тем, как новые Робинзоны справились со своей задачей, не имея угломерного инструмента.

Широта «таинственного острова»

«Было 8 часов вечера. Луна еще не взошла, но горизонт серебрился уже нежными бледными оттенками, которые можно было назвать лунной зарей. В зените блистали созвездия южного полушария и между ними созвездие Южного Креста. Инженер Смит некоторое время наблюдал это созвездие.

— Герберт, — сказал он после некоторого раздумья, — у нас сегодня 15 апреля?

— Да, — ответил юноша.

— Если не ошибаюсь, завтра один из тех четырех дней в году, когда истинное время равно среднему времени: завтра Солнце вступит на меридиан ровно в полдень по нашим часам.[1] Если погода будет ясная, мне удастся приблизительно определить долготу острова.

— Без инструментов?

— Да. Вечер ясный, и потому я сегодня же попытаюсь определить широту нашего острова, измерив высоту звезд Южного Креста, т. е. высоту южного полюса над горизонтом. А завтра в полдень определю и долготу острова.

Если бы у инженера был секстант — прибор, позволяющий точно измерять угловые расстояния предметов при помощи отражения световых лучей, — задача не представляла бы никаких затруднений. Определив в этот вечер высоту полюса, а завтра днем — момент прохождения Солнца через меридиан, он получил бы географические координаты острова: широту и долготу. Но секстанта не имелось, и надо было его заменить.

Инженер вошел в пещеру. При свете костра он вырезал две прямоугольные планки, которые соединил в одном конце в форме циркуля так, что ножки его можно было сдвигать и раздвигать. Для шарнира он воспользовался крепкой колючкой акации, найденной среди валежника у костра.

Когда инструмент был готов, инженер возвратился на берег. Ему необходимо было измерить высоту полюса над горизонтом, ясно очерченным, т. е. над уровнем моря. Для своих наблюдений он отправился на площадку Далекого Вида, — причем нужно принять во внимание также высоту самой площадки над уровнем моря. Это последнее измерение можно будет выполнить на другой день приемами элементарной геометрии.

Горизонт, озаренный снизу первыми лучами луны, резко обрисовывался, представляя все удобства для наблюдения. Созвездие Южного Креста сияло на небе в опрокинутом виде: звезда *альфа*, обозначающая его основание, всего ближе лежит к южному полюсу (мира).

Это созвездие расположено не так близко к южному полюсу, как Полярная звезда — к северному. Звезда *альфа* отстоит от полюса на 27°; инженер знал это и предполагал ввести это расстояние в свои вычисления. Он поджидал момента прохождения звезды через меридиан, — это облегчает выполнение операции.

Смит направил одну ножку своего деревянного циркуля горизонтально, другую — к звезде *альфа* Креста, и отверстие образовавшегося угла дало угловую высоту звезды над горизонтом. Чтобы закрепить этот угол надежным образом, он прибил с помощью шипов акации к обеим планкам третью, пересекающую их поперек, так что фигура сохраняла неизменную форму.

---

[1] Наши часы идут не строго согласованно с солнечными часами: между «истинным солнечным временем» и тем «средним временем», которое показывается точными часами, есть расхождение, равняющееся нулю только четыре дня в году: около 16 апреля, 14 июня, 1 сентября и 24 декабря. (См. «Занимательную астрономию» Я. И. Перельмана.)

Оставалось лишь определить величину полученного угла, относя наблюдение к уровню моря, т. е. учитывая понижение горизонта, для чего необходимо было измерить высоту скалы.[1] Величина угла даст высоту звезды *альфа* Креста, а следовательно, и высоту полюса над горизонтом, т. е. географическую широту острова, так как широта всякого места земного шара равна высоте полюса над горизонтом этого места. Эти вычисления предполагалось произвести завтра».

Как выполнено было измерение высоты скалы, мои читатели знают уже из отрывка, приведенного в первой главе настоящей, книги. Пропустив здесь это место романа, проследим за дальнейшей работой инженера:

«Инженер взял циркуль, который был устроен им накануне и помощью которого он определил угловое расстояние между звездой *альфа* Южного Креста и горизонтом. Он тщательно измерил величину этого угла помощью круга, разделенного на 360 частей, и нашел, что он равен 10°. Отсюда высота полюса над горизонтом — после присоединения к 10° тех 27°, которые отделяют названную звезду от полюса, и приведения к уровню моря высоты скалы, с вершины которой было выполнено измерение, — получилась равной 37°. Смит заключил, что остров Линкольна расположен на 37° южной широты, или — принимая во внимание несовершенство измерения — между 35-й и 40-й параллелями.

Оставалось еще узнать его долготу. Инженер рассчитывал определить ее в тот же день, в полдень, когда Солнце будет проходить через меридиан острова».

Определение географической долготы

«Но как инженер определит момент прохождения Солнца через меридиан острова, не имея для этого никакого инструмента? Вопрос этот очень занимал Герберта.

Инженер распорядился всем, что нужно было для его астрономического наблюдения. Он выбрал на песчаном берегу совершенно чистое место, выровненное морским отливом. Шестифутовый шест, воткнутый на этом месте, был перпендикулярен к этой площадке.

Герберт понял тогда, как намерен был действовать инженер для определения момента прохождения Солнца через меридиан острова,

---

[1] Так как измерение производилось инженером не на уровне моря, а с высокой скалы, то прямая линия, проведенная от глаза наблюдателя к краю горизонта, не строго совпадала с перпендикуляром к земному радиусу, а составляла с ним некоторый угол. Однако угол этот так мал, что для данного случая можно было им смело пренебречь (при высоте в 100 *м* он едва составляет третью долю градуса); поэтому Смиту, вернее Жюлю Верну, не было надобности усложнять расчет введением этой поправки. (*Я. П.*)

или, иначе говоря, для определения местного полудня. Он хотел определить его по наблюдению тени, отбрасываемой шестом на песок. Способ этот, конечно, недостаточно точен, но, за отсутствием инструментов, он давал все же довольно удовлетворительный результат.

Момент, когда тень шеста сделается наиболее короткой, будет полдень. Достаточно внимательно проследить за движением конца тени, чтобы заметить момент, когда тень, перестав сокращаться, вновь начнет удлиняться. Тень как бы играла в этом случае роль часовой стрелки на циферблате.

Когда, по расчету инженера, наступило время наблюдения, он стал на колени и, втыкая в песок маленькие колышки, начал отмечать постепенное укорочение тени, отбрасываемой шестом.

Журналист (один из спутников инженера) держал в руке свой хронометр, готовясь заметить момент, когда тень станет наиболее короткой. Так как инженер производил наблюдение 16 апреля, т. е. в один из тех дней, когда истинный полдень совпадает со средним, то момент, замеченный журналистом по его хронометру, будет установлен по времени меридиана Вашингтона (места отправления путешественников).

Солнце медленно подвигалось. Тень постепенно укорачивалась. Заметив, наконец, что она начала удлиняться, инженер спросил:

— Который час?

— Пять часов и одна минута, — ответил журналист.

Наблюдение было окончено. Оставалось только проделать несложный расчет.

Наблюдение установило, что между меридианом Вашингтона и меридианом острова Линкольна разница во времени почти ровно 5 часов. Это значит, что, когда на острове полдень, в Вашингтоне уже 5 часов вечера. Солнце в своем кажущемся суточном движении вокруг земного шара пробегает 1° в 4 минуты, а в час — 15°. А 15°, умноженные на 5 (число часов), составляют 75°.

Вашингтон лежит на меридиане 77°3'11" к западу от Гринвичского меридиана, принимаемого американцами, как и англичанами, за начальный. Значит, остров лежал приблизительно на 152° западной долготы.

Принимая во внимание недостаточную точность наблюдений, можно было утверждать, что остров лежит между 35-й и 40-й параллелями южной широты и между 150-м и 155-м меридианами к западу от Гринвича».

Отметим в заключение, что способов определения географической долготы имеется несколько и довольно разнообразных; способ, примененный героями Жюля Верна, лишь один из них (известный под названием «способа перевозки хронометров»). Точно так же существуют и другие приемы определения широты, более точные, нежели здесь описанный (для мореплавания, например, непригодный).

ЧАСТЬ ВТОРАЯ
МЕЖДУ ДЕЛОМ И ШУТКОЙ В ГЕОМЕТРИИ

> Предмет математики настолько серьезен, что полезно не упускать случаев делать его немного занимательным.
>
> *Паскаль*

ГЛАВА ВОСЬМАЯ

ГЕОМЕТРИЯ ВПОТЬМАХ

На дне трюма

От вольного воздуха полей и моря перенесемся в тесный и темный трюм старинного корабля, где юный герой одного из романов Майн-Рида успешно разрешил геометрическую задачу при такой обстановке, при которой, наверное, ни одному из моих читателей заниматься математикой не приходилось. В романе «Мальчик-моряк» (или «На дне трюма») Майн-Рид повествует о юном любителе морских приключений (рис. 107), который, не имея средств заплатить за проезд, пробрался в трюм незнакомого корабля и здесь неожиданно оказался закупоренным на все время морского перехода. Роясь среди багажа, заполнявшего его темницу, он наткнулся на ящик сухарей и бочку воды. Рассудительный мальчик понимал, что с этим ограниченным запасом еды и питья надо быть возможно бережливее, и потому решил разделить его на ежедневные порции.

Пересчитать сухари было делом нетрудным, но как установить порции воды, не зная ее общего запаса? Вот задача, которая стояла перед юным героем Майн-Рида. Посмотрим, как он справился с нею.

Измерение бочки

«Мне необходимо было установить для себя дневную порцию воды. Для этого нужно было узнать, сколько ее содержится в бочке, и затем разделить по порциям.

К счастью, в деревенской школе учитель сообщил нам на уроках арифметики некоторые начальные сведения из геометрии: я имел понятие о кубе, пирамиде, цилиндре, шаре; знал я также, что бочку можно рассматривать как два усеченных конуса, сложенных своими большими основаниями.

Рис. 107. Юный любитель приключений из романа Майн-Рида.

Чтобы определить вместимость моей бочки, нужно было знать ее высоту (или, в сущности, половину этой высоты), затем окружность одного из доньев и окружность срединного сечения, т. е. самой широкой часта бочки. Зная эти три величины, я мог точно определить, сколько кубических единиц содержится в бочке.

Мне оставалось только измерить эти величины, — но в этом-то и заключалась вся трудность.

Как выполнить это измерение?

Узнать высоту бочки нетрудно: она была передо мною; что же касается окружностей, то я не мог к ним подступиться. Я был слишком мал ростом, чтобы достать до верху; кроме того, мешали ящики, стоявшие по сторонам.

Было еще одно затруднение: у меня не было ни масштаба, ни шнурка, которыми можно было бы воспользоваться для измерения; как мог я определять величины, если у меня не было никакой меры? Однако я решил не отказываться от своего плана, пока не обдумаю его со всех сторон».

Мерная линейка
(Задача Майн-Рида)

«Размышляя о бочке, с твердым решением ее измерить, я внезапно открыл то, чего мне не хватало. Мне поможет прут такой длины, чтобы он мог пройти насквозь через бочку в самом широком ее месте. Если я введу прут в бочку и уткнусь им в противоположную стенку, я буду знать длину диаметра. Останется лишь утроить длину прута, чтобы получить длину окружности. Это не строго точно, но вполне достаточно для обиходных измерений. А так как отверстие, которое я раньше проделал в бочке, приходилось в самой широкой ее части, то, введя в него прут, я буду иметь тот диаметр, который мне нужен.

Но где найти прут? Это было нетрудно. Я решил воспользоваться доской от ящика с сухарями, и тотчас же принялся за работу. Правда, доска была длиною всего в 60 *см,* бочка же — более чем вдвое шире. Но это не могло составить затруднения, нужно было лишь приготовить три палочки и связать их вместе, чтобы получить прут достаточной длины.

Разрезав доску вдоль волокон, я приготовил три хорошо округленных и облаженных палочки. Чем связать их? Я воспользовался шнурками от моих ботинок, имевшими в длину чуть не целый метр. Связав палочки, я получил планку достаточной длины — около полутора метров.

Я приступил было к измерению, но наткнулся на новое препятствие. Оказалось невозможным ввести мой прут в бочку: помещение было слишком тесно. Нельзя было и согнуть прут, — он наверное сломался бы.

Вскоре я придумал, как ввести в бочку мой измерительный прут: я разобрал его на части, ввел первую часть и лишь тогда привязал к ее выступающему концу вторую часть; затем, протолкнув вторую часть, привязал третью.

Я направил прут так, чтобы он уперся в противоположную стенку как раз против отверстия, и сделал на нем знак вровень с поверхностью бочки. Отняв толщину стенок, я получил величину, которая необходима была мне для измерений.

Я вытащил прут тем же порядком, как и ввел его, стараясь тщательно замечать те места, где отдельные части были связаны, чтобы потом придать пруту ту же длину, какую он имел в бочке. Небольшая ошибка могла бы в конечном результате дать значительную погрешность.

Итак, у меня был диаметр нижнего основания усеченного конуса. Теперь нужно найти диаметр дна бочки, которое служило верхним основанием конуса. Я положил прут на бочку, уперся им в противоположную точку края и отметил на ней величину диаметра. На это потребовалось не больше минуты.

Оставалось только измерить высоту бочки. Надо было, скажете вы, поместить палку отвесно возле бочки и сделать на ней отметку высоты. Но мое помещение ведь было совершенно темно, и поместив палку отвесно, я не мог видеть, до какого места доходит верхнее дно бочки. Я мог действовать только ощупью: пришлось бы нащупать руками дно бочки и соответствующее место на палке. Кроме того, палка, вращаясь возле бочки, могла наклониться, и я получил бы неверную величину для высоты.

Подумав хорошенько, я нашел, как преодолеть это затруднение. Я связал только две планки, а третью положил на верхнее дно бочки так, чтобы она выдавалась за край его на 80—40 *см*; затем я приставил к ней длинный прут так, чтобы он образовал с нею прямой угол и, следовательно, был параллелен высоте бочки. Сделав отметку в том месте бочки, которое больше всего выступало, т. е. посередине, и откинув толщину дна, я получил таким образом половину высоты бочки, или — что то же самое — высоту одного усеченного конуса.

Теперь у меня были все данные, необходимые для решения задачи».

Что и требовалось выполнить

«Выразить объем бочки в кубических единицах и затем перечислить в галлоны [1] представляло простое арифметическое вычисление, с которым нетрудно было справиться. Правда, для вычислений у меня не было письменных принадлежностей, но они были бы и бесполезны, так как я находился в полной темноте. Мне часто приходилось выполнять в уме все четыре арифметические действия без пера и бумаги. Теперь предстояло оперировать с не слишком большими числами, и задача меня нисколько не смущала.

Но я столкнулся с новым затруднением. У меня были три данные: высота и оба основания усеченного конуса; но какова численная величина этих данных? Необходимо, прежде чём вычислить, выразить эти величины числами.

Сначала это препятствие казалось мне непреодолимым. Раз у меня нет ни фута, ни метра, никакой измерительной линейки, приходится отказаться от решения задачи.

---

[1] Галлон — мера емкости. Английский галлон заключает 277 куб. дюймов (около $4^1/_2$ л). В галлоне 4 кварты; в кварте — 2 пинты.

Однако я вспомнил, что в порту я измерил свой рост; который оказался равным четырем футам. Как же могло пригодиться мне теперь это сведение? Очень просто: я мог отложить четыре фута на моем пруте и взять это за основание при вычислениях.

Чтобы отметить свой рост, я вытянулся на полу, затем положил на себя прут так, чтобы один его конец касался моих ног, а другой лежал на лбу. Я придерживал прут одной рукой, а свободной отметил на нем место, против которого приходилось темя.

Дальше — новые затруднения. Прут, равный 4 футам, бесполезен для измерения, если на нем не отмечены мелкие деления — дюймы. Нетрудно как будто разделить 4 фута на 48 частей (дюймов) и нанести эти деления на линейке. В теории это действительно весьма просто; но на практике, да еще в той темноте, в какой я находился, это было не так легко и просто.

Каким образом найти на пруте середину этих 4 футов? Как разделить каждую половину прута снова пополам, а затем каждый из футов на 12 дюймов, в точности равных друг другу?

Я начал с того, что приготовил палочку немного длиннее 2 футов. Сравнив ее с прутом, где отмечены были 4 фута, я убедился, что двойная длина палочки немного больше 4 футов. Укоротив палочку и повторив операцию несколько раз, я на пятый раз достиг того, что двойная длина палочки равнялась ровно 4 футам.

Это отняло много времени. Но времени у меня было достаточно: я даже был доволен, что имел чем заполнить его.

Впрочем, я догадался сократить дальнейшую работу, заменив палочку шнуром, который удобно было складывать пополам. Для этого хорошо пригодились шнурки от моих ботинок. Связав их прочным узлом, я принялся за работу — и вскоре мог уже отрезать кусок длиною ровно в 1 фут. До сих пор приходилось складывать вдвое, — это было легко. Дальше пришлось сложить втрое, что было труднее. Но я с этим справился, и вскоре у меня в руках было три куска по 4 дюйма каждый. Оставалось сложить их вдвое, и еще раз вдвое, чтобы получить кусочек длиною в 1 дюйм.

У меня было теперь то, чего мне не хватало, чтобы нанести на пруте дюймовые деления; аккуратно прикладывая к нему куски моей мерки, я сделал 48 зарубок, означавших дюймы. Тогда в моих руках оказалась разделенная на дюймы линейка, при помощи которой можно было измерить полученные мною длины. Только теперь мог я довести до конца задачу, которая имела для меня столь важное значение.

Я немедленно занялся этим вычислением. Измерив оба диаметра, я взял среднее из их длин, затем нашел площадь, соответствующую этому среднему диаметру. Так я получил величину основания цилиндра, равновеликого двойному конусу равной высоты. Умножив результаты на высоту, я определил кубическое содержание искомого объема.

Разделив число полученных кубических дюймов на 69 (число кубических дюймов в одной кварте), я узнал, сколько кварт в моей бочке.

В ней вмещалось свыше ста галлонов, — точнее, 108».

Поверка расчета

Читатель, сведущий в геометрии, заметит, без сомнения, что способ вычисления объема двух усеченных конусов, примененный юным героем Майн-Рида, не вполне точен. Если (рис. 108) обозначим радиус меньших оснований через r, радиус большего — через R, а высоту бочки, т. е. двойную высоту каждого усеченного конуса, через h, то объем, полученный мальчиком, выразится формулой

$$\pi \left(\frac{R+r}{2}\right)^2 h = \frac{\pi h}{4}(R^2 + r^2 + 2Rr).$$

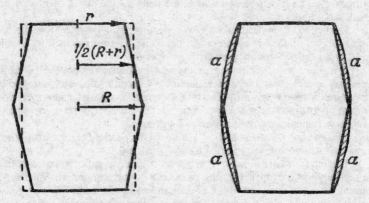

Рис. 108. Поверка расчета юноши.

Между тем, поступая по правилам геометрии, т. е. применяя формулу объема усеченного конуса, мы получили бы для искомого объема выражение

$$\frac{\pi h}{3}(R^2 + r^2 + Rr).$$

Оба выражения нетождественны, и легко убедиться, что второе больше первого на

$$\frac{\pi h}{12}(R-r)^2.$$

Знакомые с алгеброй сообразят, что разность $\frac{\pi h}{12}(R-r)^2$ есть величина положительная, т. е. способ майн-ридовского мальчика дал ему результат преуменьшенный.

Интересно определить, как примерно велико это преуменьшение. Бочки обычно устраиваются так, что наибольшая ширина их превышает поперечник дна на $1/5$ его, т. е. $R - r = \dfrac{R}{5}$. Принимая, что бочка в романе Майн-Рида была именно такой формы, можем найти разность между полученной и истинной величиной объема усеченных конусов:

$$\frac{\pi}{12}h(R-r)^2 = \frac{\pi}{12}h\left(\frac{R}{5}\right)^2 = \frac{\pi h R^2}{300},$$

т. е. около $\dfrac{hR^2}{100}$ (если считать $\pi = 3$). Ошибка равна, мы видим, объему цилиндра, радиус основания которого есть радиус наибольшего сечения бочки, а высота — трехсотая доля ее высоты.

Однако в данном случае желательно небольшое преувеличение результата, так как объем бочки заведомо больше объема двух вписанных в нее усеченных конусов. Это ясно из рис. 108 (справа), где видно, что при указанном способе обмера бочки отбрасывается часть ее объема, обозначенная буквами *а, а, а, а*.

Юный математик Майн-Рида не сам придумал эту формулу для вычисления объема бочки; она приводится в некоторых начальных руководствах по геометрии как удобный прием для приближенного определения содержания бочек. Надо заметить, что измерить объем бочки совершенно точно — задача весьма нелегкая. Над нею размышлял еще великий Кеплер, оставивший в числе своих математических сочинений специальную работу об искусстве измерять бочки. Простое и точнее геометрическое решение этой задачи не найдено и по настоящее время: существуют лишь выработанные практикой приемы, дающие результат с бо́льшим или меньшим приближением. На юге Франции, например, употребляется простая формула

$$\text{объем бочки} = 3{,}2\, hRr,$$

хорошо оправдывающаяся на опыте.

Интересно рассмотреть также вопрос: почему, собственно, бочкам придается такая неудобная для обмера форма — цилиндра с выпуклыми боками? Не проще ли было бы изготовлять бочки строго цилиндрические? Такие цилиндрические бочки, правда, делаются, но не деревянные, а металлические (для керосина, например). Итак, перед нами

ЗАДАЧА

Почему деревянные бочки изготовляются с выпуклыми боками? Каково преимущество такой формы?

РЕШЕНИЕ

Выгода та, что, набивая на бочки обручи, можно надеть их плотно и туго весьма простым приемом: надвиганием их поближе к широкой части. Тогда обруч достаточно сильно стягивает клепки, обеспечивая бочке необходимую прочность.

По той же причине деревянным ведрам, ушатам, чанам и т. д. придается обычно форма не цилиндра, а усеченного конуса: здесь также тугое обхватывание изделия обручами достигается простым надвиганием их на широкую часть (рис. 109).

Рис. 109. Тугое обхватывание бочки обручами достигается надвиганием их на широкую часть.

Здесь уместно будет познакомить читателя с теми суждениями об этом предмете, которые высказал Иоганн Кеплер. В период времени между открытием 2-го и 3-го законов движений планет великий математик уделил внимание вопросу о форме бочек и даже составил на эту тему целое математическое сочинение. Вот как начинается его «Стереометрия бочек»:

«Винным бочкам по требованиям материала, постройки и употребления в удел досталась круглая фигура, родственная конической и цилиндрической. Жидкость, долго содержимая в металлических сосудах, портится от ржавчины: стеклянные и глиняные недостаточны по размерам и ненадежны; каменные не подходят для употребления из-за веса, — значит, остается наливать и хранить вина в деревянных. Из одного целого ствола опять-таки нельзя легко приготовить сосуды достаточно вместительные и в нужном количестве, да если и можно, то они трескаются. Поэтому бочки следует строить из многих соединенных друг с другом кусков дерева. Избегнуть же вытекания жидкости через щели между отдельными кусками нельзя ни при помощи какого-нибудь материала, ни каким-нибудь другим способом, кроме сжимания их связками...

Если бы из деревянных дощечек можно было сколотить шар, то шарообразные сосуды были бы самыми желательными. Но так как связками доски в шар сжать нельзя, то его место и заступает цилиндр. Но этот цилиндр не может быть вполне правильным, потому что ослабевшие связки тотчас же сделались бы бесполезными и не могли бы быть натянуты сильнее, если бы бочка не имела конической фигуры, несколько суживающейся в обе стороны от пуза ее. Эта фигура удобна и для качания и для перевозки в телегах и, состоя из двух подобных друг другу половинок на общем основании, является самой выгодной при покачивании и красивой на взгляд».[1]

Ночное странствование Марка Твена

Находчивость, проявленная майн-ридовским мальчиком в его печальном положении, заслуживает удивления. В полной темноте, в какой он находился, большинство людей не смогли бы даже сколько-нибудь правильно ориентироваться, не говоря уже о том, чтобы выполнять при этом какие-либо измерения и вычисления. С рассказом Майн-Рида поучительно сопоставить комическую историю о бестолковом странствовании в темной комнате гостиницы — приключении, будто бы случившемся со

---

[1] Не следует думать, что сочинение Кеплера об измерении бочек является математической безделицей, развлечением гения в часы отдыха. Нет, это серьезный труд, в котором впервые вводятся в геометрию бесконечно малые величины и начала интегрального исчисления. Винная бочка и хозяйственная задача измерения ее вместимости послужили для него лишь поводом к глубоким и плодотворным математическим размышлениям. (Русский перевод «Стереометрии винных бочек» издан в 1935г.)

знаменитым соотечественником Майн-Рида, юмористом Марком Твеном. В этом рассказе удачно подмечено, как трудно составить себе в темноте верное представление о расположении предметов даже в обыкновенной комнате, если обстановка мало знакома. Мы приводим далее в сокращенной передаче этот забавный эпизод из «Странствований за границей» Марка Твена.

«Я проснулся и почувствовал жажду. Мне пришла в голову прекрасная мысль — одеться, выйти в сад и освежиться, вымывшись у фонтана.

Я встал потихоньку и стал разыскивать свои вещи. Нашел один носок. Где второй, я не мог себе представить. Осторожно спустившись на пол, я стал обшаривать кругом, но безуспешно. Стал искать дальше, шаря и загребая. Подвигался все дальше и дальше, но носка не находил и только натыкался на мебель. Когда я ложился спать, кругом было гораздо меньше мебели; теперь же комната была полна ею, особенно стульями, которые оказались повсюду. Не вселились ли сюда еще два семейства за это время? Ни одного из этих стульев я в темноте не видел, зато беспрестанно стукался о них головой.

Наконец, я решил, что могу прожить и без одного носка. Встав, я направился к двери, как я полагал, — но неожиданно увидел свое тусклое изображение в зеркале.

Ясно, что я заблудился и не имею ни малейшего представления о том, где нахожусь. Если бы в комнате было одно зеркало, оно помогло бы мне ориентироваться, но их было два, а это так же скверно, как тысяча.

Я хотел пробраться к двери по стене. Я снова начал свои попытки — и уронил картину. Она была невелика, но натворила шуму, как целая панорама. Гаррис (сосед по комнате, спавший на другой кровати) не шевелился, но я чувствовал, что если буду действовать дальше в том же духе, то непременно разбужу его. Попробую другой путь. Найду снова круглый стол — я был около него уже несколько раз — и от него постараюсь пробраться к моей кровати; если найду кровать, то найду и графин с водой и тогда, по крайней мере, утолю свою нестерпимую жажду. Лучше всего — ползти на руках и на коленях; этот способ я уже испытал и потому больше доверял ему.

Наконец, мне удалось набрести на стол — ощутить его головой — с небольшим сравнительно шумом. Тогда я снова встал и побрел, балансируя с протянутыми вперед руками и растопыренными пальцами. Нашел стул. Затем стенку. Другой стул. Затем диван. Свою палку. Еще один диван. Это меня удивило, я прекрасно знал, что в комнате был только один диван. Опять набрел на стол и получил новый удар. Затем наткнулся на новый ряд стульев.

Только тогда пришло мне в голову то, что давно должно было прийти: стол был круглый, а следовательно, не мог служить точкой отправления при моих странствованиях. Наудачу пошел я в пространство между стульями и диваном, — но очутился в области совсем неизвестной, уронив по пути подсвечник с камина. После подсвечника я уронил лампу, а после лампы со звоном полетел на пол графин.

— Ага, — подумал я, — наконец-то я нашел тебя, голубчика!

— Воры! Грабят! — закричал Гаррис.

Шум и крики подняли весь дом. Явились со свечами и фонарями хозяин, гости, прислуга.

Я оглянулся вокруг. Оказалось, что я стою возле кровати Гарриса. Только один диван стоял у стены; только один стул стоял так, что на него можно было наткнуться, — я кружил вокруг него, подобно планете, и сталкивался с ним, подобно комете, в течение целой половины ночи.

Справившись со своим шагомером, я убедился, что сделал за ночь 47 миль».

Последнее утверждение преувеличено свыше всякой меры: нельзя в течение нескольких часов пройти пешком 47 миль, но остальные подробности истории довольно правдоподобны и метко характеризуют те комические затруднения, с которыми, обычно встречаешься, когда бессистемно, наудачу, странствуешь в темноте по незнакомой комнате. Тем более должны мы оценить удивительную методичность и присутствие духа юного героя Майн-Рида, который не только сумел ориентироваться в полной темноте, но и разрешил при этих условиях нелегкую математическую задачу.

Загадочное кружение

По поводу кружения Твена в темной комнате интересно отметить одно загадочное явление, которое наблюдается у людей, бродящих с закрытыми глазами: они не могут идти по прямому направлению, а непременно сбиваются в сторону, описывая дугу, воображая, однако, что движутся прямо вперед (рис. 110).

Давно замечено также, что и путешественники, странствующие без компаса по пустыне, по степи в метель или в туманную погоду, — вообще во всех случаях, когда нет возможности ориентироваться, — сбиваются с прямого пути и блуждают по кругу, по несколько раз возвращаясь к одному и тому же месту. Радиус круга, описываемого при этом пешеходом, — около 60—100 *м*; чем быстрее ходьба, тем радиус круга меньше, т. е. тем теснее замыкаемые круги.

Производились даже специальные опыты для изучения склонности людей сбиваться с прямого пути на круговой. Вот что сообщает о таких опытах Герой Советского Союза И. Спирин:

«На гладком зеленом аэродроме были выстроены сто будущих летчиков. Всем им завязали глаза и предложили идти прямо вперед. Люди пошли... Сперва они шли прямо; потом одни стали забирать вправо, другие — влево, постепенно начали делать круги, возвращаясь к своим старым следам».

Известен аналогичный опыт в Венеции на площади Марка. Людям завязывали глаза, ставили их на одном конце площади, как раз против собора, и предлагали до него дойти. Хотя пройти надо было всего только 175 м, все же ни один из испытуемых не дошел до фасада здания (82 м ширины), а все уклонялись в сторону, описывали дугу и упирались в одну из боковых колоннад (рис. 111).

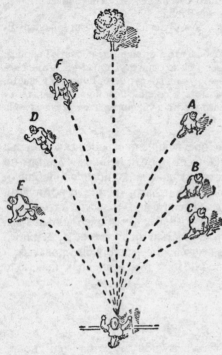

Рис. 110. Ходьба с закрытыми глазами.

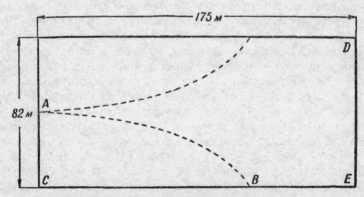

Рис. 111. Схема опыта на площади Марка в Венеции.

Кто читал роман Жюля Верна «Приключения капитана Гаттераса», тот помнит, вероятно, эпизод о том, как путешественники наткнулись в снежной необитаемой пустыне на чьи-то следы:

«— Это наши следы, друзья мои! — воскликнул доктор. — Мы заблудились в тумане и набрели на свои же собственные следы...».

Классическое описание подобного блуждания по кругу оставил нам Л. Н. Толстой в «Хозяине и работнике»:

«Василий Андреич гнал лошадь туда, где он почему-то предполагал лес и сторожку. Снег слепил ему глаза, а ветер, казалось, хотел остановить его, но он, нагнувшись вперед, не переставая, гнал лошадь.

«Минут пять он ехал, как ему казалось, все прямо, ничего не видя, кроме головы лошади и белой пустыни.

Вдруг перед ним зачернело что-то. Сердце радостно забилось в нем, и он поехал на это черное, уже видя в нем стены домов деревни. Но черное это было выросший на меже высокий чернобыльник... И почему-то вид этого чернобыльника, мучимого немилосердным ветром, заставил содрогнуться Василия Андреича, и он поспешно стал погонять лошадь, не замечая того, что, подъезжая к чернобыльнику, он совершенно изменил прежнее направление.

Опять впереди его зачернело что-то. Это была опять межа, поросшая чернобыльником. Опять так же отчаянно трепался сухой бурьян. Подле него шел конный, заносимый ветром след. Василий Андреич остановился, нагнулся, пригляделся: это был лошадиный, слегка занесенный след и не мог быть ничей иной, как его собственный. Он, очевидно, кружился и на небольшом пространстве».

Норвежский физиолог Гульдберг, посвятивший кружению специальное исследование (1896 г.), собрал ряд тщательно проверенных свидетельств о подлинных случаях подобного рода. Приведем два примера.

Трое путников намеревались в снежную ночь покинуть сторожку и выбраться из долины шириною в *4 км*, чтобы достичь своего дома, расположенного в направлении, которое на прилагаемом рисунке отмечено пунктиром (рис. 112). В пути они незаметно уклонились вправо, по кривой, отмеченной стрелкой. Пройдя некоторое расстояние,

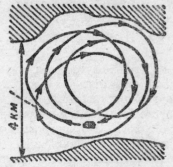

Рис. 112. Схема блужданий трех путников.

они, по расчету времени, полагали, что достигли цели, — на самом же деле очутились у той же сторожки, которую покинули. Отправившись в путь вторично, они уклонились еще сильнее и снова дошли до исходного пункта. То же повторилось в третий и четвертый раз. В отчаянии предприняли они пятую попытку, — но с тем же результатом. После пятого круга они отказались от дальнейших попыток выбраться из долины и дождались утра.

Еще труднее грести на море по прямой линии в темную беззвездную ночь или в густой туман. Отмечен случай, — один из многих подобных, — когда гребцы, решив переплыть в туманную погоду пролив шириною в 4 *км*, дважды побывали у противоположного берега, но не достигли его, а бессознательно описали два круга и высадились, наконец... в месте своего отправления (рис. 113).

Рис. 113. Как гребцы пытались переплыть пролив в туманную погоду.

То же случается и с животными. Полярные путешественники рассказывают о кругах, которые описывают в снежных пустынях животные, запряженные в сани. Собаки, которых пускают плавать с завязанными глазами, также описывают в воде круги. По кругу же летят и ослепленные птицы. Затравленный зверь, лишившийся от страха способности ориентироваться, спасается не по прямой линии, а по спирали.

Зоологи установили, что головастики, крабы, медузы, даже микроскопические амебы в капле воды — все движутся по кругу.

Чем же объясняется загадочная приверженность человека и животных к кругу, невозможность держаться в темноте прямого направления?

Вопрос сразу утратит в наших глазах окутывающую его мнимую таинственность, если мы его правильно поставим.

Спросим не о том, почему животные движутся по кругу, а о том, что им необходимо для движения по прямой линии?

Вспомните, как движется игрушечная заводная тележка. Бывает и так, что тележка катится не по прямой, а сворачивает в сторону.

В этом движении по дуге никто не увидит ничего загадочного; каждый догадается, отчего это происходит! очевидно, правые колеса не равны левым.

Понятно, что и живое существо в том лишь случае может без помощи глаз двигаться в точности по прямой линии, если мускулы его правой и левой сторон работают совершенно одинаково. Но в том-то и дело, что симметрия тела человека и животных неполная. У огромного большинства людей и животных мускулы правой стороны тела развиты неодинаково с мускулами левой. Естественно, что пешеход, все время выносящий правую ногу немного дальше, чем левую, не сможет держаться прямой линии; если глаза не помогут ему выправлять его путь, он неизбежно будет забирать влево. Точно так же и гребец, когда он из-за тумана лишен возможности ориентироваться, неизбежно будет забирать влево, если его правая рука работает сильнее левой. Это геометрическая необходимость.

Представьте себе, например, что, занося левую ногу, человек делает шаг на миллиметр длиннее, чем правой ногой. Тогда, сделав попеременно каждой ногой тысячу шагов, человек опишет левой ногой путь на 1000 *мм,* т. е. на целый метр, длиннее, чем правой. На прямых параллельных путях это невозможно, зато, вполне осуществимо на концентрических окружностях.

Мы можем даже, пользуясь планом описанного выше кружения в снежной долине, вычислить, насколько у тех путников левая нога делала более длинный шаг, чем правая (так как путь загибался вправо, то ясно, что более длинные шаги делала именно левая нога). Расстояние между линиями отпечатков правой и левой ног при ходьбе (рис. 114) равно примерно 10 *см,* т. е. 0,1 *м*. Когда человек описывает один полный круг, его правая нога проходит путь $2\pi R$, а левая $2\pi(R+0,1)$, где R —

радиус этого круга в метрах. Разность $2\pi(R+0,1) - 2\pi R = 2\pi 0,1$, т. е. 0,62 *м*, или 620 *мм*, составилась из разницы между длиною левого и правого шагов, повторенной столько раз, сколько сделано было шагов. Из рис. 112 можно вывести, что путники наши описывали круги диаметром примерно 3,5 км, т. е. длиною около 10000 *м*. При средней длине шага 0,7 *м* на протяжении этого пути было сделано $\dfrac{10\,000}{0,7} = 14000$ шагов; из них 7000 правой ногой и столько же левой. Итак, мы узнали, что 7000 «левых», шагов больше 7000 «правых» шагов на 620 *мм*. Отсюда один левый шаг длиннее одного правого на $\dfrac{620}{7000}$ *мм*, или менее чем на 0,1 *мм*. Вот какая ничтожная разница в шагах достаточна, чтобы вызвать столь поражающий результат!

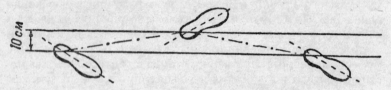

Рис. 114. Линии отпечатков правой и левой ног при ходьбе.

Радиус того круга, который блуждающий описывает, зависит от разности длин «правого» и «левого» шагов. Эту зависимость нетрудно установить. Число шагов, сделанных на протяжении одного круга, при длине шага 0,7 *м* равно $\dfrac{2\pi R}{0,7}$, где R — радиус круга в метрах; из них «левых» шагов $\dfrac{2\pi R}{2\cdot 0,7}$ и столько же «правых». Умножив это число на величину разности x длины шагов, получим разность длин тех концентрических кругов, которые описаны левой и правой ногам», т. е.

$$\dfrac{2\pi\cdot Rx}{2\cdot 0,7} = 2\pi\cdot 0,1 \text{ или } Rx = 0,14,$$

где R и x в метрах.

По этой простой формуле легко вычислить радиус круга, когда известна разность шагов, и обратно. Например, для участников опыта на площади Марка в Венеции мы можем установить наибольшую величину радиуса кругов, описанных ими при ходьбе. Действительно, так как ни один не дошёл до фасада *DE* здания (рис. 111), то по «стрелке» $AC = 41$ м и хорде *BC*, не превышающей 175 м, можно вычислить максимальный радиус дуги *AB*. Он определяется из равенства

$$2R = \frac{BC^2}{AC} = \frac{175^2}{41} = 750 \text{ м},$$

откуда *R*, максимальный радиус, будет около 370 м.

Зная это, мы из полученной раньше формулы $Rx = 0{,}14$ определяем наименьшую величину разности длины шагов:

$$370x = 0{,}14, \text{ откуда } x = 0{,}4 \text{ мм}.$$

Итак разница в длине правых и левых шагов у участников опыта не менее 0,4 мм.

Рис. 115. Если угол каждого шага один и тот же, то шаги будут строго одинаковыми.

Иногда приходится читать и слышать, что факт кружения при ходьбе вслепую зависит от различия в длине правой и левой ног; так как левая нога у большинства людей длиннее правой, то люди при ходьбе должны неизбежно уклоняться вправо от прямого направления. Такое объяснение основано на геометрической ошибке. Важна разная длина шагов, а не ног. Из рис. 115 ясно, что и при наличии разницы в длине ног можно все же делать строго одинаковые шаги, если выносить при ходьбе каждую ногу на одинаковый угол, т. е. так шагать, чтобы $\angle B_1 = \angle B$. Так как при этом всегда $A_1B_1 = AB$ и $B_1C_1 = BC$, то $\triangle A_1B_1C_1 = \triangle ABC$ и, следовательно, $AC = C_1A_1$. Наоборот, при строго одинаковой длине ног шаги могут быть различной длины, если одна нога дальше выносится при ходьбе, нежели другая.

По сходной причине лодочник, гребущий правой рукой сильнее, чем левой, должен неизбежно увлекать лодку по кругу, загибая в левую сторону. Животные, делающие неодинаковые шаги правыми или левыми ногами, или птицы, делающие неравной силы взмахи правым и левым крылом, также должны двигаться по кругам всякий раз, когда лишены возможности контролировать прямолинейное направление зрением. Здесь тоже достаточно весьма незначительной разницы в силе рук, ног или крыльев.

При таком взгляде на дело указанные раньше факты утрачивают свою таинственность и становятся вполне естественными. Удивительно было бы, если бы люди и животные, наоборот, могли выдерживать прямое направление, не контролируя его глазами. Ведь необходимым условием для этого является строго геометрическая симметрия тела, абсолютно невозможная для произведения живой природы. Малейшее же уклонение от математически совершенной симметрии должно повлечь за собою, как неизбежное следствие, движение по дуге. Чудо не то, чему мы здесь удивляемся, а то, что мы готовы были считать естественным.

Невозможность держаться прямого пути не составляет для человека существенной помехи: компас, дороги, карты спасают его в большинстве случаев от последствий этого недостатка.

Не то у животных, особенно у обитателей пустынь, степей, безграничного морского простора: для них несимметричность тела, заставляющая их описывать круги вместо прямых линий, — важный жизненный фактор. Словно невидимой цепью приковывает он их к месту рождения, лишая возможности удаляться от него сколько-нибудь значительно. Лев, отважившийся уйти подальше в пустыню, неизбежно возвращается обратно. Чайки, покидающие родные скалы для полета в открытое море, не могут не возвращаться к гнезду (тем загадочнее, однако, далекие перелеты птиц, пересекающие по прямому направлению материки и океаны).

Измерение голыми руками

Майн-ридовский мальчик мог успешно разрешить свою геометрическую задачу только потому, что незадолго до путешествия измерил свой рост и твердо помнил результаты измерения. Хорошо бы каждому из нас обзавестись таким «живым метром», чтобы в случае нужды пользоваться им для измерения. Полезно также помнить, что у большинства людей расстояние между концами расставленных рук равно росту (рис. 116) — правило, подмеченное гениальным художником и ученым *Леонардо да Винчи*: оно позволяет пользоваться нашими «живыми метрами» удобнее, чем делал это мальчик у Майн-Рида. В среднем высота взрослого человека (славянской расы) около *1,7 м,* или 170 *см,* это легко запомнить. Но полагаться на *среднюю* величину не следует: каждый должен измерить свой рост и размах своих рук.

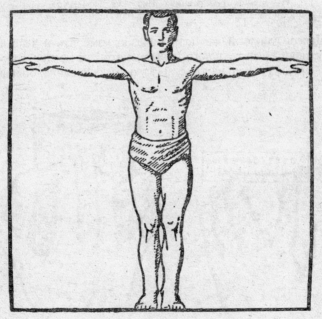

Рис. 116. Правило Леонардо да Винчи.

Для отмеривания — без масштаба — мелких расстояний следует помнить длину своей «четверти», т. е. расстояние между концами расставленных большого пальца и мизинца (рис. 117). У взрослого мужчины оно составляет около 18 *см* — примерно $\frac{1}{4}$ аршина (откуда и название «четверть»); но у людей молодых оно меньше и медленно увеличивается с возрастом (до 25 лет).

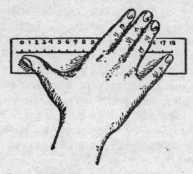

Рис. 117. Измерение расстояния между концами пальцев.

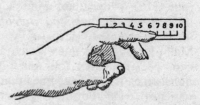

Рис. 118. Измерение длины указательного пальца.

Далее, для этой же цели полезно измерить и запомнить длину своего указательного пальца, считая ее двояко: от основания среднего пальца (рис. 118) и от основания большого.

Рис. 119. Измерение расстояния между концами двух пальцев.

Рис. 120. Измерение окружности стакана «голыми руками».

Точно так же должно быть известно вам наибольшее расстояние между концами указательного и среднего пальцев, — у взрослого около 10 *см* (рис. 119). Надо, наконец, знать и ширину своих пальцев.

Ширина трех средних пальцев, плотно сжатых, примерно 5 *см*.

Вооруженные всеми этими сведениями, вы сможете довольно удовлетворительно выполнять разнообразные измерения буквально голыми руками, даже и в темноте. Пример представлен на рис. 120: здесь измеряется пальцами окружность стакана. Исходя из средних величин, можно сказать, что длина окружности стакана равна 18 + 5, т. е. 23 *см*.

Прямой угол в темноте

ЗАДАЧА

Возвращаясь еще раз к майн-ридовскому математику, поставим себе задачу: как следовало ему поступить, чтобы надежным образом получить прямой угол? «Я приставил к ней (к выступающей планке) длинный прут так, чтобы он образовал с ней прямой угол», читаем мы в романе. Делая это в темноте, полагаясь только на мускульные ощущения, мы можем ошибиться довольно крупно. Однако у мальчика в его положении было средство построить прямой угол гораздо более надежным приемом. Каким?

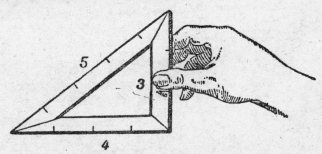

Рис. 121. Простейший прямоугольный треугольник, длины сторон которого — целые.

РЕШЕНИЕ

Надо воспользоваться теоремой Пифагора и построить из планок треугольник, придав его сторонам такую длину, чтобы треугольник получился прямоугольный. Проще всего взять для этого планки длиною в 3, в 4 и в 5 каких-либо произвольно выбранных равных отрезков (рис. 121).

Это старинный египетский способ, которым пользовались в стране пирамид несколько тысячелетий тому назад. Впрочем, еще и в наши дни при строительных работах зачастую прибегают к тому же приему.

ГЛАВА ДЕВЯТАЯ
СТАРОЕ И НОВОЕ О КРУГЕ

Практическая геометрия египтян и римлян

Любой школьник вычисляет теперь длину окружности по диаметру гораздо точнее, чем мудрейший жрец древней страны пирамид или самый искусный архитектор великого Рима. Древние египтяне считали, что окружность длиннее диаметра в 3,16 раза, а римляне — в 3,12, между тем правильное отношение — 3,14159... Египетские и римские математики установили отношение длины окружности к диаметру не строгим геометрическим расчетом, как позднейшие математики, а нашли его просто из опыта. Но почему получались у них такие ошибки? Разве не могли они обтянуть какую-нибудь круглую вещь ниткой и затем, выпрямив нитку, просто измерить ее?

Без сомнения, они так и поступали; но не следует думать, что подобный способ должен непременно дать хороший результат. Вообразите, например, вазу с круглым дном диаметром в 100 *мм*. Длина окружности дна должна равняться 314 *мм*. Однако на практике, измеряя ниткой, вы едва ли получите эту длину: легко ошибиться на один миллиметр, и тогда π окажется равным 3,13 или 3,15. А если примете во внимание, что и диаметр вазы нельзя измерить вполне точно, что и здесь ошибка в 1 *мм* весьма вероятна, то убедитесь, что для π получаются довольно широкие пределы между

$$\frac{313}{101} \text{ и } \frac{315}{99},$$

т. е., в десятичных дробях, между

3,09 и 3,18.

Вы видите, что, определяя π указанным способом, мы можем получить результат, не совпадающий с 3,14: один раз 3,1, другой раз 3,12, третий — 3,17 и т. п. Случайно окажется среди них и 3,14, но в глазах вычислителя это число не будет иметь больше веса, чем другие.

Такого рода опытный путь никак не может дать сколько-нибудь приемлемого значения для π. В связи с этим становится более понятным, почему древний мир не знал правильного отношения длины окружности к диаметру, и понадобился гений Архимеда, чтобы найти для π значение $3\frac{1}{7}$ — найти без измерений, одними лишь рассуждениями.

«Это я знаю и помню прекрасно»

В «Алгебре» древнего арабского математика Магомета-бен-Муза о вычислении длины окружности читаем такие строки:

«Лучший способ — это умножить диаметр на $3\frac{1}{7}$. Это самый скорый и самый легкий способ. Богу известно лучшее».

Теперь и мы знаем, что архимедово число $3\frac{1}{7}$ не вполне точно выражает отношение длины окружности к диаметру. Теоретически доказано, что отношение это вообще не может быть выражено какой-либо точной дробью. Мы можем написать его лишь с тем или иным приближением, впрочем, далеко превосходящим точность, необходимую для самых строгих требований практической жизни. Математик XVI века Лудольф, в Лейдене, имел терпение вычислить его с 35 десятичными знаками и завещал вырезать это значение для π на своем могильном памятнике [1] (рис. 122).

Вот оно:

3,14159265358979323846264338327950288...

Некий Шенкс в 1873 г. опубликовал такое значение числа π, в котором после запятой следовало 707 десятичных знаков! Такие длинные числа, приближенно выражающие значение π

---

[1] Тогда еще это обозначение π не было в употреблении: оно введено лишь с середины XVIII века знаменитым русским академиком, математиком Леонардом Павловичем Эйлером.

не имеют ни практической, ни теоретической ценности. Только от безделья да в погоне за «рекордами» могло в наше время возникнуть желание «переплюнуть» Шенкса: в 1946—1947 г.

Рис. 122. Математическая надгробная надпись.

Фергюсон (Манчестерский университет) и независимо от него Вренч (Wrench) (из Вашингтона) вычислили 808 десятичных знаков для числа π и были польщены тем, что в вычислениях Шенкса обнаружили ошибку, начиная и 528 знака.

Пожелали бы мы, например, вычислить длину земного экватора с точностью до 1 *см*, предполагая, что знаем длину его диаметра точно; для этого нам вполне достаточно было бы взять всего 9 цифр после запятой в числе π. А взяв вдвое больше цифр (18), мы могли бы вычислить длину окружности, имеющей радиусом расстояние от Земли до Солнца, с погрешностью не свыше 0,0001 *мм* (в 100 раз меньше толщины волоса!).

Чрезвычайно ярко показал абсолютную бесполезность даже первой сотни десятичных знаков числа π наш соотечественник, математик Граве. Он подсчитал, что если представить себе шар, радиус которого равен расстоянию от Земли до Сириуса, т. е. числу километров, равному 132 с десятью нулями: $132 \cdot 10^{10}$, наполнить этот шар микробами, полагая в каждом кубическом миллиметре шара по одному биллиону 10^{10} микробов, затем всех этих микробов расположить на прямой линии так, чтобы расстояние между каждыми двумя соседними микробами снова равнялось расстоянию от Сириуса до Земли, то, принимая этот фантастический отрезок за диаметр окружности, можно было бы вычислить длину получившейся гигантской окружности с микроскопической точностью — до $\frac{1}{1000000}$ *мм*, беря 100 знаков после запятой в числе π. Правильно замечает по этому поводу французский астроном Араго, что «в смысле точности мы ничего не выиграли бы, если бы между длиною окружности и диаметром существовало отношение, выражающееся числом вполне точно».

Для обычных вычислений с числом π вполне достаточно запомнить два знака после запятой (3,14), а для более точных — четыре знака (3,1416: последнюю цифру берем 6 вместо 5 потому, что далее следует цифра, большая 5).

Небольшие стихотворения или яркие фразы дольше остаются в памяти, чем числа, поэтому для запоминания какого-либо числового значения π придумывают особые стихотворения или отдельные фразы. В произведениях этого вида математической поэзии слова подбирают так, чтобы число букв в каждом слове последовательно совпадало с соответствующей цифрой числа π.

Известно стихотворение на английском языке — в 13 слов, следовательно, дающее 12 знаков после запятой в числе π; на немецком языке — в 24 слова, а на французском языке в 30 слов [1] (а есть и в 126 слов).

Они любопытны, но слишком велики, тяжеловесны. Среди учеников Е. Я. Терскова — учителя математики одной из средних школ Московской области — пользуется популярностью придуманная им следующая строфа:

«Это я знаю и помню прекрасно».
  3 1 4 1 5   9...

А одна из его учениц — Эся Чериковер — со свойственной нашим школьникам находчивостью сочинила остроумное, слегка ироническое продолжение:

«Пи многие знаки мне лишни, напрасны».
... 2 6 5 3 5 8...

В целом получается такое двустишие из 12 слов:

«Это я знаю и помню прекрасно,
Пи многие знаки мне лишни, напрасны».

Автор этой книги, не отваживаясь на придумывание стихотворения, в свою очередь предлагает простую и тоже вполне достаточную прозаическую фразу:

«Что я знаю о кругах?» — вопрос, скрыто заключающий в себе и ответ: 3,1416.

---

[1] Вот эти стихотворения:

а) английское:

    See I have a rhyme assisting
    My feeble brain, its tasks ofttimes resisting.

б) немецкое:

    Wie o dies π
    Macht ernstlich, so vielen viele Müh'!
    Lernt immerhin, Jüngltnge, leichte Verselein,
    Wie so zum Beispiel dies dürfte zu merken sein'.

в) французское:

    Que j'aime à faire apprendre un
    nombre utile aux sages!
    Jmmortel Archimède, sublime ingénieur,
    Qui de ton jugement peut sender la valeur?
    Pour moi ton problème eut de pareils avantages.

Ошибка Джека Лондона

Следующее место романа, Джека Лондона «Маленькая хозяйка большого дома» дает материал для геометрического расчета:

«Посреди поля возвышался стальной шест, врытый глубоко в землю. С верхушки шеста к краю поля тянулся трос, прикрепленный к трактору. Механики нажали рычаг — и мотор заработал.

Машина сама двинулась вперед, описывая окружность вокруг шеста, служившего ее центром.

— Чтобы окончательно усовершенствовать машину, — сказал Грэхем, — вам остается превратить окружность, которую она описывает, в квадрат.

— Да, на квадратном поле пропадает при такой системе очень много земли.

Грэхем произвел некоторые вычисления, затем заметил:

— Теряется примерно три акра из каждых десяти.

— Не меньше».

Предлагаем читателям проверить этот расчет.

РЕШЕНИЕ

Расчет неверен: теряется меньше чем 0,3 всей земли. Пусть, в самом деле, сторона квадрата — a. Площадь такого квадрата — a^2. Диаметр вписанного круга равен также a, а его площадь — $\frac{\pi a^2}{4}$. Пропадающая часть квадратного участка составляет:

$$a^2 - \frac{\pi a^2}{4} = \left(1 - \frac{\pi}{4}\right) a^2 = 0{,}22 a^2.$$

Мы видим, что необработанная часть квадратного поля составляет не 30%, как полагали герои американского романиста, а только около 22%.

Бросание иглы

Самый оригинальный и неожиданный способ для приближенного вычисления числа π состоит в следующем. Запасаются короткой (сантиметра два) швейной иглой, — лучше с отломанным острием, чтобы игла была равномерной толщины, — и проводят на листе бумаги ряд тонких параллельных линий, отделенных одна от другой расстоянием вдвое больше длины иглы. Затем роняют с некоторой (произвольной) высоты иглу на бумагу и замечают, пересекает ли игла одну из линий или нет (рис. 123, слева). Чтобы игла не подпрыгивала, подкладывают под бумажный лист пропускную бумагу или сукно. Бросание иглы повторяют много раз, например сто или еще лучше, тысячу, каждый раз отмечая, было ли пересечение.[1] Если потом разделить общее число падений иглы на число случаев, когда замечено было пересечение, то в результате должно получиться число π, конечно, более или менее приближенно.

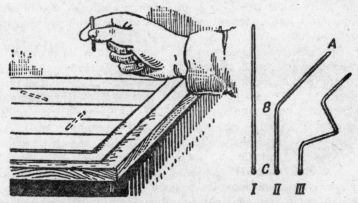

Рис. 123. Опыт Бюффона с бросанием иглы.

Объясним, почему так получается. Пусть вероятнейшее число пересечений иглы равно K, а длина нашей иглы — 20 *мм*. В случае пересечения точка встречи должна, конечно, лежать на каком-либо из этих миллиметров, и ни один из них, ни одна часть иглы, не имеет в этом отношении никаких преимуществ перед другими. Поэтому вероятнейшее число пересечений каждого отдельного миллиметра равно $\dfrac{K}{20}$. Для участка иглы в 3 *мм* оно равно $\dfrac{3K}{20}$, для участка в 11 *мм* — $\dfrac{11K}{20}$ и т. д. Иначе говоря, вероятнейшее число пересечений прямо пропорционально длине иглы.

Эта пропорциональность сохраняется и в том случае, если игла согнута. Пусть игла согнута в форме фиг. *II* (рис. 123,

---

[1] Пересечением надо считать и тот случай, когда игла только упирается концом в начерченную линию.

справа), причем участок $AB = 11$ *мм*, $BC = 9$ *мм*. Для части AB вероятнейшее число пересечений равно $\frac{11K}{20}$, а для BC равно $\frac{9K}{20}$, для всей же иглы $\frac{11K}{20} + \frac{9K}{20}$, т. е. по-прежнему равно K. Мы можем изогнуть иглу и более затейливым образом (фиг. *III* рис. 123), — число пересечений от этого не изменилось бы. (Заметьте, что при изогнутой игле возможны пересечения черты двумя и более частями иглы сразу; такое пересечение надо, конечно, считать за 2, за 3, и т. д., потому что первое зачислялось при подсчете пересечений для одной части иглы, второе — для другой и т. д.)

Вообразите теперь, что мы бросаем иглу, изогнутую в форме окружности с диаметром, равным расстоянию между чертами (оно вдвое больше, чем наша игла). Такое кольцо каждый раз должно дважды пересечь какую-нибудь черту (или по одному разу коснуться двух линий, — во всяком случае, получаются две встречи). Если общее число бросаний N, то число встреч — $2N$. Наша прямая игла меньше этого кольца по длине во столько раз, во сколько полудиаметр меньше длины окружности, т. е. в 2π раз. Но мы уже установили, что вероятнейшее число пересечений пропорционально длине иглы. Поэтому вероятнейшее число (K) пересечений нашей иглы должно быть меньше $2N$ в 2π раз, т. е. равно $\frac{N}{\pi}$. Отсюда

$$\pi = \frac{\text{число бросаний}}{\text{число пересечений}}$$

Чем большее число падений наблюдалось, тем точнее получается выражение для π. Один швейцарский астроном, Р. Вольф в середине прошлого века наблюдал 5000 падений иглы на разграфленную бумагу и получил в качестве π число 3,159 ... — выражение, впрочем, менее точное, чем архимедово число.

Как видите, отношение длины окружности к диаметру находят здесь опытным путем, причем — это всего любопытнее — не чертят ни круга ни диаметра, т. е. обходятся без циркуля. Человек, не имеющий никакого представления о геометрии и даже о круге, может тем не менее определить по этому способу число π, если терпеливо проделает весьма большое число бросаний иглы.

Выпрямление окружности

ЗАДАЧА

Для многих практических целей достаточно взять для π число $3\frac{1}{7}$ и выпрямить окружность, отложив ее диаметр на какой-либо прямой $3\frac{1}{7}$ раза (деление отрезка на семь равных частей можно выполнить, как известно, вполне точно). Существуют и другие приближенные способы выпрямления окружности, применяемые на практике при ремесленных работах столярами, жестянниками и т. п. Не будем здесь рассматривать их, а укажем лишь один довольно простой способ выпрямления, дающий результат с чрезвычайно большой точностью.

Если нужно выпрямить окружность O радиуса r (рис. 124), то проводят диаметр AB, а в точке B — перпендикулярную к ней прямую CD. Из центра O под углом 30° к AB проводят прямую OC. Затем на прямой CD от точки C откладывают три радиуса данной окружности и соединяют полученную точку D с A: длина отрезка AD равна длине полуокружности. Если отрезок AD удлинить вдвое, то приближенно получится выпрямленная окружность O. Ошибка менее $0,0002r$.

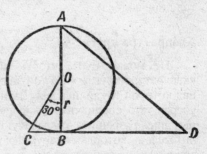

Рис. 124. Приближенный геометрический способ выпрямления окружности.

На чем основано это построение?

РЕШЕНИЕ

По теореме Пифагора
$$CB^2 + OB^2 = OC^2.$$

Обозначив радиус OB через r и имея в виду, что $CB = \dfrac{OC}{2}$ (как катет, лежащий против угла в 30°), получаем:
$$CB^2 + r^2 = 4CB^2,$$
откуда

$$CB = \frac{r\sqrt{3}}{3}.$$

Далее, в треугольнике ABD

$$BD = CD - CB = 3r - \frac{r\sqrt{3}}{3}.$$

$$AD = \sqrt{BD^2 + 4r^2} = \sqrt{\left(3r - \frac{r\sqrt{3}}{3}\right)^2 + 4r^2} =$$

$$= \sqrt{9r^2 - 2r^2\sqrt{3} + \frac{r^2}{3} + 4r^2} = 3{,}14153r.$$

Сравнив этот результат с тем, который получается, если взять π с большой степенью точности (π = 3,141593), мы видим, что разница составляет всего 0,00006*r*. Если бы мы по этому способу выпрямляли окружность радиусом в 1 *м,* ошибка составляла бы для полуокружности всего 0,00006 *м,* а для полной окружности — 0,00012 *м,* или 0,12 *мм* (примерно утроенная толщина волоса).

Квадратура круга

Не может быть, чтобы читатель не слыхал никогда о «квадратуре круга» — о той знаменитейшей задаче геометрии, над которой трудились математики еще 20 веков назад. Я даже уверен, что среди читателей найдутся и такие, которые сами пытались разрешить эту задачу. Еще больше, однако, наберется читателей, которые недоумевают, в чем собственно кроется трудность разрешения этой классической неразрешимой задачи. Многие, привыкшие повторять с чужого голоса, что задача о квадратуре круга неразрешима, не отдают себе ясного отчета ни в сущности самой задачи, ни в трудности ее разрешения.

В математике есть немало задач, гораздо более интересных и теоретически, и практически, нежели задача о квадратуре круга. Но ни одна не приобрела такой популярности, как эта проблема, давно вошедшая в поговорку. Два тысячелетия, трудились над ней выдающиеся профессионалы-математики и несметные толпы любителей.

«Найти квадратуру круга» — значит начертить квадрат, площадь которого в точности равна площади данного круга. Практически задача эта возникает очень часто, но как раз практически она разрешима с любой точностью. Знаменитая задача древности требует, однако, чтобы чертеж выполнен был совершенно точно при помощи всего только двух родов чертежных операций: 1) проведением окружности данного радиуса вокруг данной точки; 2) проведением прямой линии через две данные точки.

Короче говоря, необходимо выполнить чертеж, пользуясь только двумя чертежными инструментами: циркулем и линейкой.

В широких кругах нематематиков распространено убеждение, что вся трудность обусловлена тем, что отношение длины окружности к ее диаметру (знаменитое число π) не может быть выражено конечным числом цифр. Это верно лишь постольку, поскольку разрешимость задачи зависит от особенной природы числа π. В самом деле: превращение *прямоугольника* в квадрат с равной площадью — задача легко и точно разрешимая. Но проблема квадратуры круга сводится ведь к построению — циркулем и линейкой — прямоугольника, равновеликого данному кругу. Из формулы площади круга, $S = \pi r^2$, или (что то же самое) $S = \pi r \times r$, ясно, что площадь круга равна площади такого прямоугольника, одна сторона которого равна r, а другая в π раз больше. Значит, все дело в том, чтобы начертить отрезок, который в π раз длиннее данного. Как известно, π не равно в точности ни $3^1/_7$, ни 3,14 ни даже 3,14159. Ряд цифр, выражающих это число, уходит в бесконечность.

Указанная особенность числа π, его *иррациональность*,[1] установлена была еще в XVIII веке математиками Ламбертом и Лежандром. И все же знание иррациональности π не остановило усилий сведущих в математике «квадратуристов». Они понимали, что иррациональность π сама по себе не делает задачи безнадежной. Существуют иррациональные числа, которые геометрия умеет «строить» совершенно точно. Пусть, например, требуется начертить отрезок, который длиннее данного в $\sqrt{2}$ раз. Число $\sqrt{2}$, как и π, — иррациональное. Тем не менее ничто не может быть легче, чем начертить искомый отрезок: вспомним, что $a\sqrt{2}$ есть сторона квадрата, вписанного в круг радиуса a.

Каждый школьник легко справляется также и с построением отрезка $a\sqrt{3}$ (сторона равностороннего вписанного треугольника). Не представляет особых затруднений даже построение такого весьма сложного на вид иррационального выражения:

---

[1] Особенность иррационального числа состоит в том, что оно не может быть выражено какой-либо точной дробью.

$$\sqrt{2-\sqrt{2+\sqrt{2+\sqrt{2+\sqrt{2}}}}},$$

потому что оно сводится к построению правильного 64-угольника.

Как видим, иррациональный множитель, входящий в выражение, не всегда делает это выражение невозможным для построения циркулем и линейкой. Неразрешимость квадратуры круга кроется не всецело в том, что число π — иррациональное, а в другой особенности этого же числа. Именно, число π — не *алгебраическое*, т. е. не может быть получено в итоге решения какого бы то ни было уравнения с рациональными коэффициентами. Такие числа называются «трансцендентными».

Математик XVI столетия Вьета доказал, что число

$$\frac{\pi}{4}=\frac{1}{\sqrt{\frac{1}{2}}\cdot\sqrt{\frac{1}{2}+\frac{1}{2}\sqrt{\frac{1}{2}}}\cdot\sqrt{\frac{1}{2}+\frac{1}{2}\sqrt{\frac{1}{2}+\frac{1}{2}\sqrt{\frac{1}{2}}}}\cdot \text{и т.д.}}$$

Это выражение для π разрешало бы задачу о квадратуре круга, если бы число входящих в него операций было конечно (тогда приведенное выражение можно было бы геометрически построить). Но так как число извлечений квадратных корней в этом выражении бесконечно, то выражение Вьета не помогает делу.

Итак, неразрешимость задачи о квадратуре круга обусловлена трансцендентностью числа π, т. е. тем, что оно не может получиться в итоге решения уравнения с рациональными коэффициентами. Эта особенность числа π была строго доказана в 1889 г. немецким математиком Линдеманом. В сущности названный ученый и должен считаться единственным человеком, разрешившим квадратуру круга, несмотря на то, что решение его отрицательное — оно утверждает, что искомое построение геометрически невыполнимо. Таким образом, в 1889 г. завершаются многовековые усилия математиков в этом направлении; но, к сожалению, не прекращаются бесплодные попытки многочисленных любителей, недостаточно знакомых с задачей.

Так обстоит дело в теории. Что касается практики, то она вовсе не нуждается в *точном* разрешении этой знаменитой задачи. Убеждение многих, что разрешение проблемы квадратуры круга имело бы огромное значение для практической жизни — глубокое заблуждение. Для потребностей обихода вполне достаточно располагать хорошими приближенными приемами решения этой задачи.

Практически поиски квадратуры круга стали бесполезны с того времени, как найдены были первые 7—8 верных цифр числа π. Для потребностей практической жизни вполне достаточно знать, что π = 3,1415926. Никакое измерение длины не может дать результата, выражающегося более чем семью значащими цифрами. Поэтому брать для π более восьми цифр — бесполезно: точность вычисления от этого не улучшается.[1] Если радиус выражен семью значащими цифрами, то длина окружности не будет содержать более семи достоверных цифр, даже если взять для π сотню цифр. То, что старинные математики затратили огромный труд для получения возможно более длинных значений π, никакого практического значения не имеет. Да и научное значение этих трудов ничтожно. Это попросту дело терпения. Если у вас есть охота и достаточно досуга, вы можете отыскать хоть 1000 цифр для π, пользуясь, например, следующим бесконечным рядом, найденным Лейбницем;[2]

$$\frac{\pi}{4} = 1 - \frac{1}{3} + \frac{1}{5} - \frac{1}{7} + \frac{1}{9} + \text{ и т.д.}$$

Но это будет никому не нужное арифметическое упражнение, нисколько не подвигающее разрешения знаменитой геометрической задачи.

Упомянутый ранее французский астроном Араго писал по этому поводу следующее:

«Искатели квадратуры круга продолжают заниматься решением задачи, невозможность которого ныне положительно доказана и которое, если бы даже и могло осуществиться, не представило бы никакого практического интереса. Не стоит распространяться об этом предмете: больные разумом, стремящиеся к открытию квадратуры круга, не поддаются никаким доводам. Эта умственная болезнь существует с древнейших времен».

И иронически заканчивает:

«Академии всех стран, борясь против искателей квадратуры, заметили, что болезнь эта обычно усиливается к весне».

---

[1] См. «Занимательную арифметику» Я. И. Перельмана.
[2] Терпения для такого расчета потребуется очень много, потому что для получения, например, шестизначного π понадобилось бы взять в указанном ряду ни много, ни мало — 2000000 членов.

Треугольник Бинга

Рассмотрим одно из приближенных решений задачи о квадратуре круга, очень удобное для надобностей практической жизни.

Способ состоит в том, что вычисляют (рис. 125) угол a, под которым надо провести к диаметру AB хорду $AC = x$, являющуюся стороною искомого квадрата. Чтобы узнать величину этого угла, придется обратиться к тригонометрии:

$$\cos a = \frac{AC}{AB} = \frac{x}{2r},$$

где r — радиус круга.

Значит, сторона искомого квадрата $x = 2r \cos a$, площадь же его равна $4r^2 \cos^2 a$. С другой стороны, площадь квадрата равна πr^2 — площади данного круга. Следовательно,

$$4r^2 \cos^2 a = \pi r^2,$$

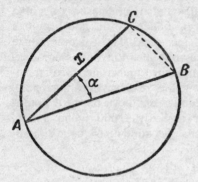

Рис. 125. Способ русского инженера Бинга (1836 г.).

откуда

$$\cos^2 a = \frac{\pi}{4},\ \cos a = \frac{1}{2}\sqrt{\pi} = 0{,}886.$$

По таблицам находим:

$$a = 27°36'.$$

Итак, проведя в данном круге хорду под углом 27°36' к диаметру, мы сразу получаем сторону квадрата, площадь которого равна площади данного круга. Практически делают так, что заготовляют чертежный треугольник [1], один из острых углов которого 27°36' (а другой — 62°24'). Располагая таким треугольником, можно для каждого данного круга сразу находить сторону равновеликого ему квадрата.

Для желающих изготовить себе такой чертежный треугольник полезно следующее указание.

---

[1] Этот удобный способ был предложен в 1836 г. русским инженером Бингом; упомянутый чертежный треугольник носит по имени изобретателя название «треугольник Бинга».

Так как тангенс угла 27°36′ равен 0,523, или $\frac{23}{44}$, то катеты такого треугольника относятся, как 23:44. Поэтому, изготовив треугольник, один катет которого, например, 22 *см*, а другой 11,5 *см*, мы будем иметь то, что требуется. Само собой разумеется, что таким треугольником можно пользоваться и как обыкновенным чертежным.

Голова или ноги

Кажется, один из героев Жюля Верна подсчитывал, какая часть его тела прошла более длинный путь за время его кругосветных странствований — голова или ступни ног. Это очень поучительная геометрическая задача, если поставить вопрос определенным образом. Мы предложим ее в таком виде.

ЗАДАЧА

Вообразите, что вы обошли земной шар по экватору. Насколько при этом верхушка вашей головы прошла более длинный путь, чем кончик вашей ноги?

РЕШЕНИЕ

Ноги прошли путь $2\pi R$, где R — радиус земного шара. Верхушка же головы прошла при этом $2\pi (R + 1,7)$, где 1,7 *м* — рост человека. Разность путей равна $2\pi (R + 1,7) - 2\pi R = 2\pi \cdot 1,7 = 10,7$ *м*. Итак, голова прошла путь на 10,7 *м* больше, чем ноги.

Любопытно, что в окончательный ответ не входит величина радиуса земного шара. Поэтому результат получится одинаковый и на Земле, и на Юпитере, и на самой мелкой планетке. Вообще, разность длин двух концентрических окружностей не зависит от их радиусов, а только от расстояния между ними. Прибавка одного сантиметра к радиусу земной орбиты увеличила бы ее длину ровно настолько, насколько удлинится от такой же прибавки радиуса окружность пятака.

На этом геометрическом парадоксе [1] основана следующая любопытная задача, фигурирующая во многих сборниках геометрических развлечений.

---

[1] *Парадоксом* называется истина, кажущаяся неправдоподобной, в отличие от *софизма* — ложного положения, имеющего видимость истинного.

Если обтянуть земной шар по экватору проволокой и затем прибавить к ее длине 1 *м*, то сможет ли между проволокой и землей проскочить мышь?

Обычно отвечают, что промежуток будет тоньше волоса: что значит один метр по сравнению с 40 миллионами метров земного экватора! В действительности же величина промежутка равна

$$\frac{100}{2\pi} \; см \approx 16 \; см.$$

Не только мышь, но и крупный кот проскочит в такой промежуток.

Проволока вдоль экватора

ЗАДАЧА

Теперь вообразите, что земной шар плотно обтянут по экватору стальной проволокой. Что произойдет, если эта проволока охладится на 1°? От охлаждения проволока должна укоротиться. Если она при этом не разорвалась и не растянулась, то как глубоко она врежется в почву?

РЕШЕНИЕ

Казалось бы, столь незначительное понижение температуры, всего на 1°, — не может вызвать заметного углубления проволоки в землю. Расчеты показывают другое.

Охлаждаясь на 1°, стальная проволока укорачивается на одну стотысячную долю своей длины. При длине в 40 миллионов метров (длина земного экватора) проволока должна сократиться, как легко рассчитать, на 400 *м*. Но радиус этой окружности из проволоки уменьшится не на 400 *м*, а гораздо меньше. Для того чтобы узнать, насколько уменьшится радиус, нужно 400 *м* разделить на 6,28 т. е. на 2π. Получится около 64 *м*. Итак, проволока, охладившись всего на 1°, должна была бы при указанных условиях врезаться в землю не на несколько миллиметров, как может казаться, а более чем на 60 *м*!

Факты и расчеты

ЗАДАЧА

Перед вами восемь равных кругов (рис. 126). Семь заштрихованных — неподвижны, а восьмой (светлый) по ним катится без скольжения. Сколько оборотов он сделает, обойдя неподвижные круги один раз?

Вы, конечно, сразу можете это выяснить практически: положите на стол восемь монет одинакового достоинства, например восемь двугривенных, расположите их, как на рисунке, и, прижимая к столу семь монет, прокатите по ним восьмую. Для определения числа оборотов следите, например, за положением цифры, написанной на монете. Всякий раз, как цифра примет первоначальное положение, монета обернётся вокруг своего центра один раз.

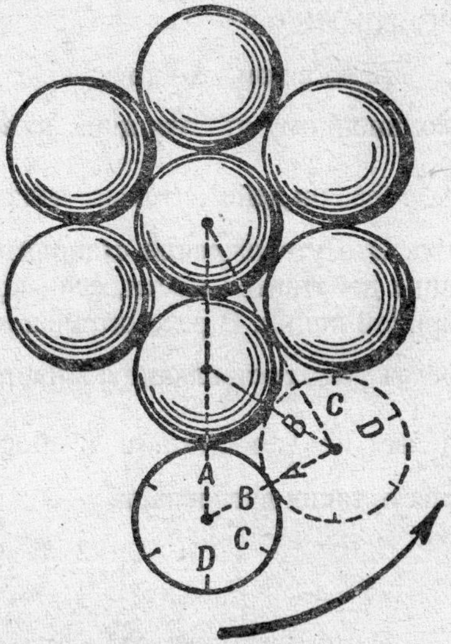

Проделайте этот опыт не в воображении, а на самом деле, и вы установите, что всего монета сделает четыре оборота.

Давайте теперь попытаемся получить тот же ответ при помощи рассуждений и расчётов.

Рис. 126. Сколько оборотов сделает светлый круг, обойдя заштрихованные круги?

Выясним, например, какую дугу каждого неподвижного круга обходит катящийся круг. С этой целью представим себе перемещение подвижного круга с «холма» A в ближайшую «ложбинку» между двумя неподвижными кругами (на рис. 126 пунктир).

По чертежу нетрудно установить, что дуга AB, по которой прокатился круг, содержит 60°. На окружности каждого неподвижного круга таких дуг две; вместе они составляют дугу в 120° или $\frac{1}{3}$ окружности.

Следовательно, катящийся круг делает $\frac{1}{3}$ оборота, обходя $\frac{1}{3}$ каждой неподвижной окружности. Всего неподвижных кругов шесть; выходит так, что катящийся круг сделает только $\frac{1}{3} \cdot 6 = 2$ оборота.

Получается расхождение с результатами наблюдения! Но «факты — упрямая вещь». Если наблюдение не подтверждает расчета, значит в расчете есть дефект.

Найдите дефект в приведённых рассуждениях.

РЕШЕНИЕ

Дело в том, что когда круг катится без скольжения по прямолинейному отрезку длиною в $\frac{1}{3}$ окружности катящегося круга, тогда он действительно делает $\frac{1}{3}$ оборота вокруг своего центра. Это утверждение становится неверным, не соответствующим действительности, если круг катится по дуге какой-либо кривой линии. В рассматриваемой задаче катящийся круг, пробегая дугу, составляющую, например, $\frac{1}{3}$ длины его окружности, делает не $\frac{1}{3}$ оборота, а $\frac{2}{3}$ оборота и, следовательно, пробегая шесть таких дуг, делает

$$6 \cdot \frac{2}{3} = 4 \text{ оборота!}$$

В этом вы можете убедиться наглядно. Пунктир на рис. 126 изображает положение катящегося круга после того, как он прокатился по дуге AB (= 60°) неподвижного круга, т. е. по дуге, составляющей $\frac{1}{6}$ длины окружности. В новом положении круга наивысшее место на его окружности занимает уже не точка A, а точка C, что, как нетрудно видеть, соответствует повороту точек окружности на 120°, т. е. на $\frac{1}{3}$ полного оборота. «Дорожке» в 120° будет соответствовать $\frac{2}{3}$ полного оборота катящегося круга.

Итак, если круг катится по кривой (или по ломаной) дорожке, то он делает иное число оборотов, нежели в том случае, когда он катится по прямолинейной дорожке той же, длины.

Задержимся еще немного на геометрической стороне этого удивительного факта, тем более, что обычно даваемое ему объяснение не всегда бывает убедительным.

Пусть круг радиуса *r* катится по прямой. Он делает один оборот на отрезке *AB*, длина которого равна длине окружности катящегося круга ($2\pi r$). Надломим отрезок *AB* в его середине *C* (рис. 127) и повернем звено *CB* на угол α относительно первоначального положения.

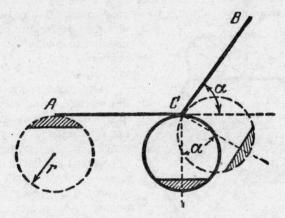

Рис. 127. Как появляется дополнительный поворот при качании круга по ломаной линии.

Теперь круг, сделав пол-оборота, дойдет до вершины *C* и, чтобы занять такое положение, при котором он будет касаться в точке *C* прямой *CB*, повернется вместе со своим центром на угол, равный углу α (эти углы равны, как имеющие взаимно перпендикулярные стороны).

В процессе этого вращения круг катится без продвижения по отрезку. Вот это и создает здесь дополнительную часть полного оборота сравнительно с качанием по прямой.

Дополнительный поворот составляет такую часть полного оборота, какую составляет угол α от угла 2π, т. е. $\frac{\alpha}{2\pi}$. Вдоль отрезка *CB* круг сделает тоже пол-оборота, так что всего при движении по ломаной *ACB* он сделает $1 + \frac{\alpha}{2\pi}$ оборотов.

Теперь нетрудно представить себе, сколько оборотов должен сделать круг, катящийся снаружи по сторонам выпуклого правильного шестиугольника (рис. 128). Очевидно столько, сколько раз он обернулся бы на прямолинейном пути, равном периметру (т. е. сумме сторон) шестиугольника, плюс число оборотов, равное сумме внешних углов шестиугольника, деленной на 2π. Так как сумма внешних углов всякого выпуклого многоугольника постоянна и равна $4d$, или 2π, то $\frac{2\pi}{2\pi} = 1$.

Таким образом, обходя шестиугольник, а также и любой выпуклый многоугольник, круг всегда сделает одним оборотом больше, чем при движении по прямолинейному отрезку, равному периметру многоугольника.

При бесконечном удвоении числа сторон правильный выпуклый многоугольник приближается к окружности, значит, все высказанные соображения остаются в силе и для окружности. Если, например, в соответствии с первоначально поставленной задачей один круг катится по дуге в 120° равного ему круга, то утверждение, что движущийся круг делает при этом не $\frac{1}{3}$, а $\frac{2}{3}$ оборота, приобретает полную геометрическую ясность.

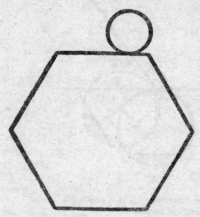

Рис. 128. На сколько оборотов больше сделает круг, если он покатится по сторонам многоугольника, а не по его выпрямленному периметру?

Девочка на канате

Когда круг катится по какой-нибудь линии, лежащей с ним в одной плоскости, то и каждая точка круга перемещается по плоскости, т. е., как говорят, имеет свою траекторию.

Рис. 129. Циклоида — траектория точки A окружности диска, катящегося без скольжения по прямой линии.

Проследите за траекторией любой точки круга, катящегося по прямой или по окружности, и вам представятся разнообразнейшие кривые.

Некоторые из них изображены на рис. 129 и 130.

Возникает такой вопрос: может ли точка круга, катящегося по «внутренней стороне» окружности другого круга (рис. 130), описать не кривую линию, а прямую? На первый взгляд кажется, что это невозможно.

Однако же именно такую конструкцию я видел своими глазами. Это была игрушка — «девочка на канате» (рис. 131). Вы можете ее легко изготовить. На листе плотного картона или фанеры нарисуйте круг диаметром в 30 *см* так, чтобы остались поля на листе, и один из диаметров продлите в обе стороны.

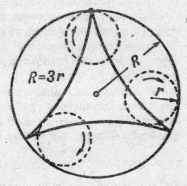

Рис. 130. Трехрогая гипоциклоида — траектория точки окружности диска, катящегося изнутри по большой окружности, причем $R = 3r$.

На продолжениях диаметра воткните по иголке с продетой ниткой, натяните нитку горизонтально и оба ее конца прикрепите к картону (фанере). Нарисованный круг вырежьте и в образовавшееся окошко поместите

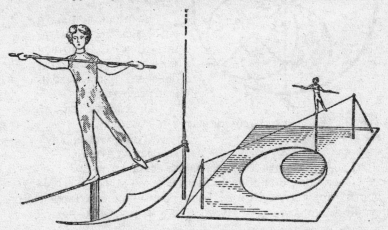

Рис. 131. «Девочка на канате». На катящемся круге есть такие точки, которые движутся прямолинейно.

еще один картонный (или фанерный) круг диаметром в 15 *см*. У самого края малого круга тоже воткните иголку, как на рис. 131, вырежьте из плотной бумаги фигурку девочки-акробатки и приклейте сургучом ее ножку к головке иголки.

Попробуйте теперь катить малый круг, прижимая его к стенкам окошка; головка иголки, а вместе с ней и фигурка девочки будут скользить то вперед, то назад вдоль натянутой нитки.

Это можно объяснить только тем, что точка катящегося круга, к которой прикреплена иголка, перемещается строго вдоль диаметра окошка.

Но почему же в аналогичном случае, изображенном на рис. 130, точка катящегося круга описывает не прямую, а кривую линию (она называется гипоциклоидой)? Все дело в отношении диаметров большого и малого кругов.

ЗАДАЧА

Докажите, что если внутри большого круга катить по его окружности круг вдвое меньшего диаметра, то во время этого движения любая точка на окружности малого круга будет двигаться по прямой, являющейся диаметром большого круга.

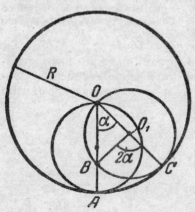

Рис. 132. Геометрическое объяснение «Девочки на канате».

РЕШЕНИЕ

Если диаметр круга O_1 вдвое меньше диаметра круга O (рис. 132), то в любой момент движения круга O_1 одна его точка находится в центре круга O.

Проследим за перемещением точки A.

Пусть малый круг прокатился по дуге AC.

Где будет точка A в нового положении круга O_1?

Очевидно, она должна быть в такой точке B его окружности, чтобы дуги AC и BC были равны по длине (круг катится без скольжения). Пусть $OA = R$ и $\angle AOC = \alpha$. Тогда $AC = R\alpha$; следовательно, и $BC = R\alpha$, но так как $O_1C = \dfrac{R}{2}$, то

$$\angle BO_1C = \frac{R \cdot \alpha}{\frac{R}{2}} = 2\alpha\,;\ \text{тогда}\ \angle BOC\ \text{как вписанный равен}\ \frac{2\alpha}{2} = \alpha,$$

т. е. точка B осталась на луче OA.

Описанная здесь игрушка представляет собою примитивный механизм для преобразования вращательного движения в прямолинейное.

Конструирование таких механизмов (они называются инверсорами) интересует техников-механиков еще со времен уральского механика И. И. Ползунова — первого изобретателя паровой машины. Обычно эти механизмы, сообщающие точке прямолинейное движение, имеют шарнирное устройство.

Очень большой вклад в математическую теорию механизмов сделал гениальный русский математик Пафнутий Львович Чебышев (1821—1894 гг.) (рис. 133). Он был не только математиком, но и выдающимся механиком. Сам построил модель «стопоходящей» машины (она и сейчас хранится в Академии наук СССР), механизм самокатного кресла, лучший по тому времени счетный механизм — арифмометр и т. д.

Рис. 133. Пафнутий Львович Чебышев (1821—1894 гг.).

Путь через полюс

Вы, конечно, помните знаменитый перелет Героя Советского Союза М. М. Громова и его друзей из Москвы в Сан-Джасинто через Северный полюс, когда за 62 часа 17 мин. полета М. М. Громовым было завоевано два мировых рекорда на беспосадочный полет по прямой (10 200 *км*) и по ломаной (11 500 *км*).

Как вы думаете, вращался ли вместе с Землей вокруг земной оси самолет героев, перелетевших через полюс? Вопрос этот часто приходится слышать, но не всегда на него дается правильный ответ. Всякий самолет, в том числе и пролетающий через полюс, безусловно должен участвовать во вращении земного шара. Это происходит потому, что летящий самолет отделен только от твердой части земного шара, но остается связанным с атмосферой и увлекается ею во вращательное движение вокруг оси нашей планеты.

Итак, совершая перелет через полюс из Москвы в Америку, самолет в то же время вращался вместе с Землей вокруг земной оси. Какова же трасса этого полета?

Чтобы правильно ответить и на этот вопрос, надо иметь в виду, что когда мы говорим «тело движется», то это значит — изменяется положение данного тела относительно каких-либо других тел. Вопрос о трассе и вообще о движении не будет иметь смысла, если при этом не указана (или по крайней мере не подразумевается), как говорят математики, система отсчета, или попросту — тело, относительно которого происходит движение.

Относительно Земли самолет М. М. Громова двигался почти вдоль меридиана Москвы. Меридиан Москвы, как и всякий иной, вращается вместе с Землей вокруг земной оси; вращался и самолет, придерживавшийся линии меридиана во время перелета, но на форме трассы для земного наблюдателя это движение не отражается, так как оно происходит, уже относительно какого-либо другого тела — не Земли.

Следовательно, для нас, твердо связанных с Землей, трасса этого героического перелета через полюс — дуга большого круга, если считать, что самолет двигался точно по меридиану и находился при этом на одном и том же расстоянии от центра Земли.

Теперь вопрос поставим так: мы имеем движение самолета относительно Земли и знаем, что самолет с Землею вместе вращаются вокруг земной оси, то есть имеем движение самолета и Земли относительно некоторого третьего тела; какою же будет трасса перелета для наблюдателя, связанного с этим третьим телом?

Упростим немного эту необычную задачу. Околополярную область нашей планеты представим себе плоским диском, лежащим на плоскости, перпендикулярной к земной оси. Пусть эта воображаемая плоскость будет тем «телом», относительно которого вращается диск вокруг земной оси, и пусть вдоль одного из диаметров диска равномерно катится заводная тележка: она изображает самолет, летящий вдоль меридиана через полюс.

Какой линией на нашей плоскости изобразится путь тележки (точнее говоря, какой-либо одной точки тележки, например, ее центра тяжести)?

Время, за которое тележка может пройти от одного конца диаметра до другого, зависит от ее скорости.

Мы рассмотрим три случая:

1) тележка проходит свой путь за 12 часов;
2) этот путь она проходит за 24 часа и
3) тот же путь она проходит за 48 часов.

Диск во всех случаях совершает полный оборот за 24 часа.

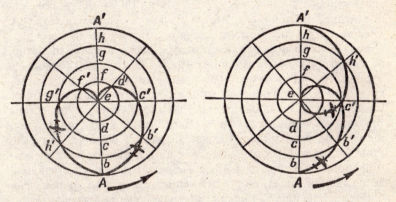

Рис. 134—135. Кривые, которые опишет на неподвижной плоскости точка, участвующая в двух движениях.

Первый случай (рис. 134). Тележка проходит по диаметру диска за 12 часов. Диск совершит за это время пол-оборота, т. е. повернется на 180°, и точки A и A' поменяются местами. На рис. 134 диаметр разделен на восемь равных участков, каждый из которых тележка пробегает за $12 : 8 = 1,5$ часа. Проследим, где будет находиться тележка через 1,5 часа после начала движения. Если бы диск не вращался, тележка, выйдя из точки A, достигла бы через 1,5 часа точки b. Но диск вращается и за 1,5 часа поворачивается на $180° : 8 = 45°$. При этом точка b диска перемещается в точку b'. Наблюдатель, стоящий на самом диске и вращающийся вместе с ним, не заметил бы его вращения и увидел бы лишь, что тележка переместилась из точки A в точку b. Но наблюдатель, который находится вне диска и не участвует в его вращении, увидел бы другое: для него тележка передвинулась бы по кривому пути из точки *A* в точку *b'*. Еще через 1,5 часа наблюдатель, стоящий вне диска, увидел бы тележку в точке *c'*. В течение следующих 1,5 часа тележка передвинулась бы для него по дуге *c'd'*, а спустя еще 1,5 часа достигла бы центра *e*.

Продолжая следить за движением тележки, наблюдатель, стоящий вне диска, увидел бы нечто совершенно неожиданное: тележка опишет для него кривую *ef'g'h'A*, и движение, как ни странно, окончится не в противоположной точке диаметра, а в исходном пункте.

Разгадка этой неожиданности очень проста: за шесть часов путешествия тележки по второй половине диаметра радиус этот успевает повернуться вместе с диском на 180° и занять положение первой половины диаметра. Тележка вращается вместе с диском даже в тот момент, когда она проезжает над его центром. Целиком поместиться в центре диска тележка, понятно, не может; она совмещается с центром только одной точкой и в соответствующий момент вся вращается вместе с диском вокруг этой точки. То же должно происходить и с самолетом в момент, когда он пролетает над полюсом. Итак, путешествие тележки по диаметру диска от одного конца к другому различным наблюдателям представляется в различном виде. Тому, кто стоит на диске и вертится вместе с ним, путь этот кажется прямой линией. Но неподвижный наблюдатель, не участвующий во вращении диска, видит движение тележки по кривой, изображенной на рис. 134 и напоминающей очертания сердца.

Такую же кривую увидел бы и каждый из вас, наблюдая, предположим, из центра Земли за полетом самолета относительно воображаемой плоскости, перпендикулярной к земной оси, при том фантастическом условии, что Земля прозрачна, а вы и плоскость не участвуете во вращении Земли, и если бы перелет через полюс наблюдаемого самолета длился 12 часов.

Мы имеем здесь любопытный пример сложения двух движений.

В действительности же перелет через полюс из Москвы до диаметрально противоположного пункта той же параллели длился не 12 часов, поэтому мы остановимся сейчас на разборе ещё одной подготовительной задачи того же рода.

Второй случай (рис. 135). Тележка проходит диаметр за 24 часа. За это время диск совершает полный поворот, и тогда для наблюдателя, неподвижного относительно диска, путь движения тележки будет иметь форму кривой, изображенной на рис. 135.

Третий случай (рис. 136). Диск по-прежнему совершает полный оборот в 24 часа, но тележка путешествует по диаметру от конца к концу 48 часов.

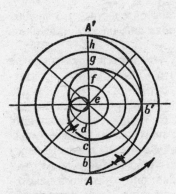

Рис. 136. Еще одна кривая, получившаяся в результате сложения двух движений.

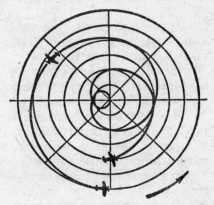

Рис. 137. Путь перелета Москва — Сан-Джасинто, как он представился бы наблюдателю, не участвующему ни в полете, ни во вращении Земли.

На этот раз $\frac{1}{8}$ диаметра тележка проходит за 48 : 8 = 6 часов.

В течение тех же шести часов диск успевает повернуться на четверть полного оборота — на 90°. Поэтому спустя шесть часов от начала движения тележка переместится по диаметру (рис. 136) в точку *b,* но вращение диска перенесет эту точку в *b'*. Спустя еще шесть часов тележка придет в точку *g* и т. д. За 48 часов тележка проходит весь диаметр, а диск делает два полных оборота. Результат сложения этих двух движений представляется неподвижному наблюдателю в виде затейливой кривой, изображенной на рис. 136 сплошной линией.

Рассмотренный сейчас случай приближает нас к истинным условиям перелета через полюс. На перелет от Москвы до полюса М. М. Громов затратил приблизительно 24 часа; поэтому наблюдатель, находящийся в центре Земли, увидел бы эту часть трассы в виде линии, почти тождественной с первой половиной кривой рис. 136. Что касается второй части перелета М. М. Громова, то она длилась примерно в полтора раза дольше, кроме того, расстояние от полюса до Сан-Джасинто также раза в полтора длиннее расстояния от Москвы до Северного полюса.

Поэтому трасса второй части пути представилась бы неподвижному наблюдателю в виде линии такой же формы, как и линия первой части пути, но в полтора раза длиннее.

Какая кривая получается в конечном итоге, показано на рис. 137.

Многих, пожалуй, озадачит то обстоятельство, что начальный и конечный пункты перелета показаны на этом рисунке в таком близком соседстве.

Но не следует упускать из виду, что чертеж показывает не одновременное положение Москвы и Сан-Джасинто, а разделенное промежутком времени в $2\frac{1}{2}$ суток.

Итак, вот какую примерно форму имела бы трасса перелета М. М. Громова через полюс, если бы можно было наблюдать за полетом, например, из центра земного шара. Вправе ли мы назвать этот сложный завиток *истинным* путем перелета через полюс в отличие от *относительного* изображаемого на картах? Нет, это движение тоже относительно: оно отнесено к некоторому телу, не участвующему во вращении Земли вокруг оси, точно так же как обычное изображение трассы перелета отнесено к *поверхности* вращающейся Земли.

Если бы мы могли следить за тем же перелетом с Луны или с Солнца,[1] трасса полета представилась бы нам еще в иных видах.

Луна не разделяет суточного вращения Земли, но она зато обходит кругом нашей планеты в месячный срок. За 62 часа перелета из Москвы в Сан-Джасинто Луна успела описать около Земли дугу в 30°, и это не могло бы не сказаться на траектории полета для лунного наблюдателя. На форме трассы самолета, рассматриваемой относительно Солнца, сказалось бы еще и третье движение — вращение Земли вокруг Солнца.

«Движения отдельного тела не существует, есть только относительное движение», — говорит Ф. Энгельс в «Диалектике природы».

Рассмотренная сейчас задача убеждает нас в этом самым наглядным образом.

Длина приводного ремня

Когда ученики ремесленного училища окончили свою работу, мастер «на прощание» предложил желающим решить такую

---

[1] То есть относительно системы координат, связанной с Луной или с Солнцем.

ЗАДАЧУ

«Для одной из новых установок нашей мастерской, — сказал мастер, — надо сшить приводной ремень — только не на два шкива, как это чаще бывает, а сразу на три, — и мастер показал ученикам схему привода (рис. 138).

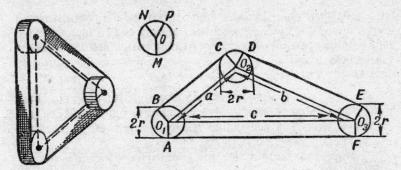

Рис. 138. Схема привода. Как определить длину приводного ремня, пользуясь только указанными размерами?

Все три шкива, — продолжал он, — имеют одинаковые размеры. Их диаметр и расстояния между их осями указаны на схеме.

Как, зная эти размеры и не производя более никаких дополнительных измерений, быстро определить длину приводного ремня?»

Ученики задумались. Вскоре кто-то из них сказал: «По-моему, вся трудность здесь только в том, что на чертеже не указаны размеры дуг AB, CD, EF, по которым ремень огибает каждый шкив. Для определения длины каждой из этих дуг надо знать величину соответствующего центрального угла и, мне кажется, без транспортира нам не обойтись».

«Углы, о которых ты говоришь, — ответил мастер, — можно даже вычислить по указанным на чертеже размерам при помощи тригонометрических формул и таблиц, но это далекий путь и сложный. Не нужен здесь и транспортир, так как нет необходимости знать длину каждой интересующей нас дуги в отдельности, достаточно знать ...».

«Их сумму, — подхватили некоторые из ребят, сообразивших, в чем дело».

«Ну, а теперь идите домой и принесите мне завтра ваши решения».

Не торопитесь, читатель, узнать, какое решение принесли мастеру его ученики.

После всего сказанного мастером эту задачу нетрудно решить и самостоятельно.

РЕШЕНИЕ

Действительно, длина приводного ремня определяется очень просто: к сумме расстояния между осями шкивов надо еще прибавить длину окружности одного шкива. Если длина ремня l, то

$$l = a + b + c + 2\pi r.$$

О том, что сумма длин дуг, с которыми соприкасается ремень, составляет всю длину окружности одного шкива, догадались почти все решавшие задачу, но не всем удалось это доказать.

Из представленных мастеру достаточно обоснованных решений он признал наиболее коротким следующее.

Пусть BC, DE, FA — касательные к окружностям (рис. 138). Проведем радиусы в точки касания. Так как окружности шкивов имеют равные радиусы, то фигуры O_1BCO_2, O_2DEO_3 и O_1O_3FA — прямоугольники, следовательно, $BC + DE + FA = a + b + c$. Остается показать, что сумма длин дуг $AB + CD + EF$ составляет полную длину окружности.

Для этого построим окружность O радиуса r (рис. 138, вверху). Проведем $OM \parallel O_1A$, $ON \parallel O_1B$ и $OP \parallel O_2D$, тогда $\angle MON = \angle AO_1N$, $\angle NOP = \angle CO_2D$, $\angle POM = \angle EO_2F$, как углы с параллельными сторонами.

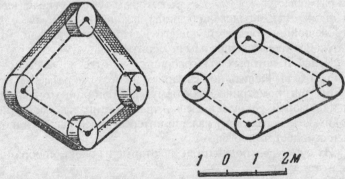

Рис. 139. Снимите с рисунка необходимые размеры и вычислите длину ленты транспортера.

Отсюда следует, что $AB + CD + EF = MN + NP + PM = 2\pi r$. Итак, длина ремня $l = a + b + c + 2\pi r$.

Таким же способом можно показать, что не только для трех, но и для любого количества равных шкивов длина приводного ремня будет равна сумме расстояний между их осями плюс длина окружности одного шкива.

ЗАДАЧА

На рис. 139 изображена схема транспортера на четырех равных роликах (есть и промежуточные ролики, но на схеме они опущены, как не влияющие на решение задачи). Используя масштаб, указанный на рисунке, снимите с рисунка необходимые размеры и вычислите длину ленты транспортера.

Задача о догадливой вороне

В наших школьных хрестоматиях по родному языку есть забавный рассказ о «догадливой вороне». Этот старинный рассказ повествует о вороне, страдавшей от жажды и нашедшей кувшин с водой. Воды в кувшине было мало, клювом ее не достать, но ворона будто бы сообразила, как пособить горю: она стала кидать в кувшин камешки. В результате этой уловки уровень воды поднялся до краев кувшина, и ворона могла напиться.

Не станем входить в обсуждение того, могла ли ворона проявить подобную сообразительность. Случай интересует нас со стороны геометрической. Он дает повод рассмотреть следующую

ЗАДАЧУ

Удалось ли бы вороне напиться, если бы вода в кувшине налита была до половины?

РЕШЕНИЕ

Разбор задачи убедит нас, что способ, примененный вороной, приводит к цели не при всяком первоначальном уровне воды в кувшине.

Ради упрощения примем, что кувшин имеет форму прямоугольной призмы, а камешки представляют собою шарики одинаковой величины. Легко сообразить, что вода поднимется над уровнем камешков в том лишь случае, если первоначальный запас воды занимает больший объем, чем все промежутки между камешками: тогда вода заполнит промежутки и выступит поверх камешков. Постараемся вычислить, какой объем занимают эти промежутки. Проще всего выполнить расчет при таком расположении каменных шариков, когда центр каждого лежит на одной отвесной прямой с центрами верхнего и нижнего шариков. Пусть диаметр шарика d и, следовательно, объем его $\frac{1}{6}\pi d^3$, а объем описанного около него кубика d^3. Разность их объемов $d^3 - \frac{1}{6}\pi d^3$ есть объем незаполненной части кубика, а отношение

$$\frac{d^2 - \frac{1}{6}\pi d^3}{d^2} = 0{,}48$$

означает, что незаполненная часть каждого кубика составляет 0,48 его объема. Такую же долю, т. е. немного меньше половины, составляет и сумма объемов всех пустот от объема кувшина. Дело мало изменяется, если кувшин имеет непризматическую форму, а камешки нешарообразны. Во всех случаях можно утверждать, что если первоначально вода в кувшине налита была ниже половины, вороне не удалось бы набрасыванием камешков поднять воду до краев.

Будь ворона посильнее, — настолько, чтобы утрясти камешки в кувшине и добиться их плотного сложения, — ей удалось бы поднять воду более чем вдвое выше первоначального уровня. Но это ей не под силу сделать, и, допустив рыхлое расположение камешков, мы не уклонились от реальных условий. К тому же кувшины обычно раздуты в средней части; это должно также уменьшить высоту подъема воды и подкрепляет правильность нашего вывода: если вода стояла ниже половины высоты кувшина, — вороне напиться не удалось бы.

ГЛАВА ДЕСЯТАЯ
ГЕОМЕТРИЯ БЕЗ ИЗМЕРЕНИЙ И БЕЗ ВЫЧИСЛЕНИЙ

Построение без циркуля

При решении геометрических задач на построение обычно пользуются линейкой и циркулем. Мы сейчас увидим, однако, что иной раз удается обходиться без циркуля в таких случаях, где на первый взгляд он представляется совершенно необходимым.

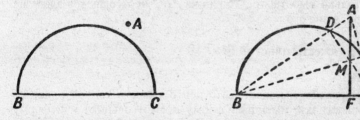

Рис. 140. Задача на построение и ее решение. Первый случай.

ЗАДАЧА

Из точки A (рис. 140, слева), лежащей вне данной полуокружности, опустить на ее диаметр перпендикуляр, обходясь при этом без циркуля. Положение центра полуокружности не указано.

РЕШЕНИЕ

Нам пригодится здесь то свойство треугольника, что все высоты его пересекаются в одной точке. Соединим A с B и C; получим точки D и E (рис. 140, справа). Прямые BE и CD, очевидно, — высоты треугольника *ABC*. Третья высота — искомый перпендикуляр к *BC* — должна проходить через точку пересечения двух других, т. е. через *M*. Проведя по линейке прямую через точки *A* и *M*, мы выполним требование задачи, не

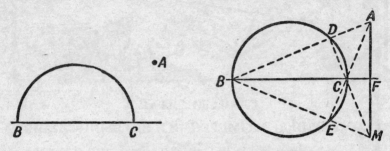

Рис. 141. Та же задача. Второй случай.

прибегая к услугам циркуля. Если точка расположена так, что искомый перпендикуляр падает на *продолжение* диаметра (рис. 141), то задача будет разрешима лишь при условии, что дан не полукруг, а полная окружность. Рис. 141 показывает, что решение не отличается от того, с которым мы уже знакомы; только высоты треугольника *ABC* пересекаются здесь не внутри, а вне его.

Центр тяжести пластинки

ЗАДАЧА

Вероятно, вы знаете, что центр тяжести тонкой однородной пластинки, имеющей форму прямоугольника или форму ромба, находится в точке пересечения диагоналей, а если пластинка треугольная, то в точке пересечения медиан, если круглая, то в центре этого круга.

Попробуйте-ка теперь смекнуть, как найти построением центр тяжести пластинки, составленной из двух произвольных прямоугольников, соединенных в одну фигуру, изображенную на рис. 142.

Условимся при этом пользоваться только линейкой и ничего не измерять и не вычислять.

РЕШЕНИЕ

Продолжим сторону *DE* до пересечения с *AB* в точке *N* и сторону *FE* до пересечения с *BC* в точке *M* (рис. 143). Данную фигуру будем сначала рассматривать как составленную из прямоугольников *ANEF* и *NBCD*. Центр тяжести каждого из них

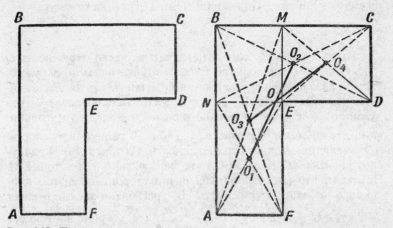

Рис. 142. Пользуясь только линейкой, найдите центр тяжести изображенной пластинки.

Рис. 143. Центр тяжести пластинки найден.

находится в точках пересечения их диагоналей O_1 и O_2. Следовательно, центр тяжести всей фигуры лежит на прямой $O_1 O_2$. Теперь ту же фигуру будем рассматривать как составленную из прямоугольников *ABMF* и *EMCD*, центры тяжести которых находятся в точках пересечения их диагоналей O_2 и O_4. Центр тяжести всей фигуры лежит на прямой $O_3 O_4$. Значит, он лежит в точке O пересечения прямых $O_1 O_2$ и $O_3 O_4$. Все эти построения действительно выполняются только при помощи линейки.

Задача Наполеона

Сейчас мы занимались построением, выполняемым при помощи одной лишь линейки, не обращаясь к циркулю (при условии, что одна окружность на чертеже дана заранее). Рассмотрим теперь несколько задач, в которых вводится обратное ограничение: запрещается пользоваться линейкой, а все построения нужно выполнить только циркулем. Одна из таких задач заинтересовала Наполеона I (интересовавшегося, как известно, математикой). Прочтя книгу о таких построениях итальянского ученого Маскерони, он предложил французским математикам следующую

ЗАДАЧУ

Данную окружность разделить на четыре равные части, не прибегая к линейке. Положение центра окружности дано.

РЕШЕНИЕ

Пусть требуется разделить на четыре части окружность O (рис. 144). От произвольной точки A откладываем по окружности три раза радиус круга: получаем точки B, C и D. Легко видеть, что расстояние AC — хорда дуги, составляющей $1/2$ окружности, — сторона вписанного равностороннего треугольника и, следовательно, равно $r\sqrt{3}$, где r — радиус окружности. AD, очевидно, — диаметр окружности. Из точек A и D радиусом, равным AC, засекаем дуги, пересекающиеся в точке M. Покажем, что расстояние MO равно стороне квадрата, вписанного в нашу окружность. В треугольнике AMO катет

$$MO = \sqrt{AM^2 - AO^2} = \sqrt{3r^2 - r^2} = r\sqrt{2},$$

т. е. стороне вписанного квадрата. Теперь остается только раствором циркуля, равным MO, отложить на окружности последовательно четыре точки, чтобы получить вершины вписанного квадрата, которые, очевидно, разделят окружность на четыре равные части.

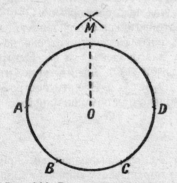

Рис. 144. Разделить окружность на четыре равные части, употребляя только циркуль.

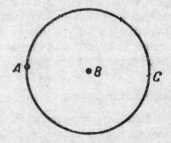

Рис. 145. Как увеличить расстояние между точками A и B в n раз (n — целое число), употребляя только циркуль?

ЗАДАЧА

Вот другая, более легкая задача в том же роде. Без линейки увеличить расстояние между данными точками A и B (рис. 145) в пять раз, — вообще в заданное число раз.

РЕШЕНИЕ

Из точки B радиусом AB описываем окружность (рис. 145). По этой окружности откладываем от точки A расстояние AB три раза: получаем точку C, очевидно, диаметрально противоположную A. Расстояние AC представляет собой двойное расстояние AB. Проведя окружность из C радиусом BC, мы можем таким же образом найти точку, диаметрально противоположную B и, следовательно, удаленную от A на тройное расстояние AB, и т. д.

Простейший трисектор

Применяя только циркуль и линейку, не имеющую на себе никаких меток, невозможно разделить произвольно заданный угол на три равные части. Но математика вовсе не отвергает

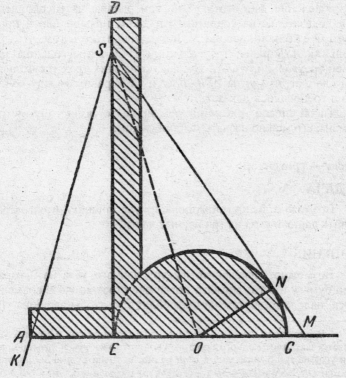

Рис. 146. Трисектор и схема его употребления.

возможности выполнить это деление при помощи каких-либо иных приборов. Придумано много механических приборов для достижения указанной цели. Такие приборы называются трисекторами. Простейший трисектор вы можете легко изготовить из плотной бумаги, картона или тонкой жести. Он вам будет служить подсобным чертежным инструментом.

На рис. 146 трисектор изображен в натуральную величину (заштрихованная фигура). Примыкающая к полукругу полоска AB равна по длине радиусу полукруга. Край полоски BD составляет прямой угол с прямой AC; он касается полукруга в точке B; длина этой полоски произвольна. На том же рисунке показано употребление трисектора. Пусть, например, требуется разделить на три равные части угол KSM (рис. 146). Трисектор помещают так, чтобы вершина угла S находилась на линии BD, одна сторона угла прошла через точку A, а другая сторона коснулась полукруга.[1] Затем проводят прямые SB и SO, и деление данного угла на три равные части окончено. Для доказательства соединим отрезком прямой центр полукруга O с точкой касания N. Легко убедиться в том, что треугольник ASB равен треугольнику SBO, а треугольник SBO равен треугольнику OSN. Из равенства этих трех треугольников следует, что углы ASB, BSO и OSN равны между собой, что и требовалось доказать.

Такой способ трисекции угла не является чисто геометрическим; его можно назвать механическим.

Часы — трисектор

ЗАДАЧА

Возможно ли при помощи циркуля, линейки и часов разделить данный угол на три равные части?

РЕШЕНИЕ

Возможно. Переведите фигуру данного угла на прозрачную бумагу и в тот момент, когда обе стрелки часов совмещаются, наложите чертеж на циферблат так, чтобы вершина угла

---

[1] Возможность такого вложения нашего трисектора в данный угол является следствием одного простого свойства точек лучей, делящих данный угол на три равные части: если из любой точки O луча SO провести отрезки $ON \perp SN$ и $OA \perp SB$ (рис. 147), то будем иметь: $AB = OB = ON$. Читатель это легко докажет сам.

совпала с центром вращения стрелок и одна сторона угла пошла вдоль стрелок (рис. 147).

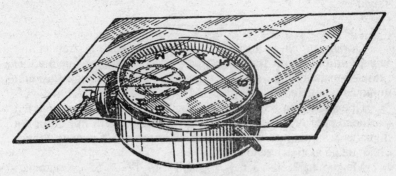

Рис. 147. Часы-трисектор.

В тот момент, когда минутная стрелка часов передвинется до совпадения с направлением второй стороны данного угла (или передвиньте ее сами), проведите из вершины угла луч по направлению часовой стрелки. Образуется угол, равный углу поворота часовой стрелки. Теперь при помощи циркуля и линейки этот угол удвойте и удвоенный угол снова удвойте (способ удвоения угла известен из геометрии). Полученный таким образом угол и будет составлять $\frac{1}{3}$ данного.

Действительно, всякий раз, как минутная стрелка описывает некоторый угол α, часовая стрелка за это время передвигается на угол, в 12 раз меньший: $\frac{\alpha}{12}$, а после увеличения этого угла в четыре раза получается угол $\frac{\alpha}{12} \cdot 4 = \frac{\alpha}{3}$.

Деление окружности

Радиолюбителям, конструкторам, строителям разного рода моделей и вообще любителям мастерить своими руками иной раз приходится задумываться над такой практической

ЗАДАЧЕЙ

Вырезать из данной пластинки правильный многоугольник с заданным числом сторон.

Эта задача сводится к такой:

Разделить окружность на *n* равных частей, где *n* — целое число.

Оставим пока в стороне очевидное решение поставленной задачи при помощи транспортира — это все-таки решение «на глаз» — и подумаем о геометрическом решении: при помощи циркуля и линейки.

Прежде всего возникает вопрос: на сколько равных частей можно теоретически точно разделить окружность при помощи циркуля и линейки? Этот вопрос математиками решен полностью: не на любое число частей.

Можно: на 2, 3, 4, 5, 6, 8, 10, 12, 15, 16, 17, ... , 257, ... частей.
Нельзя: на 7, 9, 11, 13, 14, ... частей.

Плохо еще и то, что нет единого способа построения; прием деления, допустим, на 15 частей не такой, как на 12 частей, и т. д., а все способы и не запомнишь.

Практику нужен геометрический способ — пусть приближенный, но достаточно простой и общий для деления окружности на любое число равных дуг.

В учебниках геометрии, к сожалению, еще не уделяют этому вопросу никакого внимания, поэтому приведем здесь один любопытный прием приближенного геометрического решения поставленной задачи.

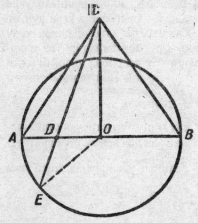

Рис. 148. Приближенный геометрический способ деления окружности на *n* равных частей.

Пусть, например, требуется разделить данную окружность (рис. 148) на девять равных частей. Построим на каком-либо из диаметров *AB* окружности равносторонний треугольник *ACB* и разделим диаметр *AB* точкой *D* в отношении $AD : AB = 2 : 9$ (в общем случае $AD : AB = 2 : n$).

Соединим точки *C* и *D* отрезком и продолжим его до пересечения с окружностью в точке *E*. Тогда дуга *AE* будет составлять примерно $\frac{1}{9}$ окружности (в общем случае $\breve{AE} = \frac{360°}{n}$) или хорда AE будет стороной правильного вписанного девятиугольника (n-угольника).

Относительная погрешность при этом около 0,8%.

Если выразить зависимость между величиной центрального угла AOE, образующегося при указанном построении, и числом, делений n, то получится следующая точная формула:

$$\operatorname{tg} \angle AOE = \frac{\sqrt{3}}{2} \cdot \frac{\sqrt{n^2 + 16n - 32} - n}{n - 4},$$

которую для больших значений n можно заменить приближенной формулой

$$\operatorname{tg} \angle AOE \approx 4\sqrt{3}(n^{-1} - 2n^{-2}),$$

С другой стороны, при точном делении окружности на n равных частей центральный угол должен быть равен $\frac{360°}{n}$. Сравнивая угол $\frac{360°}{n}$ с углом AOE, получим величину погрешности, которую мы делаем, считая дугу AE $\frac{1}{n}$ частью окружности.

Получается такая таблица для некоторых значений n:

n	3	4	5	6	7	8	10	20	60
360°/n	120°	90°	72°	60°	51°26′	45°	36°	18°	6°
$\angle AOE$	120°	90°	71°57′	60°	51°31′	45°11′	36°21′	18°38′	6°26′
Погрешность в %	0	0	0,07	0	0,17	0,41	0,97	3,5	7,2

Как видно из таблицы, указанным способом можно приближенно разделить окружность на 5, 7, 8 или 10 частей с небольшой относительной ошибкой — от 0,07 до 1%; такая погрешность вполне допустима в большинстве практических работ. С увеличением числа делений n точность способа заметно падает, т. е. относительная погрешность растет, но, как показывают исследования, при любом n она не превышает 10%.

Направление удара (задача о бильярдном шаре)

Послать бильярдный шар в лузу не прямым ударом, а заставив его отпрыгнуть от одного, двух или даже трех бортов стола — это значит, прежде всего, решить «в уме» геометрическую задачу «на построение».

Рис. 149. Геометрическая задача на бильярдном столе.

Важно правильно «на глаз» найти первую точку удара о борт; дальнейший путь упругого шара на хорошем столе будет определяться законом отражения («угол падения равен углу отражения»).

Какие геометрические представления могут помочь вам найти направление удара, чтобы шар, находящийся, например, в середине бильярдного стола, после трех отскоков попала в лузу *А?* (рис. 149).

РЕШЕНИЕ

Вам надо вообразить, что к бильярдному столу вдоль короткой стороны приставлены еще три таких же стола, и целиться в направлении самой дальней лузы третьего из воображаемых столов.

Рис. 150 поможет разобраться в этом утверждении. Пусть $OabcA$ — путь шара. Если опрокинуть «стол» $ABCD$ вокруг CD на 180°, он займет положение I, затем его так же опрокинуть вокруг AD и еще раз вокруг BC, то он займет положение III. В результате луза A окажется в точке, отмеченной буквой A_1.

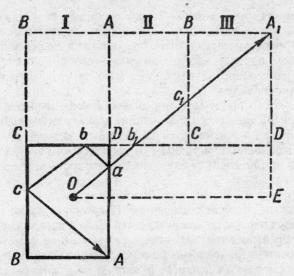

Рис. 150. Вообразите, что к бильярдному столу приставлены еще три таких же стола и цельтесь в направлении самой дальней лузы.

Исходя из очевидного равенства треугольников, вы легко докажете, что $ab_1 = ab$, $b_1c_1 = bc$ и $c_1A_1 = cA$, т. е. что длина прямой OA_1 равна длине ломаной $OabcA$.

Следовательно, целясь в воображаемую точку A_1, вы заставите катиться шар по ломаной $OabcA$, и он попадет в лузу A. Разберем еще такой вопрос: при каком условии будут равны стороны OE и A_1E прямоугольного треугольника A_1EO?

Легко установить, что $OE = \frac{5}{2}AB$ и $A_1E = \frac{3}{2}BC$. Если $OE = A_1E$, то $\frac{5}{2}AB = \frac{3}{2}BC$ или $AB = \frac{3}{5}BC$.

Таким образом, если короткая сторона бильярдного стола составляет $\frac{3}{5}$ длинной стороны, то $OE = EA_1$, в этом случае удар по шару, находящемуся в середине стола, можно направлять под углом 45° к борту.

«Умный» шарик

Несложные геометрические построения только что помогли нам решить задачу о бильярдном шарике, а теперь пусть тот же бильярдный шарик сам решает одну любопытную старинную задачу.

Разве это возможно? — шарик же не может мыслить. Верно, но в тех случаях, когда необходимо выполнить некоторый расчет, причем известно, какие операции над данными числами и в каком порядке необходимо для этого произвести, такой расчет можно поручить машине, которая его выполнит безошибочно и быстро.

Для этого придумано много механизмов, начиная от простого арифмометра и до сложнейших электрических машин.

В часы досуга нередко развлекаются задачей о том, как отлить какую-либо часть воды из наполненного сосуда данной емкости при помощи двух других пустых сосудов тоже известной емкости.

Вот одна из многих задач подобного рода.

Разлить пополам содержимое 12-ведерной бочки при помощи двух пустых бочонков в девять ведер и в пять ведер?

Для решения этой задачи вам, разумеется, не надо экспериментировать с настоящими бочками. Все необходимые «переливания» можно проделать на бумаге по такой хотя бы схеме:

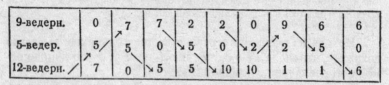

В каждом столбике записан результат очередного переливания.

В первом: заполнили бочку в пять ведер, девятиведерная пустая (0), в 12-ведерной осталось семь ведер.

Во втором: перелили семь ведер из 12-ведерной бочки в девятиведерную и т. д.

В схеме всего девять столбиков; значит, для решения задачи понадобилось девять переливаний.

Попробуйте найти свое решение предложенной задачи, устанавливающее иной порядок переливаний.

После ряда проб и попыток вам это несомненно удастся, так как предложенная схема переливаний не является единственно возможной; однако же при ином порядке переливаний у вас их выйдет больше девяти.

Возможно, что ваше решение этой задачи устанавливает иной порядок переливаний, но, наверное, более длительный, т. е. у вас вышло больше девяти переливаний.

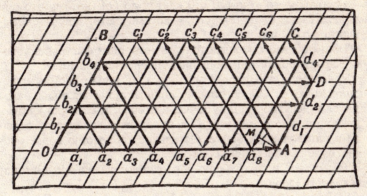

Рис. 151. «Механизм» «умного» шарика.

В связи с этим любопытно будет выяснить следующее:

1) нельзя ли установить какой-либо определенный порядок переливаний, которого можно было бы придерживаться во всех случаях независимо от ёмкости данных сосудов;

2) можно ли при помощи двух пустых сосудов отлить из третьего сосуда любое возможное количество воды, т. е., например, из 12-ведерной бочки при помощи бочек в 9 и 5 ведер отлить одно ведро воды, или два ведра, или три, четыре и т. д. до 11.

На все эти вопросы ответит «умный» шарик, если мы сейчас для него построим «бильярдный стол» особой конструкции.

Расчертите листочек бумаги в косую клетку так, чтобы клетки были равными ромбами с острыми углами в 60°, и постройте фигуру $OABCD$, как на рис. 151.

Вот это и будет «бильярдный стол». Если толкнуть бильярдный шарик вдоль OA, то, отскочив от борта AD точно по закону «угол падения равен углу отражения» ($\angle OAM = \angle MAc_4$), шарик покатится по прямой Ac_4 соединяющей вершины маленьких ромбов; оттолкнется в точке c_4 от борта BC и покатится по прямой c_4a_4 затем по прямым a_4b_4, b_4d_4, d_4a_8 и т. д.

По условиям задачи мы имеем три бочки: девять, пять и 12 ведер. В соответствии с этим фигуру построим так, чтобы сторона OA содержала девять клеток, OB — пять клеток, AD — три клетки (12 – 9 = 3), BC — семь клеток [1] (12 – 5 = 7).

Заметим, что каждая точка на сторонах фигуры отделена определенным числом клеток от сторон OB и OA. Например, от точки c_4 — четыре клетки до OB и пять клеток до OA, от точки a_4 — четыре клетки до OB и 0 клеток до OA (потому что она сама лежит на OA), от точки d_4 — восемь клеток до OB и четыре клетки до OA и т. д.

Таким образом, каждая точка на сторонах фигуры, в которую ударяется бильярдный шарик, определяет два числа.

Условимся, что первое из них, т. е. число клеток, отделяющих точку от OB, обозначает количество ведер воды, находящихся в девятиведёрной бочке, а второе, т. е. число клеток, отделяющих ту же точку от OA, определяет количество ведер воды в пятиведерной бочке. Остальное количество воды, очевидно, будет в 12-ведерной бочке.

Теперь все подготовлено к решению задачи при помощи бильярдного шарика.

Пустите его вновь вдоль OA и, расшифровывая каждую точку его удара о борт так, как указано, проследите за его движением хотя бы до точки a_6 (рис. 151).

Первая точка удара: A (9; 0); значит, первое переливание должно дать такое распределение воды:

9-ведерн.	9
5-ведерн.	0
12-ведерн.	3

Это осуществимо.

Вторая точка удара: c_4 (4; 5); значит, шарик рекомендует следующий результат второго переливания:

9-ведерн.	9	4
5-ведерн.	0	5
12-ведерн.	3	3

Это тоже осуществимо.

---

[1] Наполненная бочка всегда бо́льшая из трех. Пусть емкость пустых бочек a и b, а наполненной — c. Если $c \geq a + b$, то «бильярдный стол» следует построить в форме параллелограмма со сторонами a и b клеток.

Третья точка удара: a_4 (4; 0); третьим переливанием шарик советует вернуть пять ведер в 12-ведерную бочку:

9-ведерн.	9	4	4	
5-ведерн.	0	5	0	
12-ведерн.	3	3	8	

Четвертая точка: b_4 (0; 4); результат четвёртого переливания:

9-ведерн.	9	4	4	0	
5-ведерн.	0	5	0	4	
12-ведерн.	3	3	8	8	

Пятая точка: d_4 (8; 4), шарик настаивает на переливании восьми ведер в пустую девятиведерную бочку:

9-ведерн.	9	4	4	0	8
5-ведерн.	0	5	0	4	4
12-ведерн.	3	3	8	8	0

Продолжайте дальше следить за шариком, и вы получите такую таблицу:

9-ведерн.	9	4	4	0	8	8	3	3	0	9	7	7	2	2	0	0	9	6	6
5-ведерн.	0	5	0	4	4	0	5	0	3	3	5	0	5	5	0	2	2	5	0
12-ведерн.	3	3	8	8	0	4	4	9	9	0	0	5	5	10	10	1	1	6

Итак, после ряда переливаний цель достигнута: в двух бочках по шести ведер воды. Шарик решил задачу!

Но шарик оказался не очень умный.

Он решил задачу в 18 ходов, а нам удалось ее решить в девять ходов (см. первую таблицу).

Однако шарик тоже может укоротить ряд переливаний. Толкните его сначала по OB, остановите в точке B, затем снова толкните по BC, а дальше пусть он двигается, как условились, — по закону «угол падения равен углу отражения»; получится короткий ряд переливаний.

Если вы позволите шарику продолжать движение и после точки a_6, то нетрудно проверить, что в рассматриваемом случае он обойдет все помеченные точки сторон фигуры (и вообще все вершины ромбов) и только после этого вернется в исходную точку *O*. Это значит, что из бочки в 12 ведер можно налить в девятиведерную бочку любое целое число ведер от одного до девяти, а в пятиведерную — от одного до пяти.

Но задача подобного рода может и не иметь требуемого решения.

Как это обнаруживает шарик?

Очень просто: в этом случае он вернется в исходную точку *O*, не ударившись в нужную точку.

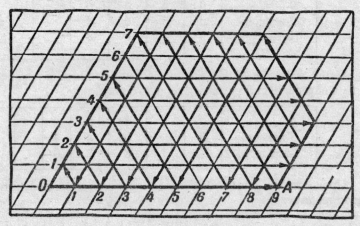

Рис. 152. «Механизм» показывает, что полную бочку в 12 ведер нельзя разлить пополам при помощи пустых бочек в девять и семь ведер.

На рис. 152 изображен механизм решения задачи для бочек в девять, семь и 12 ведер:

9-ведерн.	9	2	2	0	9	4	4	0	8	8	1	1	0	9	3	3	0	9	5	5	0	7	7	0
7-ведерн.	0	7	0	2	2	7	0	4	4	0	1	0	1	1	7	0	3	3	7	0	5	5	0	7
12-ведерн.	3	3	10	10	1	1	8	8	0	4	11	11	11	2	2	9	9	0	0	7	7	0	5	5

«Механизм» показывает, что из наполненной бочки в 12 ведер при помощи пустых бочек в девять ведер и в семь ведер можно отлить любое число ведер, кроме половины ее содержимого, т. е. кроме шести ведер.

На рис. 153 изображен механизм решения задачи для бочек в три, шесть и восемь ведер. Здесь шарик делает четыре отскока и возвращается в начальную точку *O*.

Соответствующая таблица

6-ведерн.	6	3	3	0
3-ведерн.	0	3	0	3
8-ведерн.	2	2	5	5

показывает, что в этом случае невозможно отлить четыре ведра или одно ведро из восьмиведерной бочки.

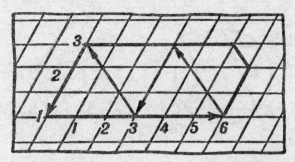

Рис. 153. «Механизм» решения еще одной задачи о переливании.

Таким образом, наш «бильярд» с «умным» шариком действительно является любопытной и своеобразной счетной машиной, неплохо решающей задачи о переливании.

Одним росчерком

ЗАДАЧА

Перерисуйте на лист бумаги пять фигур, изображенных на рис. 154, и попробуйте зачертить каждую из них одним росчерком т. е. не отрывая карандаша и не проводя более одного раза по одной и той же линии.

Многие из тех, кому предлагалась эта задача, начинали с фигуры *г*, по виду наиболее, простой, однако все их попытки нарисовать эту фигуру одним росчерком не удавались. Огорченные, они уже с меньшей уверенностью приступали к остальным фигурам и, к своему удивлению и удовольствию, без особенно больших затруднений справлялись с первыми двумя фигурами и даже с замысловатой третьей, представляющей перечеркнутое слово «дом». Вот пятую фигуру *д*, как и четвертую *г*, никому не удавалось зачертить одним обходом карандаша.

Почему же для одних фигур удается решение поставленной задачи, а для других — нет? Может быть, только потому, что в отдельных случаях нашей изобретательности не хватает, или, может быть, сама задача вообще неразрешима для некоторых фигур? Нельзя ли в таком случае указать какой-нибудь признак, по которому можно было бы заранее судить о том, сможем ли мы зачертить данную фигуру одним росчерком или нет?

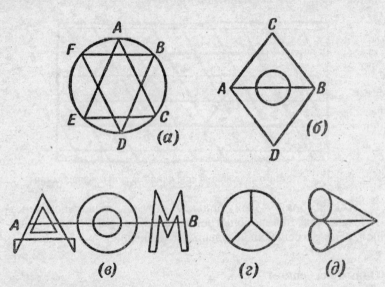

Рис. 154. Попробуйте зачертить каждую фигуру одним росчерком, не проводя более одного раза по одной и той же линии.

РЕШЕНИЕ

Каждый перекресток, в котором сходятся линии данной фигуры, назовем узлом. При этом назовем узел четным, если в нем сходится четное число линий, и нечетным, если число сходящихся в нем линий нечетное. На фигуре *а* все узлы четные; на фигуре *б* имеются два нечетных узла (точки *A* и *B*); на фигуре *в* нечетными узлами являются концы отрезка, перечеркнувшего слово «дом»; на фигурах *г* и *д* по четыре нечетных узла.

Рассмотрим сначала такую фигуру, в которой все узлы четные, например фигуру *а*. Начнем свой маршрут из любой точки *S*. Проходя, например, через узел *A*, мы зачерчиваем две линии: подводящую к *A* и выводящую из *A*. Так как из каждого четного узла есть столько же выходов, сколько и входов в него, то по мере продвижения от узла к узлу каждый раз незачерченных линий становится на две меньше, следовательно, принципиально вполне возможно, обойдя их все, вернуться в исходную точку *S*.

Но, допустим, мы вернулись в исходную точку, и выхода из нее больше нет, а на фигуре осталась еще незачерченная линия, исходящая из какого-нибудь узла *B*, в котором мы уже были. Значит, надо внести поправку в свой маршрут: дойдя до узла *B*, прежде зачертить пропущенные линии н, вернувшись в *B*, идти дальше прежним путем.

Пусть, например, мы решили обойти фигуру *а* так: сначала вдоль сторон треугольника *ACE*, затем, вернувшись в точку *A*, по окружности *ABCDEFA* (рис. 154). Так как при этом остается незачерченным треугольник *BDF*, то прежде, чем мы покинем, например, узел *B* и пойдем по дуге *BC*, нам следует обойти треугольник *BDF*.

Итак, если все узлы данной фигуры четные, то, отправляясь из любой точки фигуры, всегда можно ее всю зачертить одним росчерком, причем в этом случае обход фигуры должен закончиться в той же точке, из которой мы его начали.

Теперь рассмотрим такую фигуру, в которой есть два нечетных узла.

Фигура *б*, например, имеет два нечетных узла *A* и *B*.

Ее тоже можно зачертить одним росчерком.

В самом деле, начнем обход с нечетного узла № 1 и пройдем по какой-нибудь линии до нечетного узла № 2, например, от *A* до *B* по *ACB* на фигуре *б* (рис. 154).

Зачертив эту линию, мы тем самым исключаем по одной линии из каждого нечетного узла, как будто бы этой линии в фигуре и не было. Оба нечетных узла после этого становятся четными. Так как других нечетных узлов в фигуре не было, то теперь мы имеем фигуру только с четными узлами; на фигуре *б*, например, после зачерчивания линии *ACB* остается треугольник с окружностью.

Такую фигуру, как было показано, можно зачертить одним росчерком, а следовательно, можно зачертить и всю данную фигуру.

Одно дополнительное замечание: начиная обход с нечетного узла №1, надо путь, ведущий в нечетный узел № 2, выбрать так, чтобы не образовалось фигур, изолированных от данной фигуры.[1] Например, при зачерчивании фигуры *б* на рис. 154 было бы неудачно поспешить перебраться из нечетного узла *A* в нечетный узел *B* по прямой *AB*, так как при этом окружность осталась бы изолированной от остальной фигуры и незачерченной.

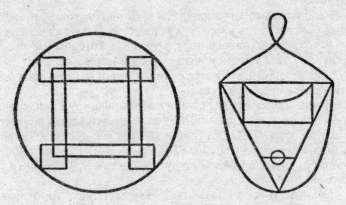

Рис. 155. Зачертите каждую фигуру одним росчерком.

Итак, если фигура содержит два нечетных узла, то успешный росчерк должен начинаться в одном из них и заканчиваться в другом.

Значит, концы росчерка разъединены.

Отсюда, в свою очередь, следует, что если фигура имеет четыре нечетных узла, то ее можно зачертить не одним росчерком, а двумя, но это уже не соответствует условию нашей задачи. Таковы, например, фигуры *г* и *д* на рис. 154.

Как видите, если научиться правильно рассуждать, то можно многое предвидеть и этим избавить себя от ненужной затраты сил и времени, а правильно рассуждать учит, в частности, и геометрия.

Может быть, вас, читатель, и утомили несколько изложенные здесь рассуждения, но ваши усилия окупаются тем преимуществом, которое дает знание над незнанием.

Вы всегда заранее можете определить, разрешима ли задача обхода данной фигуры, и знаете, с какого узла надо начать ее обход.

---

[1] Детали и подробности, относящиеся к излагаемому вопросу, любознательный и подготовленный читатель найдет в учебниках топологии.

Более того, вам теперь легко придумать для своих друзей сколько угодно замысловатых фигур подобного рода.

Начертите-ка в заключение еще пару фигур, изображенных на рис. 155.

Семь мостов Калининграда

Двести лет тому назад в городе Калининграде (в те времена он назывался Кенигсберг) было семь мостов, соединяющих берега реки Прегель (рис. 156).

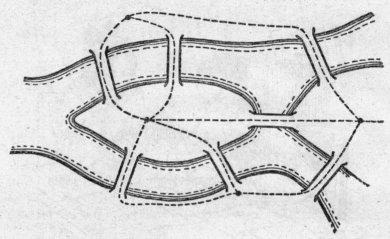

Рис. 156. Невозможно пройти все эти семь мостов, побывав на каждом из них только по одному разу.

В 1736 г. крупнейший математик того времени Л. П. Эйлер (тогда ему было около 30 лет) заинтересовался такой задачей: можно ли, гуляя по городу, пройти все эти семь мостов, но каждый из них только по одному разу?

Легко понять, что эта задача равносильна только что разобранной задаче о зачерчивании фигуры.

Изобразим схему возможных путей (на рис. 156 пунктир). Получается одна из фигур предыдущей задачи с четырьмя нечетными узлами (рис. 154, фиг. д). Одним росчерком, как вы теперь знаете, ее зачертить нельзя и, следовательно, невозможно обойти все семь мостов, проходя каждый из них по одному разу. Эйлер тогда же это доказал.

Геометрическая шутка

После того как вы и ваши товарищи узнали секрет успешного зачерчивания фигуры одним росчерком, заявите своим друзьям, что вы все-таки беретесь нарисовать фигуру с четырьмя нечетными узлами, например круг с двумя диаметрами (рис. 157), не отрывая карандаша от бумаги и не проводя одной линии дважды.

Вы прекрасно знаете, что это невозможно, но можете настаивать на своем сенсационном заявлении. Я сейчас научу вас маленькой хитрости.

Рис. 157. Геометрическая шутка.

Начните рисовать окружность с точки *A* (рис. 157). Как только вы проведете четверть окружности — дугу *AB*, подложите к точке *B* другой листочек бумаги (или загните нижнюю часть листка, на котором делаете построение) и продолжайте наводить карандашом нижнюю часть полуокружности до точки *D*, противоположной точке *B*.

Теперь уберите подложенный кусок бумаги (или разогните свой листок). На лицевой стороне вашего листа бумаги окажется нарисованной только дуга *AB,* но карандаш окажется в точке *D* (хотя вы его и не отрывали от бумаги!).

Дорисовать фигуру нетрудно: проведите сначала дугу *DA,* затем диаметр *AC,* дугу *CD,* диаметр *DB* и, наконец, дугу *BC.* Можно избрать и другой маршрут из точки *D;* найдите его.

Проверка формы

ЗАДАЧА

Желая проверить, имеет ли отрезанный кусок материи форму квадрата, швея убеждается, что при перегибании по диагоналям края куска материи совпадают. Достаточна ли такая проверка?

РЕШЕНИЕ

Таким способом швея убеждается только в том, что все стороны четырехугольного куска материи равны между собой. Из выпуклых четырехугольников таким свойством обладает не только квадрат, но и всякий ромб, а ромб представляет собой квадрат только в том случае, когда его углы прямые. Следовательно, проверка, примененная швеей, недостаточна. Надо хотя бы на глаз убедиться еще в том, что углы при вершинах куска материи прямые. С этой целью можно, например, дополнительно перегнуть кусок по его средней линии и посмотреть, совпадают ли углы, прилежащие к одной стороне.

Игра

Для игры нужен прямоугольный лист бумаги и какие-либо фигуры одинаковой и симметричной формы, например пластинки домино или монеты одинакового достоинства, или спичечные коробки и т. п. Количество фигур должно быть достаточным, чтобы покрыть весь лист бумаги. Играют двое. Игроки по очереди кладут фигуры в любых положениях на любое свободное место листа бумаги до тех пор, пока их класть будет некуда.

Передвигать положенные на бумагу фигуры не разрешается. Считается выигравшим тот, кто положит предмет последним.

ЗАДАЧА

Найти способ ведения игры, при котором начинающий игру обязательно выигрывает.

РЕШЕНИЕ

Игроку, начинающему игру, следует первым же ходом занять площадку в центре листа, положив фигуру так, чтобы ее центр симметрии, по возможности, совпал с центром листа бумаги и в дальнейшем класть свою фигуру симметрично положению фигуры противника (рис. 158).

Рис. 158. Геометрическая игра. Выигрывает тот, кто положит предмет последним.

Придерживаясь этого правила, игрок, начинающий игру, всегда найдет на листе бумаги место для своей фигуры и неизбежно выиграет.

Геометрическая сущность указанного способа ведения игры в следующем: прямоугольник имеет центр симметрии, т. е. точку, в которой все проходящие через нее отрезки прямых делятся пополам и делят фигуру на две равные части. Поэтому каждой точке или площадке прямоугольника соответствует симметричная точка или площадка, принадлежащая той же фигуре, и только центр прямоугольника симметричной себе точки не имеет.

Отсюда следует, что если первый игрок займет центральную площадку, то, какое бы место ни выбрал для своей фигуры его противник, на прямоугольном листе бумаги обязательно найдется свободная площадка, симметричная площадке, занятой фигурой противника.

Так как выбирать место для фигуры приходится каждый раз второму игроку, то в конце концов не останется места на бумаге именно для его фигур, и игру выиграет первый игрок.

ГЛАВА ОДИННАДЦАТАЯ
БОЛЬШОЕ И МАЛОЕ В ГЕОМЕТРИИ

27 000 000 000 000 000 000 в наперстке

Число двадцать семь с восемнадцатью нулями, написанное в заголовке, можно прочесть по-разному. Одни скажут: это 27 триллионов; другие, например финансовые работники, его прочтут, как 27 квинтиллионов, а третьи и запишут покороче: $27 \cdot 10^{18}$ и прочтут, как 27, умноженное на десять в восемнадцатой степени.

Что же может в таком неимоверном количестве уместиться в одном наперстке?

Речь идет о частицах окружающего нас воздуха. Как и все вещества в мире, воздух состоит из молекул. Физики установили, что в каждом кубическом сантиметре (т. е. примерно в наперстке) окружающего нас воздуха при температуре 0° содержится 27 триллионов молекул. Это числовой исполин. Представить его себе сколько-нибудь наглядно не под силу самому живому воображению. Действительно, с чем можно сравнить подобное множество? С числом людей на свете? Но людей на земном шаре «только» две тысячи миллионов ($2 \cdot 10^9$), т. е. в 13 тысяч миллионов раз меньше, чем молекул в наперстке. Если бы все звезды вселенной, доступные сильнейшему телескопу, были так же окружены планетами, как наше Солнце, и если бы каждая из планет была так же населена, как наша Земля, то и тогда не составилось бы число обитателей, равное молекулярному населению одного наперстка! Если бы вы попытались пересчитать это невидимое население, то, считая непрерывно, например по сотне молекул в минуту, вам пришлось бы считать не менее чем 500 тысяч миллионов лет.

Не всегда отчетливо представляют себе даже и более скромные числа.

Рис. 159. Юноша разглядывает бациллу тифа, увеличенную в 1000 раз.

Что представляете вы себе, когда вам говорят, например, о микроскопе, увеличивающем в 1000 раз? Не такое уж большое число тысяча, а между тем тысячекратное увеличение воспринимается далеко не всеми так, как надо. Мы часто не умеем оценивать истинной малости тех предметов, которые видим в поле микроскопа при подобном увеличении. Бактерия тифа, увеличенная в 1000 раз, кажется нам величиной с мошку (**рис.** 159), рассматриваемую на расстояния ясного зрения, т. е.

25 *см*. Но как мала эта бактерия на самом деле? Представьте себе, что вместе с увеличением бактерии и вы увеличились бы

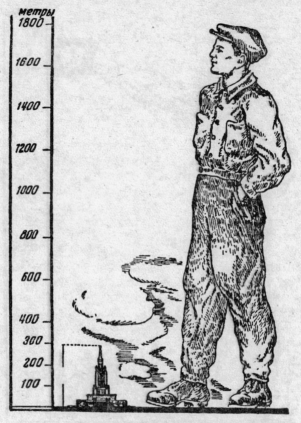

Рис. 160. Юноша, увеличенный в 1000 раз.

в 1000 раз. Это значит, что ваш рост достиг бы 1700 *м*! Голова оказалась бы выше облаков, а любой из новых высотных домов, строящихся в Москве, приходился бы вам гораздо ниже колен (рис. 160). Во сколько раз вы меньше этого воображаемого исполина, во столько раз бацилла меньше крошечной мошки.

Объем и давление

Можно подумать — не слишком ли тесно 27 триллионам воздушных молекул в наперстке? Отнюдь нет! Молекула кислорода или азота имеет в поперечнике $\frac{3}{10\,000\,000}$ мм (или $3 \cdot 10^{-7}$ мм). Если принять объем молекулы равным кубу ее поперечника, то получим:

$$\left(\frac{3}{10^7}мм\right)^3 = \frac{27}{10^{21}}мм^3.$$

Молекул в наперстке $27 \cdot 10^{18}$. Значит, объем, занимаемый всеми обитателями наперстка, примерно

$$\frac{27}{10^{21}} \cdot 27 \cdot 10^{18} = \frac{729}{10^3}мм^3,$$

т. е. около 1 $мм^3$, что составляет всего лишь одну тысячную долю кубического сантиметра. Промежутки между молекулами во много раз больше их поперечников, — есть где разгуляться молекулам. Действительно, как вы знаете, частицы воздуха не лежат спокойно, собранные в одну кучку, а непрерывно и хаотично передвигаются с места на место, носятся по занимаемому ими пространству. Кислород, углекислый газ, водород, азот и другие газы имеют промышленное значение, но для хранения их в большом количестве нужны были бы огромные резервуары. Например, одна тонна (1000 *кг*) азота при нормальном давлении занимает объем в 800 *куб. м*, т. е. для хранения только одной тонны чистого азота нужен ящик размерами 20 *м* × 20 *м* × 20 *м*. А для хранения одной тонны чистого водорода понадобится цистерна емкостью в 10 000 *куб. м*.

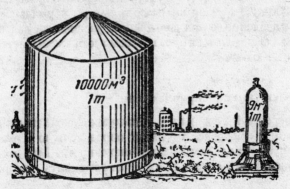

Рис. 161. Тонна водорода при атмосферном давлении (налево) и при давлении в 5000 *атм* (направо). (Рисунок условный; пропорции не соблюдены.)

Нельзя ли заставить молекулы газа потесниться? Инженеры так и поступают — при помощи сдавливания заставляют их уплотниться. Но это не легкое дело. Не забывайте, что с какой силой давят на газ, с такой же силой газ давит на стенки сосуда. Нужны очень прочные стенки, химически не разъедаемые газом.

Новейшая химическая аппаратура, изготовляемая отечественной промышленностью из легированных сталей, способна выдерживать огромные давления, высокие температуры и вредное химическое действие газов.

Теперь наши инженеры уплотняют водород в 1163 раза, так что одна тонна водорода, занимающая при атмосферном давлении объем в 10 000 *куб. м*, умещается в сравнительно небольшом баллоне емкостью около 9 *куб. м* (рис. 161).

Как вы думаете, какому же давлению пришлось подвергнуть водород, чтобы уменьшить его объем в 1163 раза? Припоминая из физики, что объем газа *уменьшается* во столько раз, во сколько раз *увеличивается* давление, вы предлагаете такой ответ: давление на водород увеличили тоже в 1163 раза. Так ли это в действительности? Нет. В действительности водород пришлось подвергнуть давлению в 5000 атмосфер, т. е. увеличить давление в 5000 раз, а не в 1163 раза. Дело в том, что объем газа изменяется обратно пропорционально давлению только для небольших давлений. При очень высоких давлениях такой закономерности не наблюдается. Так, например, когда на наших химзаводах 1 *т* азота подвергают давлению в 1 тысячу атмосфер, то вся тонна этого газа умещается в объеме 1,7 *куб. м* вместо 800 *куб. м*, занимаемых азотом при нормальном атмосферном давлении, а при дальнейшем увеличении давления до 5000 атмосфер, или в пять раз, объем азота уменьшается всего лишь до 1,1 *куб. м*.

Тоньше паутины, но крепче стали

Поперечный разрез нити, проволоки, даже паутины, как бы мал он ни был, все же имеет определенную геометрическую форму, чаще всего форму окружности. При этом диаметр поперечного сечения или, будем говорить, толщина одной паутины примерно 5 микронов $\left(\frac{5}{1000} мм\right)$. Есть ли что-нибудь тоньше паутины? Кто самая искусная «тонкопряха»?

Паук или, может быть, шелковичный червь? Нет. Диаметр нити натурального шелка 18 микронов, т. е. нить в 3 $^1/_2$ раза толще одной паутины.

Люди издавна мечтали о том, чтобы своим мастерством превзойти искусство паука и шелковичного червя. Известна старинная легенда об изумительной ткачихе, гречанке Арахнее. Она в таком совершенстве овладела ткацким ремеслом, что ее ткани были тонки, как паутина, прозрачны, как стекло, и легки, как воздух. С ней не могла соперничать даже сама Афина — богиня мудрости и покровительница ремесел.

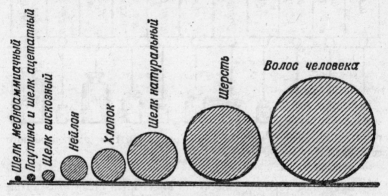

Рис. 162. Сравнительная толщина волокон.

Эта легенда, как и многие другие древние легенды и фантазии, в наше время стала былью. Современной Арахнеей, самой искусной «тонкопряхой», оказались инженеры-химики, создавшие из обыкновенной древесины необычайно тонкое и удивительно прочное искусственное волокно. Шелковые нити, полученные, например, медноаммиачным промышленным способом, в 2 $^1/_2$ раза тоньше паутины, а в прочности почти не уступают нитям натурального шелка. Натуральный шелк выдерживает нагрузку до 30 *кг* на 1 *кв. мм* поперечного сечения, а медноаммиачный — до 25 *кг* на 1 *кв. мм*.

Любопытен способ изготовления медноаммиачного шелка. Древесину превращают в целлюлозу, а целлюлозу растворяют в аммиачном растворе меди. Струйки раствора через тонкие отверстия выливают в воду, вода отнимает растворитель, после чего образующиеся нити наматывают на соответствующие приспособления. Толщина нити медноаммиачного шелка 2 микрона. На 1 микрон толще ее так называемый ацетатный, тоже искусственный, шелк. Поразительно то, что некоторые сорта ацетатного шелка крепче стальной проволоки! Если стальная проволока выдерживает нагрузку в 110 *кг* на один квадратный миллиметр поперечного сечения, то нить ацетатного шелка выдерживает 126 *кг* на 1 *кв. мм*.

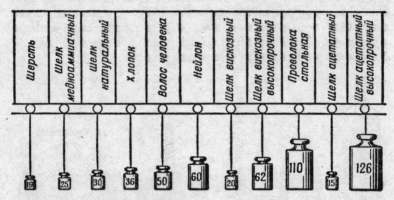

Рис. 163. Предельная прочность волокон (в *кгм* 1 *кв. мм* поперечного сечения).

Всем нам хорошо известный вискозный шелк имеет толщину нити около 4 микронов, а предельную прочность от 20 до 62 *кг* на 1 *кв. мм* поперечного сечения. На рис. 162 приведена сравнительная толщина паутины, человеческого волоса, различных искусственных волокон, а также волокон шерсти и хлопка, а на рис. 163 — их крепость в килограммах на 1 *кв. мм*. Искусственное или, как его еще называют, синтетическое волокно — одно из крупнейших современных технических открытий и имеет огромное хозяйственное значение. Вот что рассказывает инженер Буянов: «Хлопок растет медленно, и количество его зависит от климата и урожая. Производитель натурального шелка — шелковичный червь — чрезвычайно ограничен в своих возможностях. За свою жизнь он выпрядет кокон, в котором имеется лишь 0,5 г шелковой нити...

Количество искусственного шелка, полученного путем химической переработки из 1 *куб. м* древесины, заменяет 320 000 шелковых коконов или годовой настриг шерсти с 30 овец, или средний урожай хлопка с $^1/_2$ *га*. Этого количества волокон достаточно для выработки четырех тысяч пар женских чулок или 1500 *м* шелковой ткани».

Две банки

Еще хуже представляем мы себе большое и малое в геометрии, где приходится сравнивать не числа, а поверхности и объемы. Каждый, не задумываясь, ответит, что 5 *кг* варенья больше, чем 3 *кг* его, но не всегда сразу скажет, которая из двух банок, стоящих на столе, вместительнее.

ЗАДАЧА

Которая из двух банок (рис. 164) вместительнее — правая, широкая, или левая, втрое более высокая, но вдвое более узкая?

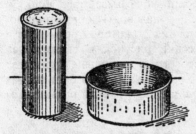

Рис. 164. Которая банка вместительнее?

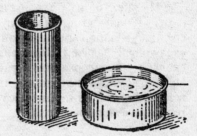

Рис. 165. Результат переливания содержимого высокой банки в широкую.

РЕШЕНИЕ

Для многих, вероятно, будет неожиданностью, что в нашем случае высокая банка менее вместительна, нежели широкая. Между тем легко удостовериться в этом расчетом. Площадь основания широкой банки в 2×2, т. е. в четыре раза, больше, чем узкой; высота же ее всего в три раза меньше. Значит, объем широкой банки в $4/3$ раза больше, чем узкой. Если содержимое высокой перелить в широкую, оно заполнит лишь $3/4$ ее (рис. 165).

Исполинская папироса

ЗАДАЧА

В витрине табачного треста выставлена огромная папироса, в 15 раз длиннее и в 15 раз толще обыкновенной. Если на набивку одной папиросы нормальных размеров нужно полграмма табаку, то сколько табаку понадобилось, чтобы набить исполинскую папиросу в витрине.

РЕШЕНИЕ

$$\frac{1}{2} \times 15 \times 15 \times 15 = 1700 \; г,$$

т. е. свыше $1\frac{1}{2}$ кг.

Яйцо страуса

ЗАДАЧА

На рис. 166 изображены в одинаковом масштабе яйцо курицы — направо и яйцо страуса — налево. (Изображение посредине — яйцо вымершего эпиорниса, о котором речь будет в следующей задаче.) Всмотритесь в рисунок и скажите, во сколько раз содержимое страусового яйца больше куриного? При беглом взгляде кажется, что разница не может быть весьма велика. Тем поразительнее результат, получаемый правильным геометрическим расчетом.

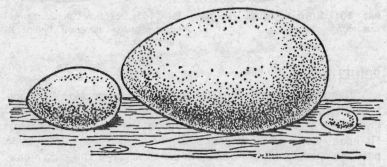

Рис. 166. Сравнительные размеры яиц страуса, эпиорниса и курицы.

РЕШЕНИЕ

Непосредственным измерением на чертеже убеждаемся, что яйцо страуса длиннее куриного в $2\frac{1}{2}$ раза. Следовательно, объем страусового яйца больше объема куриного в

$$2\frac{1}{2} \times 2\frac{1}{2} \times 2\frac{1}{2} = \frac{125}{8},$$

т. е. примерно в 15 раз.

Одним таким яйцом могла бы позавтракать семья из пяти человек, считая, что каждый удовлетворяется яичницей из трех яиц.

Яйцо эпиорниса

ЗАДАЧА

На Мадагаскаре водились некогда огромные страусы — эпиорнисы, клавшие яйца длиною в 28 *см* (средняя фигура — рис. 166). Между тем куриное яйцо имеет в длину 5 *см*. Скольким же куриным яйцам соответствует по объему одно яйцо мадагаскарского страуса?

РЕШЕНИЕ

Перемножив $\frac{28}{5} \times \frac{28}{5} \times \frac{28}{5}$ получаем около 170. Одно яйцо эпиорниса равно чуть не двумстам куриным яйцам! Более полусотни человек могли бы насытиться одним таким яйцом, вес которого, как нетрудно рассчитать, равнялся 8—9 *кг*. (Напомним читателю, что существует остроумный фантастический рассказ Герберта Уэллса о яйце эпиорниса.)

Яйца русских птиц

ЗАДАЧА

Самый резкий контраст в размерах получится, однако, тогда, когда обратимся к нашей родной, природе и сравним яйца лебедя-шипуна и желтоголового королька, миниатюрнейшей из всех русских птичек. На рис. 167 контуры этих яиц изображены в натуральную величину. Каково отношение их объемов?

РЕШЕНИЕ

Измерив длину обоих яиц, получаем 125 *мм* и 13 *мм*. Измерив также их ширину, имеем 80 *мм* и 9 *мм*. Легко видеть, что эти числа почти пропорциональны; проверяя пропорцию

$$\frac{125}{80} = \frac{13}{9}$$

сравнением произведений крайних и средних ее членов, имеем: 1125 и 1040 — числа, мало разнящиеся. Отсюда заключаем, что, приняв эти яйца за тела, геометрически подобные, мы не сделаем большой погрешности. Поэтому отношение их объемов примерно равно

$$\frac{80^3}{9^3} = \frac{512\,000}{750} = 700.$$

Итак, яйцо лебедя раз в 700 объемистее яйца королька!

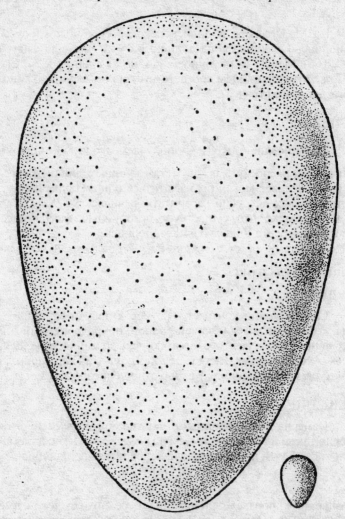

Рис. 167. Яйцо лебедя и королька (натуральная величина). Во сколько раз одно больше другого по объему?

Определить вес скорлупы, не разбивая яйца

ЗАДАЧА

Имеются два яйца одинаковой формы, но различной величины. Требуется, не разбивая яиц, определить приближенно вес их скорлупы. Какие измерения, взвешивания и вычисления нужно для этого выполнить? Толщину скорлупы обоих яиц можно считать одинаковой.

РЕШЕНИЕ

Измеряем длину большой оси каждого яйца: получаем D и d. Вес скорлупы первого яйца обозначим через x, второго — через y. Вес скорлупы пропорционален ее поверхности, т. е. квадрату ее линейных размеров. Поэтому, считая толщину скорлупы обоих яиц одинаковой, составляем пропорцию

$$x : y = D^2 : d^2,$$

Взвешиваем яйца: получаем P и p. Вес содержимого яйца можно считать пропорциональным его объему, т. е. кубу его линейных размеров:

$$(P - x) : (p - y) = D^3 : d^3.$$

Имеем систему двух уравнений с двумя неизвестными; решая ее, находим:

$$x = \frac{p \cdot D^3 - P \cdot d^3}{d^2(D - d)}; \quad y = \frac{p \cdot D^3 - P \cdot d^3}{D^2(D - d)}.$$

Размеры наших монет

Вес наших монет пропорционален их достоинству, т. е. двухкопеечная монета весит вдвое больше копеечной, трехкопеечная — втрое больше и т. д. То же справедливо и для разменного серебра; двугривенный, например, вдвое тяжелее гривенника. А так как однородные монеты обычно имеют геометрически подобную форму, то, зная диаметр одной разменной монеты, можно вычислить диаметры прочих, однородных с нею. Приведем примеры таких расчетов.

ЗАДАЧА

Диаметр пятака равняется 25 *мм*. Каков диаметр трехкопеечной монеты?

РЕШЕНИЕ

Вес, а следовательно, и объем трехкопеечной монеты, составляет $^3/_5$, т. е. 0,6 объема пятака. Значит, линейные ее размеры должны быть меньше в $\sqrt[3]{0,6}$ раза, т. е. составлять 0,84 размера пятака. Отсюда искомый диаметр трехкопеечной монеты должен равняться 0,84 × 25, т. е. 21 *мм* (в действительности 22 *мм*).

Монета в миллион рублей

ЗАДАЧА

Вообразите фантастическую серебряную монету в миллион рублей, которая имеет ту же форму, что и двугривенный, но соответственно больше по весу. Какого примерно диаметра была бы такая монета? Если бы ее поставить на ребро рядом с автомобилем, то во сколько раз она была бы выше автомобиля?

Рис. 168. Какой монете равноценен этот гигантский двугривенный?

РЕШЕНИЕ

Размеры монеты были бы не так огромны, как можно думать. Диаметр ее был бы всего лишь около 3,8 $м$ — чуть выше одного этажа. В самом деле, раз объем ее больше объема двугривенного в 5 000 000 раз, то диаметр (а также толщина) больше в $\sqrt[3]{5\,000\,000}$, т. е. всего в 172 раза.

Умножив 22 $мм$ на 172, получаем приблизительно 3,8 $м$ — размеры, неожиданно скромные для монеты такого достоинства.

ЗАДАЧА

Рассчитайте, какой монете будет равноценен двугривенный, увеличенный до размеров четырехэтажного дома (по высоте) (рис. 168).

Наглядные изображения

Читатель, на предыдущих примерах приобревший навык в сравнении объемов геометрически подобных тел по их линейным размерам, не даст уже застигнуть себя врасплох вопросами такого рода. Он легко сможет поэтому избегнуть ошибки некоторых мнимо-наглядных изображений, зачастую появляющихся в иллюстрированных журналах.

Рис. 169. Сколько мяса человек съедает в течение жизни (обнаружить ошибку в изображении).

ЗАДАЧА

Вот пример таких изображений. Если человек съедает в день, круглым и средним счетом, 400 *г* мяса, то за 60 лет жизни это составит около 9 *т*. А так как вес быка — около $^1/_2$ *т*, то человек к концу жизни может утверждать, что съел 18 быков.

На прилагаемом рис. 169, воспроизводимом из английского журнала, изображен этот исполинский бык рядом с человеком, поглощающим его в течение жизни. Верен ли рисунок? Каков был бы правильный масштаб?

РЕШЕНИЕ

Рисунок неверен. Бык, который изображен здесь, выше нормального в 18 раз и, конечно, во столько же раз длиннее и толще. Следовательно, по объему он больше нормального быка в 18 × 18 × 18 = 5832 раза. Такого быка человек мог бы съесть, разве только если бы жил не менее двух тысячелетий!

Правильно изображенный бык должен быть выше, длиннее и толще обыкновенного всего в $\sqrt[3]{18}$, т. е. в 2,6 раза; это вышло бы на рисунке не так внушительно, чтобы могло служить поражающей иллюстрацией количества съедаемого человеком мяса.

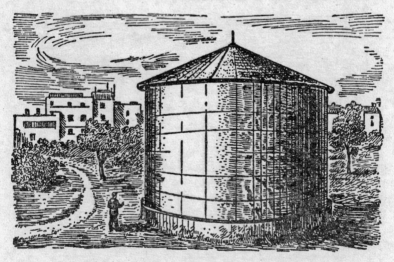

Рис. 170. Сколько воды выпивает человек в течение жизни (в чем ошибка художника?).

ЗАДАЧА

На рис. 170 воспроизведена другая иллюстрация из той же области. Человек поглощает в день разных жидкостей $1^1/_2$ л (7—8 стаканов). За 70 лет жизни это составляет около 40000 л. Так как в ведре 12 л, то художнику нужно было изобразить какой-либо сосуд, который больше ведра в 3300 раз. Он и полагал, что сделал это на рис. 170. Прав ли он?

РЕШЕНИЕ

На рисунке размеры цистерны сильно преувеличены. Сосуд должен быть выше и шире обыкновенного ведра только в $\sqrt[3]{3300} = 14{,}9$, круглым счетом в 15 раз. Если высота и ширина нормального ведра 30 *см*, то для вмещения всей воды, выпиваемой нами за целую жизнь, достаточно было бы ведра высотою 4,5 *м* и такой же ширины. На рис. 171 изображена эта посудина в правильном масштабе.

Рис. 171. То же (см. рис. 170) — правильное изображение.

Рассмотренные примеры показывают, между прочим, что изображение статистических чисел в виде *объемных* тел недостаточно наглядно, не производит того впечатления, какое обычно ожидают. Столбчатые диаграммы в этом отношении имеют несомненное преимущество.

Наш нормальный вес

Если принять, что все человеческие тела геометрически подобны (это верно лишь в среднем), то можно вычислять вес людей по их росту (средний рост человека равен 1,75 *м*, а средний вес — 65 *кг*). Получающиеся при таких расчетах результаты могут многим показаться неожиданными.

Предположим, что вы ниже среднего роста на 10 *см*. Какой вес тела является для вас нормальным?

В обиходе часто решают эту задачу так: скидывают с нормального веса такой процент, какой 10 *см* составляют от нормального роста. В данном случае, например, уменьшают 65 *кг* на $^{10}/_{175}$ и полученный вес — 62 *кг* — считают нормальным.

Это неправильный расчет.

Правильный вес получится, если вычислить его из пропорции

$$65 : x = 1{,}75^3 : 1{,}65^3,$$

откуда

$$x = \text{около } 54 \text{ } \textit{кг}.$$

Разница с обычно получаемым результатом весьма значительна — 8 *кг*.

Наоборот, для человека, рост которого на 10 *см* выше среднего, нормальный вес вычисляется из пропорции

$$65 : x = 1{,}75^3 : 1{,}85^3.$$

Из нее $x = 78$ *кг*, т. е. на 13 *кг* больше среднего. Эта прибавка гораздо значительнее, чем обычно думают.

Несомненно, что подобные расчеты, правильно выполненные, должны иметь немаловажное значение в медицинской практике при определении нормального веса, при исчислении дозы лекарств и т. п.

Великаны и карлики

Каково же в таком случае должно быть отношение между весом великана и карлика? Многим, я уверен, покажется неправдоподобным, что великан может быть в 50 раз тяжелее карлика. Между тем к этому приводит правильный геометрический расчет.

Одним из высочайших великанов, существование которого хорошо удостоверено, был австриец Винкельмейер в 278 *см* высоты; другой, эльзасец Крау, был ростом 275 *см*; третий, англичанин О'Брик, о котором рассказывали, что он закуривал трубку от уличных фонарей, достигал 268 *см*. Все они были на целый метр выше человека нормального роста. Напротив, карлики достигают во взрослом состоянии около 75 *см* — на метр ниже нормального роста. Каково же отношение объема и веса великана к объему и весу карлика? Оно равно

$$275^3 : 75^3, \text{ или } 11^3 : 3^3 = 49.$$

Значит, великан равен по весу почти полусо́тне карликов!

А если верить сообщению об арабской карлице Агибе ростом в 38 *см,* то это отношение станет еще разительнее: высочайший великан в семь раз выше этой карлицы и, следовательно, тяжелее в 343 раза. Более достоверно сообщение Бюффона, измерившего карлика в 43 *см* ростом: этот карлик должен быть в 260 раз легче великана.

Впрочем, эти наши оценки соотношения веса карлика и великана несколько завышены: они сделаны из предположения, что пропорции тела у карлика такие же, как у великана. Если вы когда-либо видели карлика, то знаете, что низкорослый человек выглядит иначе, чем человек среднего роста, соотношения размеров тела, рук и головы у карликов другие. Так же и с великанами. При взвешивании скорее всего оказалось бы, что соотношение веса в последнем рассмотренном нами случае все же меньше 50.

Геометрия Гулливера

Автор «Путешествия Гулливера» с большой осмотрительностью избежал опасности запутаться в геометрических отношениях. Читатель помнит, без сомнения, что в стране лилипутов нашему футу соответствовал дюйм, а в стране великанов, наоборот, дюйму — фут. Другими словами, у лилипутов все люди, все вещи, все произведения природы в 12 раз меньше нормальных, у великанов — во столько же раз больше. Эти на первый взгляд простые отношения, однако, сильно усложнялись, когда приходилось решать, вопросы вроде следующих:

1) во сколько раз Гулливер съедал за обедом больше, чем лилипут?

2) во сколько раз Гулливеру требовалось больше сукна на костюм, нежели лилипутам?

3) сколько весило яблоко страны великанов?

Автор «Путешествия» справлялся с этими задачами в большинстве случаев вполне успешно. Он правильно рассчитал, что раз лилипут ростом меньше Гулливера в 12 раз, то объем его тела меньше в $12 \times 12 \times 12$, т. е. в 1728 раз; следовательно, для насыщения тела Гулливера нужно в 1728 раз больше пищи, чем для лилипута. И мы читаем в «Путешествии» такое описание обеда Гулливера:

«Триста поваров готовили для меня кушанье. Вокруг моего дома были поставлены шалаши, где происходила стряпня и

Рис. 172. Портные-лилипуты снимают мерку с Гулливера.

жили повара со своими семьями. Когда наступал час обеда, я брал в руки 20 человек прислуги и ставил их на стол, а человек 100 прислуживало с пола: одни подавали кушанье, остальные приносили бочонки с вином и другими напитками на шестах, перекинутых с плеча на плечо. Стоявшие наверху, по мере надобности, поднимали все это на стол при помощи веревок и блоков...».

Правильно рассчитал Свифт и количество материала на костюм Гулливеру. Поверхность его тела больше, чем у лилипутов, в $12 \times 12 = 144$ раза; во столько же раз нужно ему больше материала, портных и т. п. Все это учтено Свифтом, рассказывающим от имени Гулливера, что к нему «было прикомандировано 300 портных-лилипутов (рис. 172) с наказом сшить полную пару платья по местным образцам». (Спешность работы потребовала двойного количества портных.)

Надобность производить подобные расчеты возникала у Свифта чуть не на каждой странице. И, вообще говоря, он выполнял их правильно. Если у Пушкина в «Евгении Онегине», как утверждает поэт, «время расчислено по календарю», то в «Путешествиях» Свифта все размеры согласованы с правилами геометрии. Лишь изредка надлежащий масштаб не выдерживался, особенно при описании страны великанов. Здесь иногда встречаются ошибки.

«Один раз, — рассказывает Гулливер, — с нами отправился в сад придворный карлик. Улучив удобный момент, когда я, прохаживаясь, очутился под одним из деревьев, он ухватился за ветку и встряхнул ее над моей головой. Град яблок, величиной каждое с хороший бочонок, шумно посыпался на землю; одно ударило меня в спину и сбило с ног...».

Гулливер благополучно поднялся на ноги после этого удара. Однако легко рассчитать, что удар от падения подобного яблока должен был быть поистине сокрушающий: ведь яблоко в 1728 раз тяжелее нашего, т. е. весом в 80 *кг,* обрушилось с 12-кратной высоты. Энергия удара должна была превосходить в 20000 раз энергию падения обыкновенного яблока и могла бы сравниться разве лишь с энергией артиллерийского снаряда...

Наибольшую ошибку допустил Свифт в расчете мускульной силы великанов. Мы уже видели в первой главе, что мощь крупных животных не пропорциональна их размерам. Если применить приведенные там соображения к великанам Свифта, то окажется, что, хотя мускульная сила их была в 144 раза больше силы Гулливера, вес их тела был больше в 1728 раз. И если Гулливер в силах был поднять не только вес своего собственного тела, но и еще примерно такой же груз, то великаны не в состоянии были бы преодолеть даже груза своего огромного тела. Они должны были бы неподвижно лежать на одном месте, бессильные сделать сколько-нибудь значительное движение.

Их могущество, так картинно описанное у Свифта, могло явиться лишь в результате неправильного подсчета.[1]

Почему пыль и облака плавают в воздухе

«Потому что они легче воздуха», — вот обычный ответ, который представляется многим до того бесспорным, что не оставляет никаких поводов к сомнению. Но такое объяснение при его подкупающей простоте совершенно ошибочно. Пылинки не только не легче воздуха, но они тяжелее его в сотни, даже тысячи раз.

Что такое «пылинка»? Мельчайшие частицы различных тяжелых тел: осколки камня или стекла, крупинки угля, дерева, металлов, волокна тканей и т. п. Разве все эти материалы легче воздуха? Простая справка в таблице удельных весов убедит вас, что каждый из них либо в несколько раз тяжелее воды, либо легче ее всего в 2—3 раза. А вода тяжелее воздуха раз в 800; следовательно, пылинки тяжелее его в несколько сот, если не тысяч раз. Теперь очевидна вся несообразность ходячего взгляда на причину плавания пылинок в воздухе.

Какова же истинная причина? Прежде всего надо заметить, что обычно мы неправильно представляем себе самое явление, рассматривая его как *плавание*. Плавают — в воздухе (или жидкости) — только такие тела, вес которых не превышает веса равного объема воздуха (или жидкости). Пылинки же превышают этот вес во много раз; поэтому *плавать* в воздухе они не могут. Они и не плавают, а *парят*, т. е. медленно опускаются, задерживаемые в своем падении сопротивлением воздуха. Падающая пылинка должна проложить себе путь между частицами воздуха, расталкивая их или увлекая с собой. На то и другое расходуется энергия падения. Расход тем значительнее, чем больше поверхность тела (точнее — площадь поперечного сечения) по сравнению с весом. При падении крупных, массивных тел мы не замечаем замедляющего действия сопротивления воздуха, так как их вес значительно преобладает над противодействующей силой.

Но посмотрим, что происходит при уменьшении тела. Геометрия поможет нам разобраться в этом. Нетрудно сообразить, что с уменьшением объема тела вес уменьшается гораздо больше, чем площадь поперечного сечения: уменьшение веса

---

[1] См. подробно об этом в «Занимательной механике» Я. И. Перельмана.

пропорционально *третьей* степени линейного сокращения, а ослабление сопротивления пропорционально поверхности, т. е. второй степени линейного уменьшения.

Какое это имеет значение в нашем случае, ясно из следующего примера. Возьмем крокетный шар диаметром в 10 *см* и крошечный шарик из того же материала диаметром в 1 *мм*. Отношение их линейных размеров равно 100, потому что 10 *см* больше одного миллиметра в 100 раз. Маленький шарик легче крупного в 100^3 раз, т. е. в миллион раз; сопротивление же, встречаемое им при движении в воздухе, слабее только в 100^2 раз, т. е. в десять тысяч раз. Ясно, что маленький шарик должен падать медленнее крупного. Короче говоря, причиной того, что пылинки держатся в воздухе, является их «парусность», обусловленная малыми размерами, а вовсе не то, что они будто бы легче воздуха. Водяная капелька радиусом 0,001 *мм* падает в воздухе равномерно со скоростью 0,1 *мм* в секунду; достаточно ничтожного, неуловимого для нас течения воздуха, чтобы помешать такому медленному падению.

Вот почему в комнате, где много ходят, пыли осаждается меньше, чем в нежилых помещениях, и днем меньше, чем ночью, хотя, казалось бы, должно происходить обратное: осаждению мешают возникающие в воздухе вихревые течения, которых обычно почти не бывает в спокойном воздухе мало посещаемых помещений.

Если каменный кубик в 1 *см* высотою раздробить на кубические пылинки высотою в 0,0001 *мм*, то общая поверхность той же массы камня увеличится в 10 000 раз и во столько же раз возрастет сопротивление воздуха ее движению. Пылинки нередко достигают именно таких размеров, и понятно, что сильно возросшее сопротивление воздуха совершенно меняет картину падения.

По той же причине «плавают» в воздухе облака. Давно отвергнут устарелый взгляд, будто облака состоят из водяных пузырьков, наполненных водяным паром. Облака — скопление огромного множества чрезвычайно мелких, но сплошных водяных пылинок. Пылинки эти, хотя тяжелее воздуха раз в 800, все же почти не падают; они опускаются с едва заметною скоростью. Сильно замедленное падение объясняется, как и для пылинок, огромной их поверхностью по сравнению с весом.

Самый слабый восходящий поток воздуха способен поэтому не только прекратить крайне медленное падение облаков, поддерживая их на определенном уровне, но и поднять их вверх.

Главная причина, обусловливающая все эти явления, — присутствие воздуха: в пустоте и пылинки и облака (если бы могли существовать) падали бы столь же стремительно, как и тяжелые камни.

Излишне добавлять, что медленное падение человека с парашютом (около 5 *м/сек*) принадлежит к явлениям подобного же порядка.

ГЛАВА ДВЕНАДЦАТАЯ

ГЕОМЕТРИЧЕСКАЯ ЭКОНОМИЯ

Как Пахом покупал землю
(Задача Льва Толстого)

Эту главу, необычное название которой станет понятно читателю из дальнейшего, начнем отрывком из общеизвестного рассказа Л. Н. Толстого «Много ли человеку земли нужно».

« — А цена какая будет? — говорит Пахом.
— Цена у нас одна: 1000 руб. за день.
Не понял Пахом.
— Какая же это мера — день? Сколько в ней десятин будет?
— Мы этого, — говорит, — не умеем считать. А мы за день продаем; сколько обойдешь в день, то и твое, а цена 1000 руб.
Удивился Пахом.
— Да ведь это, — говорит, — в день обойти земли много будет.
Засмеялся старшина.
— Вся твоя, — говорит. — Только один уговор, если назад не придешь в день к тому месту, с какого возьмешься, пропали твои деньги.
— А как же, — говорит Пахом, — отметить, где я пройду?
— А мы станем на место, где ты облюбуешь; мы стоять будем, а ты иди, делай круг, а с собой скребку возьми и, где надобно, замечай, на углах ямки рой, дерничка клади; потом с ямки на ямку плугом пройдем. Какой хочешь круг забирай, только до захода солнца приходи к тому месту, с какого взялся. Что обойдешь, все твое.
Разошлись башкирцы. Обещались завтра на зорьке собраться, до солнца на место выехать.

———

Приехали в степь, заря занимается. Подошел старшина к Пахому, показал рукой.

— Вот, — говорит, — все наше, что глазом окинешь. Выбирай любую.

Снял старшина шапку лисью, поставил на землю.

— Вот, — говорит, — метка будет. Отсюда поди, сюда приходи. Что обойдешь, все твое будет.

Рис. 173. «Бежит Пахом из последних сил, а солнце уж к краю подходит».

Только брызнуло из-за края солнце, вскинул Пахом скребку на плечо и пошел в степь.

Отошел с версту, остановился, вырыл ямку. Пошел дальше. Отошел еще, вырыл еще другую ямку.

Верст 5 прошел. Взглянул на солнышко, — уже время об завтраке. «Одна упряжка прошла, — думает Пахом. — А их четыре во дню, рано еще заворачивать. Дай пройду еще верст пяток, тогда влево загибать начну». Пошел еще напрямик.

«Ну, — думает, в эту сторону довольно забрал; надо загибать». Остановился, вырыл ямку побольше и загнул круто влево.

Прошел еще и по этой стороне много; загнул второй угол. Оглянулся Пахом на шихан (бугорок): от тепла затуманился, а сквозь мару чуть виднеються люди на шихане. «Ну, — думает, — длинны стороны взял, надо эту покороче взять». Пошел третью сторону. Посмотрел на солнце, — уж оно к полднику подходит, а по третьей стороне всего версты две прошел. И до места все те же верст 15. «Нет, — думает, — хоть кривая дача будет, а надо прямиком поспевать».

Вырыл Пахом поскорее ямку и повернул прямиком к шихану.

Идет Пахом прямо на шихан, и тяжело уж ему стало. Отдохнуть хочется, а нельзя, — не поспеешь дойти до заката. А солнце уж недалеко от края.

Идет так Пахом; трудно ему, а все прибавляет да прибавляет шагу. Шел, шел — все еще далеко; побежал рысью ... Бежит Пахом, рубаха и портки от пота к телу липнут, во рту пересохло. В груди как меха кузнечные раздуваются, а сердце молотком бьет.

Бежит Пахом из последних сил, а солнце уж к краю подходит. Вот-вот закатываться станет (рис. 173).

Солнце близко, да и место уж вовсе недалеко. Видит шапку лисью на земле и старшину, как он на земле сидит.

Взглянул Пахом на солнце, а оно до земли дошло, уже краешком заходить стало. Наддал из последних сил Пахом, надулся, взбежал на шихан. Видит — шапка. Подкосились ноги, и упал он наперед руками, до шапки достал.

— Ай, молодец! — закричал старшина: — много земли завладел.

Подбежал работник, хотел поднять его, а у него изо рта кровь течет, и он мертвый лежит...».

Задача Льва Толстого

Отвлечемся от мрачной развязки этой истории и остановимся на ее геометрической стороне. Можно ли установить по данным, рассеянным в этом рассказе, сколько примерно десятин земли обошел Пахом? Задача — на первый взгляд как будто невыполнимая — решается, однако, довольно просто.

РЕШЕНИЕ

Внимательно перечитывая рассказ и извлекая из него все геометрические указания, нетрудно убедиться, что полученных данных вполне достаточно для исчерпывающего ответа на поставленный вопрос. Можно даже начертить план обойденного Пахомом земельного участка.

Прежде всего из рассказа ясно, что Пахом бежал по сторонам четырехугольника. О первой стороне его читаем:

«Верст пять прошел... Пройду еще верст пяток; тогда влево загибать...»

Значит, первая сторона четырехугольника имела в длину около 10 верст.

О второй стороне, составляющей прямой угол с первой, численных указаний в рассказе не сообщается.

Длина третьей стороны — очевидно, перпендикулярной ко второй — указана в рассказе прямо: *«По третьей стороне всего версты две прошел»*.

Непосредственно дана и длина четвертой стороны: *«До места все те же верст 5».*[1]

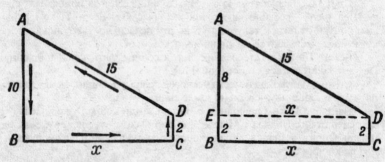

Рис. 174. Маршрут Пахома.   Рис. 175. Уточнение маршрута.

По этим данным мы и можем начертить план обойденного Пахомом участка (рис. 174). В полученном четырехугольнике $ABCD$ сторона $AB = 10$ верстам; $CD = 2$; верстам; $AD = 15$; верстам; углы B и C — прямые. Длину x неизвестной стороны BC нетрудно вычислить, если провести из D перпендикуляр DE к AB (рис. 175). Тогда в прямоугольном треугольнике AED нам известны катет $AE = 8$ верстам и гипотенуза $AD = 15$ верстам. Неизвестный катет $ED = \sqrt{15^2 - 8^2} = 13$ верстам.

Итак, вторая сторона имела в длину около 13 верст. Очевидно, Пахом ошибся, считая вторую сторону короче первой.

---

[1] Здесь непонятно, однако, как мог Пахом с такого расстояния различать людей на шихане.

Как видите, можно довольно точно начертить план того участка, который обежал Пахом. Несомненно, Л. Н. Толстой имел перед глазами чертеж наподобие рис. 174, когда писал свой рассказ.

Теперь легко вычислить и площадь трапеции *ABCD*, состоящей из прямоугольника *EBCD* и прямоугольного треугольника *AED*. Она равна

$$2 \times 13 + \frac{1}{2} \times 8 \times 13 = 78 \text{ кв. верстам.}$$

Вычисление по формуле трапеции дало бы, конечно, тот же результат:

$$\frac{AB + CD}{2} \times BC = \frac{10 + 2}{2} \times 13 = 78 \text{ кв. верст.}$$

Мы узнали, что Пахом обежал обширный участок площадью в 78 кв. верст, или около 8000 десятин. Десятина обошлась ему в $12\frac{1}{2}$ копеек.

Трапеция или прямоугольник

ЗАДАЧА

В роковой для своей жизни день Пахом прошел $10 + 13 + 2 + 15 = 40$ верст, идя по сторонам трапеции. Его первоначальным намерением было идти по сторонам прямоугольника; трапеция же получилась случайно, в результате плохого расчета. Интересно определить: выгадал ли он или прогадал от того, что участок его оказался не прямоугольником, а трапецией? В каком случае должен он был получить большую площадь земли?

РЕШЕНИЕ

Прямоугольников с обводом в 40 верст может быть очень много, и каждый имеет другую площадь. Вот ряд примеров:

$14 \times 6 = 84$ кв. верст
$13 \times 7 = 91$ » »
$12 \times 8 = 96$ » »
$11 \times 9 = 99$ » »

Мы видим, что у всех этих фигур при одном и том же периметре в 40 верст площадь больше, чем у нашей трапеции.

Однако возможны и такие прямоугольники с периметром в 40 верст, площадь которых меньше, чем у трапеции:

$$18 \times 2 = 36 \text{ кв. верст}$$
$$19 \times 1 = 19 \text{ » »}$$
$$19\tfrac{1}{2} \times \tfrac{1}{2} = 9\tfrac{3}{4} \text{ » »}$$

Следовательно, на вопрос задачи нельзя дать определенного ответа. Есть прямоугольники с большею площадью, чем трапеция, но есть и с меньшею, при одном и том же обводе. Зато можно дать вполне определенный ответ на вопрос: какая из всех прямоугольных фигур с заданным периметром заключает самую большую площадь? Сравнивая наши прямоугольники, мы замечаем, что чем меньше разница в длине сторон, тем площадь прямоугольника больше. Естественно заключить, что когда этой разницы не будет вовсе, т. е. когда прямоугольник превратится в квадрат, площадь фигуры достигнет наибольшей величины. Она будет равна тогда $10 \times 10 = 100$ кв. верст. Легко видеть, что этот квадрат действительно превосходит по площади любой прямоугольник одинакового с ним периметра. Пахому следовало идти по сторонам квадрата, чтобы получить участок наибольшей площади, — на 22 кв. версты больше, чем он успел охватить.

Замечательное свойство квадрата

Замечательное свойство квадрата — заключать в своих границах наибольшую площадь по сравнению со всеми другими прямоугольниками того же периметра — многим не известно. Приведем поэтому строгое доказательство этого положения.

Обозначим периметр прямоугольной фигуры через P. Если взять квадрат с таким периметром, то каждая сторона его должна равняться $\dfrac{P}{4}$. Докажем, что, укорачивая одну его сторону на какую-нибудь величину b при таком же удлинении смежной стороны, мы получим прямоугольник одинакового с ним периметра, но меньшей площади. Другими словами, докажем, что площадь $\left(\dfrac{P}{4}\right)^2$ квадрата больше площади $\left(\dfrac{P}{4} - b\right)\left(\dfrac{P}{4} + b\right)$ прямоугольника:

$$\left(\frac{P}{4}\right)^2 > \left(\frac{P}{4}-b\right)\left(\frac{P}{4}+b\right).$$

Так как правая сторона этого неравенства равна $\left(\frac{P}{4}\right)^2 - b^2$, то все выражение принимает вид

$$0 > -b^2 \quad \text{или} \quad b^2 > 0.$$

Но последнее неравенство очевидно: квадрат всякого количества, положительного или отрицательного, больше 0. Следовательно, справедливо и первоначальное неравенство, которое привело нас к этому.

Итак, квадрат имеет наибольшую площадь из всех прямоугольников с таким же периметром.

Отсюда следует, между прочим, и то, что из всех прямоугольных фигур с одинаковыми площадями квадрат имеет *наименьший периметр*. В этом можно убедиться следующим рассуждением. Допустим, что это не верно и что существует такой прямоугольник A, который при равной с квадратом B площади имеет периметр меньший, чем у него. Тогда, начертив квадрат C того же периметра, как у прямоугольника A, мы получим квадрат, имеющий большую площадь, чем у A, и, следовательно, большую, чем у квадрата B. Что же у нас вышло? Что квадрат C имеет периметр меньший, чем квадрат B, а площадь большую, чем он. Это, очевидно, невозможно: раз сторона квадрата C меньше, чем сторона квадрата B, то и площадь должна быть меньше. Значит, нельзя было допустить существование прямоугольника A, который при одинаковой площади имеет периметр меньший, чем у квадрата. Другими словами, из всех прямоугольников с одинаковой площадью наименьший периметр имеет квадрат.

Знакомство с этими свойствами квадрата помогло бы Пахому правильно рассчитать свои силы и получить прямоугольный участок наибольшей площади. Зная, что он может пройти в день без напряжения, скажем, 36 верст, он пошел бы по границе квадрата со стороною 9 верст и к вечеру был бы обладателем участка в 81 кв. версту, — на 3 кв. версты больше, чем он получил со смертельным напряжением сил. И, наоборот, если бы он наперед ограничился какою-нибудь определенною площадью прямоугольного участка, например в 36 кв. верст, то мог бы достичь результата с наименьшей затратой сил, идя по границе квадрата, сторона которого — 6 верст.

Участки другой формы

Но, может быть, Пахому еще выгоднее было бы выкроить себе участок вовсе не прямоугольной формы, а какой-нибудь другой — четырехугольной, треугольной, пятиугольной и т. д.?

Этот вопрос может быть рассмотрен строго математически; однако из опасения утомить нашего добровольного читателя мы не станем входить здесь в это рассмотрение и познакомим его только с результатами.

Можно доказать, во-первых, что из *всех четырехугольников* с одинаковым периметром наибольшую площадь имеет квадрат. Поэтому, желая иметь четырехугольный участок, Пахом никакими ухищрениями не мог бы овладеть более чем 100 кв. верстами (считая, что максимальный дневной пробег его — 40 верст).

Во-вторых, можно доказать, что квадрат имеет бо́льшую площадь, чем всякий треугольник равного периметра. Равносторонний треугольник такого же периметра имеет сторону $\frac{40}{3} = 13\frac{1}{3}$ верстам, а площадь (по формуле $S = \frac{a^2\sqrt{3}}{4}$, где S — площадь, а a — сторона)

$$\frac{1}{4}\left(\frac{40}{3}\right)^2 \sqrt{3} = 77 \text{ кв. верст,}$$

т. е. меньше даже, чем у той трапеции, которую Пахом обошел. Дальше (см. «Треугольник с наибольшей площадью») будет доказано, что из всех треугольников с равными периметрами *равносторонний* обладает наибольшею площадью. Значит, если даже этот наибольший треугольник имеет площадь, меньшую площади квадрата, то все прочие треугольники того же периметра по площади меньше, чем квадрат.

Но если будем сравнивать площадь квадрата с площадью пятиугольника, шестиугольника и т. д. равного периметра, то здесь первенство его прекращается: правильный пятиугольник обладает большею площадью, правильный шестиугольник — еще большею и т. д. Легко убедиться в этом на примере правильного шестиугольника. При периметре в 40 верст его сторона $\frac{40}{6}$ площадь (по формуле $S = \frac{3a^2\sqrt{3}}{2}$) равна

$$\frac{3}{2}\left(\frac{40}{6}\right)^2 \sqrt{3} = 115 \text{ кв. верст.}$$

Избери Пахом для своего участка форму правильного шестиугольника, он при том же напряжении сил овладел бы площадью на 115 – 78, т. е. на 37 кв. верст больше, чем в действительности, и на 15 кв. верст больше, чем дал бы ему квадратный участок (но для этого, конечно, пришлось бы ему пуститься в путь с угломерным инструментом).

ЗАДАЧА

Из шести спичек сложить фигуру с наибольшей площадью.

РЕШЕНИЕ

Из шести спичек можно составить довольно разнообразные фигуры: равносторонний треугольник, прямоугольник, множество параллелограммов, целый ряд неправильных пятиугольников, ряд неправильных шестиугольников и, наконец, правильный шестиугольник. Геометр, не сравнивая между собою площадей этих фигур, заранее знает, какая фигура имеет наибольшую площадь: правильный шестиугольник.

Фигуры с наибольшею площадью

Можно доказать строго геометрически, что чем больше сторон у правильного многоугольного участка, тем бо́льшую площадь заключает он при одной и той же длине границ. А самую большую площадь при данном периметре охватывает окружность. Если бы Пахом бежал по кругу, то, пройдя те же 40 верст, он получил бы площадь в

$$\pi \left(\frac{40}{2\pi}\right)^2 = 127 \text{ кв. верст.}$$

Большею площадью при данном периметре не может обладать никакая другая фигура, безразлично — прямолинейная или криволинейная.

Мы позволим себе несколько остановиться на этом удивительном свойстве круга заключать в своих границах бо́льшую площадь, чем всякая другая фигура любой формы, имеющая тот же периметр. Может быть, некоторые читатели полюбопытствуют узнать, каким способом доказывают подобные положения. Приводим далее доказательство — правда, не вполне строгое — этого свойства круга, доказательство, предложенное математиком Яковом Штейнером. Оно довольно длинно, но те, кому оно покажется утомительным, могут пропустить его без ущерба для понимания дальнейшего.

Надо доказать, что фигура, имеющая при данном периметре наибольшую площадь, есть круг. Прежде всего установим, что искомая фигура должна быть выпуклой. Это значит, что всякая ее хорда должна полностью располагаться внутри фигуры. Пусть у нас имеется фигура *AaBC* (рис. 176), имеющая внешнюю хорду *AB*. Заменим дугу *a* дугою *b*, симметричною с нею. От такой замены периметр фигуры *ABC* не изменится, площадь же явно увеличится. Значит, фигуры вроде *AaBC* не могут быть теми, которые при одинаковом периметре заключают наибольшую площадь.

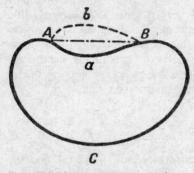

Рис. 176. Устанавливаем, что фигура с наибольшей площадью должна быть выпуклой.

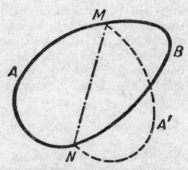

Рис. 177. Если хорда делит пополам периметр выпуклой фигуры с наибольшей площадью, то она рассекает пополам и площадь.

Итак, искомая фигура есть фигура *выпуклая*. Далее мы можем наперед установить еще и другое свойство этой фигуры: всякая хорда, которая делит пополам ее периметр, рассекает пополам и ее площадь. Пусть фигура *AMBN* (рис. 177) есть искомая, и пусть хорда *MN* делит ее периметр пополам. Докажем, что площадь *AMN* равна площади *MBN*. В самом деле, если бы какая-либо из этих частей была по площади больше другой, например *AMN* > *MNB*, то, перегнув фигуру *AMN* по *MN*, мы получили бы фигуру *AMN*, площадь которой больше, чем у первоначальной фигуры *AMBN*, периметр же одинаков с нею. Значит, фигура *AMBN*, в которой хорда, рассекающая периметр пополам, делит площадь на неравные части, не может быть искомая (т. е. не может иметь *наибольшую* площадь при данном периметре).

Прежде чем идти далее, докажем еще следующую вспомогательную теорему: из всех треугольников с двумя данными сторонами наибольшую площадь имеет тот, у которого стороны эти заключают прямой угол. Чтобы доказать это, вспомним тригонометрическое выражение площади S треугольника со сторонами a и b и углом C между ними:

$$S = \frac{1}{2} ab \sin C.$$

Выражение это будет, очевидно, наибольшим (при данных сторонах) тогда, когда $\sin C$ примет наибольшее значение, т. е. будет равен единице. Но угол, синус которого равен 1, есть прямой, что и требовалось доказать.

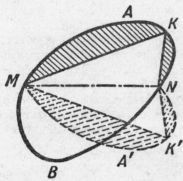

Рис. 178. Допускаем существование некруговой выпуклой фигуры с наибольшей площадью.

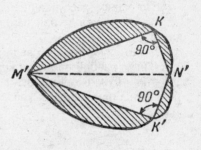

Рис. 179. Устанавливаем, что из всех фигур с данным периметром наибольшую площадь ограничивает окружность.

Теперь можем приступить к основной задаче — к доказательству того, что из всех фигур с периметром p наибольшую площадь ограничивает окружность. Чтобы убедиться в этом, попробуем допустить существование некруговой выпуклой фигуры $MANB$ (рис. 178), которая обладает этим свойством. Проведем в ней хорду MN, делящую пополам ее периметр; она же, мы знаем, разделит пополам и площадь фигуры. Перегнем половину MKN по линии MN так, чтобы она расположилась симметрично ($MK'N$). Заметим, что фигура $MNK'M$ обладает тем же периметром и тою же площадью, что и первоначальная фигура $MKNM$. Так как дуга MKN не есть полуокружность (иначе нечего было бы и доказывать), то на ней должны находиться такие точки, из которых отрезок *MN* виден не под прямым углом. Пусть *K* — такая точка, а *K'* — ей симметричная, т. е. углы *K* и *K'* — не прямые. Раздвигая (или сдвигая) стороны *MK*, *KN*, *MK'*, *NK'*, мы можем сделать заключенный между ними угол прямым и получим тогда *равные* прямоугольные треугольники. Эти треугольники сложим гипотенузами, как на рис. 179, и присоединим к ним в соответствующих местах заштрихованные сегменты. Получим фигуру *M'KN'K'*, обладающую тем же периметром, что и первоначальная, но, очевидно, большею площадью (потому что прямоугольные треугольники *M'KN'* и *M'K'N'* имеют большую площадь, чем непрямоугольные *MKN* и *MK'N*). Значит, никакая некруговая фигура не может обладать при данном периметре наибольшею площадью. И только в случае круга мы указанным способом не могли бы построить фигуру, имеющую при том же периметре еще большую площадь.

Вот каким рассуждением можно доказать, что круг есть фигура, обладающая при данном периметре наибольшею площадью.

Легко доказать справедливость и такого положения: из всех фигур равной площади круг имеет наименьший периметр. Для этого нужно применить к кругу те рассуждения, которые мы раньше приложили к квадрату (см. «Замечательное свойство квадрата»).

Гвозди

ЗАДАЧА

Какой гвоздь труднее вытащить — круглый, квадратный или треугольный, — если они забиты одинаково глубоко и имеют одинаковую площадь поперечного сечения?

РЕШЕНИЕ

Будем исходить из того, что крепче держится тот гвоздь, который соприкасается с окружающим материалом по большей поверхности. У какого же из наших гвоздей большая боковая поверхность? Мы уже знаем, что при равных площадях периметр квадрата меньше периметра треугольника, а окружность меньше периметра квадрата. Если сторону квадрата принять за единицу, то вычисление дает для этих трех величин значения: 4,53, 4; 3,55. Следовательно, крепче других должен держаться треугольный гвоздь.

Таких гвоздей, однако, не изготовляют, по крайней мере в продаже они не встречаются. Причина кроется, вероятно, в том, что подобные гвозди легче изгибаются и ломаются.

Тело наибольшего объема

Свойством, сходным со свойством круга, обладает и шаровая поверхность: она имеет наибольший объем при данной величине поверхности. И наоборот, из всех тел одинакового объема наименьшую поверхность имеет шар. Эти свойства не лишены значения в практической жизни. Шарообразный самовар обладает меньшей поверхностью, чем цилиндрический или какой-либо иной формы, вмещающий столько же стаканов, а так как тело теряет теплоту только с поверхности, то шарообразный самовар остывает медленнее, чем всякий другой того же объема. Напротив, резервуар градусника быстрее нагревается и охлаждается (т. е. принимает температуру окружающих предметов), когда ему придают форму не шарика, а цилиндра.

По той же причине земной шар, состоящий из твердой оболочки и ядра, должен уменьшаться в объеме, т. е. сжиматься, уплотняться, от всех причин, изменяющих форму его поверхности: его внутреннему содержимому должно становиться тесно всякий раз, когда наружная его форма претерпевает какое-либо изменение, отклоняясь от шара. Возможно, что этот геометрический факт находится в связи с землетрясениями и вообще с тектоническими явлениями; но об этом должны иметь суждение геологи.

Произведение равных множителей

Задачи вроде тех, которыми мы сейчас занимались, рассматривают вопрос со стороны как бы экономической: при данной затрате сил (например, при прохождении 40-верстного пути), как достигнуть наивыгоднейшего результата (охватить наибольший участок)? Отсюда и заглавие настоящего отдела этой книги: «Геометрическая экономия». Но это — вольность популяризатора; в математике вопросы подобного рода носят другое название: задачи «на максимум и минимум». Они могут быть весьма разнообразны по сюжетам и по степени трудности. Многие разрешаются лишь приемами высшей математики; но не мало есть и таких, для решения которых достаточно самых элементарных сведений. В дальнейшем будет рассмотрен ряд подобных задач из области геометрии, которые мы будем решать, пользуясь одним любопытным свойством произведения равных множителей.

Для случая двух множителей свойство это уже знакомо нам. Мы знаем, что площадь квадрата больше, чем площадь всякого прямоугольника такого же периметра. Если перевести это геометрическое положение на язык арифметики, оно будет означать следующее: когда требуется разбить число на две такие части, чтобы произведение их было наибольшим, то следует делить пополам. Например, из всех произведений

$$13 \times 17, 16 \times 14, 12 \times 18, 11 \times 19, 10 \times 20, 15 \times 15$$

и т. д., сумма множителей которых равна 30, наибольшим будет 15×15, даже если сравнивать и произведения дробных чисел ($14\frac{1}{2} \times 15\frac{1}{2}$ и т. п.).

То же справедливо и для произведений трех множителей, имеющих постоянную сумму: произведение их достигает наибольшей величины, когда множители равны между собою. Это прямо вытекает из предыдущего. Пусть три множителя x, y, z в сумме равны a:

$$x + y + z = a.$$

Допустим, что x и y не равны между собою. Если заменим каждый из них полусуммою $\frac{x+y}{2}$, то сумма множителей не изменится:

$$\frac{x+y}{2} + \frac{x+y}{2} + z = x + y + z = a.$$

Но так как согласно предыдущему

$$\left(\frac{x+y}{2}\right)\left(\frac{x+y}{2}\right) > xy,$$

то произведение трех множителей

$$\left(\frac{x+y}{2}\right)\left(\frac{x+y}{2}\right)z$$

больше произведения xyz:

$$\left(\frac{x+y}{2}\right)\left(\frac{x+y}{2}\right)z > xyz.$$

Вообще, если среди множителей xyz есть хотя бы два неравных, то можно всегда подобрать числа, которые, не изменяя общей суммы, дадут большее произведение, чем *xyz*. И только когда все три множителя равны, произвести такой замены нельзя. Следовательно, при $x + y + z = a$ произведение *xyz* будет наибольшим тогда, когда

$$x = y = z.$$

Воспользуемся знанием этого свойства равных множителей, чтобы решить несколько интересных задач.

Треугольник с наибольшею площадью

ЗАДАЧА

Какую форму нужно придать треугольнику, чтобы при данной сумме его сторон он имел наибольшую площадь?

Мы уже заметили раньше (см. «Участки другой формы»), что этим свойством обладает треугольник равносторонний. Но как это доказать?

РЕШЕНИЕ

Площадь *S* треугольника со сторонами *a, b, c* и периметром $a + b + c = 2p$ выражается, как известно из курса геометрии, так:

$$S = \sqrt{p(p-a)(p-b)(p-c)},$$

откуда

$$\frac{S^2}{p} = (p-a)(p-b)(p-c).$$

Площадь *S* треугольника будет наибольшей тогда же, когда станет наибольшей величиной и ее квадрат S^2, или выражение $\frac{S^2}{p}$, где *p*, полупериметр, есть согласно условию величина неизменная. Но так как обе части равенства получают наибольшее значение одновременно, то вопрос сводится к тому, при каком условии произведение

$$(p-a)(p-b)(p-c)$$

становится наибольшим. Заметив, что сумма этих трех множителей есть величина постоянная,

$$p - a + p - b + p - c = 3p - (a + b + c) = 3p - 2p = p,$$

мы заключаем, что произведение их достигнет наибольшей величины тогда, когда множители станут равны, т. е. когда осуществится равенство

откуда
$$p - a = p - b = p - c,$$
$$a = b = c.$$

Итак, треугольник имеет при данном периметре наибольшую площадь тогда, когда стороны его равны между собою.

Самый тяжёлый брус

ЗАДАЧА

Из цилиндрического бревна нужно выпилить брус наибольшего веса. Как это сделать?

РЕШЕНИЕ

Задача, очевидно, сводится к тому, чтобы вписать в круг прямоугольник с наибольшей площадью. Хотя после всего сказанного читатель уже подготовлен к мысли, что таким прямоугольником будет квадрат, все же интересно строго доказать это положение. Обозначим одну сторону искомого прямоугольника (рис. 180) через x; тогда другая выразится через $\sqrt{4R^2 - x^2}$, где R — радиус кругового сечения бревна. Площадь прямоугольника

$$S = x\sqrt{4R^2 - x^2},$$

откуда

$$S^2 = x^2(4R^2 - x^2).$$

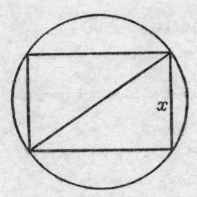

Рис. 180. К задаче о самом тяжелом брусе.

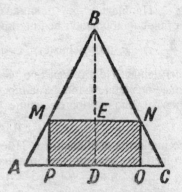

Рис. 181. В треугольник вписать прямоугольник наибольшей площади.

Так как сумма множителей x^2 и $4R^2 - x^2$ есть величина постоянная ($x^2 + 4R^2 - x^2 = 4R^2$), то произведение их S^2 будет наибольшим при $x^2 = 4R^2 - x^2$, т. е. при $x = R\sqrt{2}$. Тогда же достигнет наибольшей величины и S, т. е. площадь искомого прямоугольника.

Итак, одна сторона прямоугольника с наибольшей площадью равна $R\sqrt{2}$, т. е. стороне вписанного квадрата. Брус имеет наибольший объем, если сечение его есть квадрат, вписанный в сечение цилиндрического бревна.

Из картонного треугольника

ЗАДАЧА

Имеется кусок картона треугольной формы. Нужно вырезать из него параллельно данному основанию и высоте прямоугольник наибольшей площади.

РЕШЕНИЕ

Пусть ABC есть данный треугольник (рис. 181), а $MNOP$ — тот прямоугольник, который должен остаться после обрезки. Из подобия треугольника ABC и NBM имеем:

$$\frac{BD}{BE} = \frac{AC}{NM},$$

откуда

$$NM = \frac{BE \cdot AC}{BD}.$$

Обозначив одну сторону NM искомого прямоугольника через y, ее расстояние BE от вершины треугольника через x, основание AC данного треугольника через a, а его высоту BD через h, переписываем полученное ранее выражение в таком виде:

$$y = \frac{ax}{h}.$$

Площадь S искомого прямоугольника $MNOP$ равна:

$$S = MN \cdot NO = MN \cdot (BD - BE) = (h - x)y = (h - x)\frac{ax}{h};$$

следовательно,

$$\frac{Sh}{a} = (h - x)x.$$

Площадь S будет наибольшей тогда же, когда и произведение $\frac{Sh}{a}$, а следовательно, тогда, когда достигнет наибольшей величины произведение множителей $(h-x)$ и x. Но сумма $h - x + x = h$ — величина постоянная. Значит, произведение их максимальное, когда
$$h - x = x,$$
откуда
$$x = \frac{h}{2}.$$

Рис. 182. Затруднение жестянника.

Мы узнали, что сторона NM искомого прямоугольника проходит через середину высоты треугольника и, следовательно, соединяет середины его сторон. Значит, эта сторона прямоугольника равна $\frac{a}{2}$, а другая — равна $\frac{h}{2}$.

Затруднение жестянщика

ЗАДАЧА

Жестяннику заказали изготовить из квадратного куска жести в 60 *см* ширины коробку без крышки с квадратным дном и поставили условием, чтобы коробка имела наибольшую вместимость. Жестянщик долго примерял, какой ширины должно для этого отогнуть края, но не мог прийти к определенному решению (рис. 182). Не удастся ли читателю выручить его из затруднения?

РЕШЕНИЕ

Пусть ширина отгибаемых полос x (рис. 183). Тогда ширина квадратного дна коробки будет равна $60 - 2x$; объем же v коробки выразится произведением

$$v = (60 - 2x)(60 - 2x)x.$$

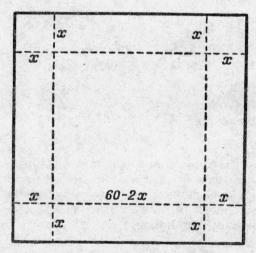

Рис. 183. Решение задачи жестянщика.

При каком x это произведение имеет наибольшее значение? Если бы сумма трех множителей была постоянна, произведение было бы наибольшим в случае их равенства. Но здесь сумма множителей

$$60 - 2x + 60 - 2x + x = 120 - 3x$$

не есть постоянная величина, так как изменяется с изменением x. Однако нетрудно добиться того, чтобы сумма трех множителей была постоянной: для этого достаточно лишь умножить обе части равенства на 4. Получим:

$$4v = (60 - 2x)(60 - 2x) 4x.$$

Сумма этих множителей равна

$$60 - 2x + 60 - 2x + 4x = 120,$$

величине постоянной. Значит, произведение этих множителей достигает наибольшей величины при их равенстве, т. е. когда

$$60 - 2x = 4x,$$

откуда

$$x = 10.$$

Тогда же $4v$, а с ними и v достигнут своего максимума.

Итак, коробка получится наибольшего объема, если у жестяного листа отогнуть 10 *см*. Этот наибольший объем равен $40 \times 40 \times 10 = 16000$ *куб. см*. Отогнув на сантиметр меньше или больше, мы в обоих случаях уменьшим объем коробки. Действительно,

$$9 \times 42 \times 42 = 15900 \text{ куб. см,}$$
$$11 \times 38 \times 38 = 15900 \text{ куб. см,}$$

в том и другом случаях меньше 16000 *куб. см*.[1]

Затруднение токаря

ЗАДАЧА

Токарю дан конус и поручено выточить из него цилиндр так, чтобы сточено было возможно меньше материала (рис. 184). Токарь стал размышлять о форме искомого цилиндра: сделать ли его высоким, хотя и узким (рис. 185, слева), или, наоборот, широким, зато низким (рис. 185, справа). Он долго не

---

[1] Решая задачу в общем виде, найдем, что при ширине a квадратного листа нужно для получения коробки наибольшего объема отогнуть полоски шириною $x = \frac{1}{6}a$, потому что произведение $(a - 2x)(a - 2x) x$, или $(a - 2x)(a - 2x) 4x$ — наибольшее при $a - 2x = 4x$.

мог решить, при какой форме цилиндр получится наибольшего объема, т. е. будет сточено меньше материала. Как он должен поступить?

Рис. 184. Затруднение токаря.

РЕШЕНИЕ

Задача требует внимательного геометрического рассмотрения. Пусть *ABC* (рис. 186) — сечение конуса, *BD* — его высота, которую обозначим через h; радиус основания $AD = DC$ обозначим через *R*. Цилиндр, который можно из конуса выточить, имеет сечение *MNOP*. Найдем, на каком расстоянии $BE = x$ от вершины *B* должно находиться верхнее основание цилиндра, чтобы объем его был наибольший.

Радиус *r* основания цилиндра (*PD* или *ME*) легко найти из пропорции

$$\frac{ME}{AD} = \frac{BE}{BD}, \quad \text{т. е.} \quad \frac{r}{R} = \frac{x}{h},$$

откуда

$$r = \frac{Rx}{h}.$$

Высота ED цилиндра равна $h - x$. Следовательно, объем его

$$v = \pi \left(\frac{Rx}{h}\right)^2 (h-x) = \pi \frac{R^2 x^2}{h^2}(h-x),$$

откуда

$$\frac{vh^2}{\pi R^2} = x^2(h-x).$$

Рис. 185. Из конуса можно выточить цилиндр высокий, но узкий или широкий, но низкий. В каком случае будет сточено меньше материала?

Рис. 186. Осевое сечение конуса и цилиндра.

В выражении $\frac{vh^2}{\pi R^2}$ величины h, π и R — постоянные и только v — переменная. Мы желаем разыскать такое x, при котором v делается наибольшим. Но, очевидно, v станет наибольшим одновременно с $\frac{vh^2}{\pi R^2}$, т. е. с $x^2(h-x)$. Когда же это последнее выражение становится наибольшим? Мы имеем здесь три переменных множителя x, x и $(h-x)$. Если бы их сумма была постоянной, произведение было бы наибольшим тогда, когда множители были бы равны. Этого постоянства суммы легко добиться, если обе части последнего равенства умножить на 2. Тогда получим:

$$\frac{2vh^2}{\pi R^2} = x^2(2h - 2x).$$

Теперь три множителя правой части имеют постоянную сумму

$$x + x + 2h - 2x = 2h.$$

Следовательно, произведение их будет наибольшим, когда все множители равны, т. е.

$$x = 2h - 2x \text{ и } x = \frac{2h}{3}.$$

Тогда же станет наибольшим и выражение $\frac{2vh^2}{\pi R^2}$, а с ним вместе и объем v цилиндра.

Теперь мы знаем, как должен быть выточен искомый цилиндр: его верхнее основание должно отстоять от вершины на $^2/_3$ его высоты.

Как удлинить доску?

При изготовлении той или иной вещи в мастерской или у себя дома бывает иной раз так, что размеры имеющегося под руками материала не те, какие нужны.

Тогда следует попытаться изменить размеры материала соответственной обработкой его, и можно многого добиться при помощи геометрической и конструкторской смекалки и расчета.

Представьте себе такой случай: вам для изготовления книжной полки нужна доска строго определенных размеров, а именно, 1 *м* длины и 20 *см* ширины, а у вас есть доска менее длинная, но более широкая, например, 75 *см* длины и 30 *см* ширины (рис. 187 слева).

Как поступить?

Можно, конечно, отпилить вдоль доски полоску шириной в 10 *см* (пунктир), распилить ее на три равных кусочка длиной по 25 *см* каждый и двумя из них наставить доску (рис. 187, внизу).

Такое решение задачи было бы неэкономным по числу операций (три отпиливания и три склеивания) и не удовлетворяющим требованиям прочности (прочность была бы пониженной в том месте, где планки приклеены к доске).

ЗАДАЧА

Придумайте способ удлинить данную доску посредством трех отпиливаний и только одного склеивания.

Рис. 187. Как удлинить доску посредством трех отпиливаний и одного склеивания?

РЕШЕНИЕ

Надо (рис. 188) распилить доску $ABCD$ по диагонали AC и сдвинуть одну половину (например, $\triangle ABC$) вдоль диагонали параллельно самой себе на величину C_1E, равную недостающей длине, т. е. на 25 *см*; общая длина двух половинок станет равной 1 *м*. Теперь эти половинки надо склеить по линии AC_1 и излишки (заштрихованные треугольники) отпилить. Получится доска требуемых размеров.

Действительно, из подобия треугольников ADC и C_1EC имеем:
$$AD : DC = C_1E : EC$$
откуда
$$EC = \frac{DC}{AD} \cdot C_1E, \text{ или}$$
$$EC = \frac{30}{75} \cdot 25 = 10 \text{ см};$$
$$DE = DC - EC =$$
$$= 30 \text{ см} - 10 \text{ см} = 20 \text{ см}.$$

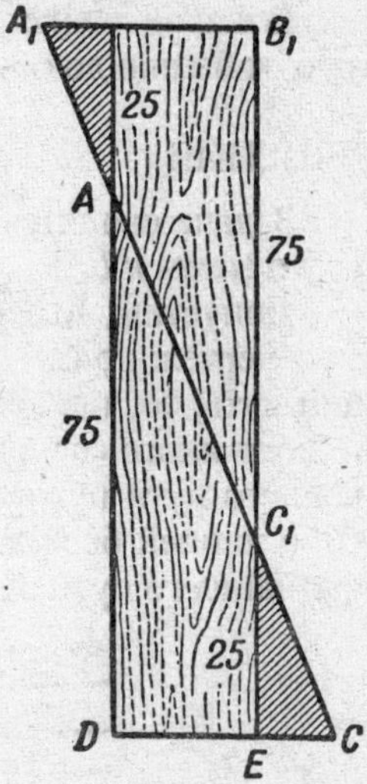

Кратчайший путь

В заключение рассмотрим задачу на «максимум и минимум», разрешаемую крайне простым геометрическим построением.

Рис. 188. Решение задачи об удлинении доски.

ЗАДАЧА

У берега реки надо построить водонапорную башню, из которой вода доставлялась бы по трубам в селения A и B (рис. 189).

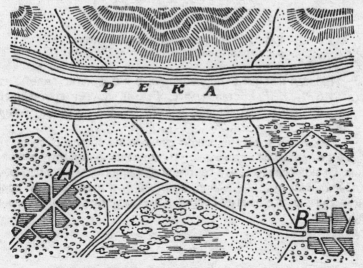

Рис. 189. К задаче о водонапорной башне.

В какой точке нужно ее соорудить, чтобы общая длина труб от башни до обоих селений была наименьшей?

РЕШЕНИЕ

Задача сводится к отысканию кратчайшего пути от A к берегу и затем к B.

Допустим, что искомый путь есть ACB (рис. 190). Перегнем чертеж по CN. Получим точку B'. Если ACB есть кратчайший путь, то, так как $CB' = CB$, путь ACB' должен быть короче всякого иного (например, ADB'). Значит, для нахождения кратчайшего пути нужно найти лишь точку C пересечения прямой AB' с линией берега. Тогда, соединив C и B, найдем обе части кратчайшего пути от A до B.

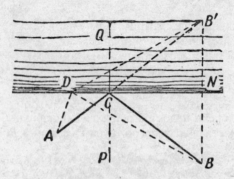

Рис. 190. Геометрическое решение задачи о выборе кратчайшего пути.

Проведя в точке C перпендикуляр к CN, легко видеть, что углы ACP и BCP, составляемые обеими частями кратчайшего пути с этим перпендикуляром, равны между собою ($\angle ACP = \angle B'CQ = \angle BCP$).

Таков, как известно, закон следования светового луча, когда он отражается от зеркала: угол падения равен углу отражения. Отсюда следует, что световой луч при отражении избирает *кратчайший* путь, — вывод, который был известен еще древнему физику и геометру Герону Александрийскому две тысячи лет назад.

СОДЕРЖАНИЕ

ЗАНИМАТЕЛЬНАЯ АЛГЕБРА

Из предисловия автора к третьему изданию 6
Глава первая. Пятое математическое действие . . . 7
    Пятое действие 7
    Астрономические числа 8
    Сколько весит весь воздух? 9
    Горение без пламени и жара 10
    Разнообразие погоды 11
    Замо́к с секретом 12
    Суеверный велосипедист 13
    Итоги повторного удвоения 14
    В миллионы раз быстрее 15
    10000 действий в секунду 19
    Число возможных шахматных партий 21
    Секрет шахматного автомата 22
    Тремя двойками 25
    Тремя тройками 26
    Тремя четверками 26
    Тремя одинаковыми цифрами 26
    Четырьмя единицами 27
    Четырьмя двойками 28
Глава вторая. Язык алгебры 30
    Искусство составлять уравнения 30
    Жизнь Диофанта 31
    Лошадь и мул 32
    Четверо братьев 33
    Птицы у реки 34
    Прогулка 35
    Артель косцов 36
    Коровы на лугу 40
    Задача Ньютона 42
    Перестановка часовых стрелок 44
    Совпадение часовых стрелок 46
    Искусство отгадывать числа 47
    Мнимая нелепость 50
    Уравнение думает за нас 51
    Курьезы и неожиданности 51
    В парикмахерской 54
    Трамвай и пешеход 54
    Пароход и плоты 56
    Две жестянки кофе 57
    Вечеринка 58
    Морская разведка 59

На велодроме 60
Состязание мотоциклов 61
Средняя скорость езды 63
Быстродействующие вычислительные машины . . . 64
Глава третья. В помощь арифметике 74
Мгновенное умножение 74
Цифры 1, 5 и 6 76
Числа 25 и 76 77
Бесконечные «числа» 77
Доплата 80
Делимость на 11 81
Номер автомашины 83
Делимость на 19 84
Теорема Софии Жермен 85
Составные числа 86
Число простых чисел 87
Наибольшее известное простое число 88
Ответственный расчет 88
Когда без алгебры проще 92
Глава четвертая. Диофантовы уравнения 93
Покупка свитера 93
Ревизия магазина 97
Покупка почтовых марок 99
Покупка фруктов 100
Отгадать день рождения 102
Продажа кур 104
Два числа и четыре действия 106
Какой прямоугольник? 107
Два двузначных числа 108
Пифагоровы числа 109
Неопределенное уравнение третьей степени . . . 112
Сто тысяч за доказательство теоремы 115
Глава пятая. Шестое математическое действие . . 118
Шестое действие 118
Что больше? 119
Решить одним взглядом 121
Алгебраические комедии 121
Глава шестая. Уравнения второй степени 125
Рукопожатия 125
Пчелиный рой 126
Стая обезьян 127
Предусмотрительность уравнений 128
Задача Эйлера 129
Громкоговорители 130
Алгебра лунного перелета 132
«Трудная задача» 136
Какие числа? 137
Глава седьмая. Наибольшие и наименьшие значения . 138
Два поезда 138

- Где устроить полустанок? 140
- Как провести шоссе? 142
- Когда произведение наибольшее? 144
- Когда сумма наименьшая? 147
- Брус наибольшего объема 148
- Два земельных участка 148
- Бумажный змей 149
- Постройка дома 150
- Дачный участок 152
- Желоб наибольшего сечения 153
- Воронка наибольшей вместимости. 155
- Самое яркое освещение 157

Глава восьмая. Прогрессии 159
- Древнейшая прогрессия 159
- Алгебра на клетчатой бумаге 160
- Поливка огорода 161
- Кормление кур 163
- Бригада землекопов 164
- Яблоки 165
- Покупка лошади 166
- Вознаграждение воина 167

Глава девятия. Седьмое математическое действие. . 169
- Седьмое действие 169
- Соперники логарифмов 170
- Эволюция логарифмических таблиц 171
- Логарифмические диковинки 172
- Логарифмы на эстраде 173
- Логарифмы на животноводческой ферме . . . 175
- Логарифмы в музыке 176
- Звезды, шум и логарифмы 178
- Логарифмы в электроосвещении 180
- Завещания на сотни лет 181
- Непрерывный рост капитала 183
- Число „e" 184
- Логарифмическая комедия 186
- Любое число — тремя двойками 187

ЗАНИМАТЕЛЬНАЯ ГЕОМЕТРИЯ

Часть первая. Геометрия на вольном воздухе

Глава первая. Геометрия в лесу 191
- По длине тени 191
- Еще два способа 196
- По способу Жюля Верна 198
- Как поступил сержант 200
- При помощи записной книжки 201

Не приближаясь к дереву	202
Высотомер лесоводов	203
При помощи зеркала	206
Две сосны	208
Форма древесного ствола	208
Универсальная формула	210
Объем и вес дерева на корню	212
Геометрия листьев	216
Шестиногие богатыри	218
Глава вторая. Геометрия у реки	**221**
Измерить ширину реки	221
При помощи козырька	226
Длина острова	228
Пешеход на другом берегу	229
Простейшие дальномеры	231
Энергия реки	234
Скорость течения	235
Сколько воды протекает в реке	237
Водяное колесо	241
Радужная пленка	242
Круги на воде	243
Фантастическая шрапнель	245
Килевая волна	246
Скорость пушечных снарядов	248
Глубина пруда	250
Звездное небо в реке	251
Путь через реку	253
Построить два моста	254
Глава третья. Геометрия в открытом поле	**256**
Видимые размеры Луны	256
Угол зрения	258
Тарелка и Луна	260
Луна и медные монеты	260
Сенсационные фотографии	261
Живой угломер	265
Посох Якова	267
Грабельный угломер	269
Угол артиллериста	270
Острота вашего зрения	273
Предельная минута	274
Луна и звезды у горизонта	276
Какой длины тень Луны и тень стратостата	279
Высоко ли облако над землей?	280
Высота башни по фотоснимку	285
Для самостоятельных упражнений	286

Глава четвертая. Геометрия в дороге 288
   Искусство мерить шагами 288
   Глазомер 289
   Уклоны 292
   Кучи щебня 294
   «Гордый холм» 296
   У дорожного закругления 298
   Радиус закругления 299
   Дно океана 301
   Существуют ли водяные горы? 303

Глава пятая. Походная тригонометрия без формул и таблиц 305
   Вычисление синуса 305
   Извлечение квадратного корня 309
   Найти угол по синусу 310
   Высота Солнца 311
   Расстояние до острова 312
   Ширина озера 313
   Треугольный участок 315
   Определение величины данного угла без всяких измерений 316

Глава шестая. Где небо с землей сходятся . . . 319
   Горизонт 319
   Корабль на горизонте 321
   Дальность горизонта 322
   Башня Гоголя 327
   Холм Пушкина 328
   Где рельсы сходятся 328
   Задачи о маяке 329
   Молния 330
   Парусник 331
   Горизонт на Луне 332
   В лунном кратере 332
   На Юпитере 333
   Для самостоятельных упражнений 333

Глава седьмая. Геометрия Робинзонов (несколько страниц из Жюля Верна) 334
   Геометрия звездного неба 334
   Широта «Таинственного острова» 337
   Определение географической долготы . . . 339

Часть вторая. Между делом и шуткой в геометрии

Глава восьмая. Геометрия впотьмах 341
   На дне трюма 341
   Измерение бочки 342

    Мерная линейка 343
    Что и требовалось выполнить 344
    Поверка расчета 346
    Ночное странствование Марка Твена 349
    Загадочное кружение 351
    Измерение голыми руками 359
    Прямой угол в темноте 361

Глава девятая. Старое и новое о круге 363
    Практическая геометрия египтян и римлян . . . 363
    «Это я знаю и помню прекрасно» 364
    Ошибка Джека Лондона 368
    Бросание иглы 368
    Выпрямление окружности 371
    Квадратура круга 372
    Треугольник Бинга 376
    Голова или ноги 377
    Проволока вдоль экватора 378
    Факты и расчеты 378
    Девочка на канате 382
    Путь через полюс 385
    Длина приводного ремня 390
    Задача о догадливой вороне 393

**Глава десятая. Геометрия без измерений и
без вычислений** 395
    Построение без циркуля 395
    Центр тяжести пластинки 396
    Задача Наполеона 397
    Простейший трисектор 399
    Часы-трисектор 400
    Деление окружности 401
    Направление удара (задача о биллиардном шаре) . . 404
    «Умный шарик» 406
    Одним росчерком 411
    Семь мостов Калининграда 415
    Геометрическая шутка 416
    Проверка формы 417
    Игра 417

Глава одиннадцатая. Большое и малое в геометрии . 420
    27 000 000 000 000 000 000 в наперстке 420
    Объем и давление 422
    Тоньше паутины, но крепче стали 424
    Две банки 427
    Исполинская папироса 427
    Яйцо страуса 428
    Яйцо эпиорниса 429

Яйца русских птиц 429
Определить вес скорлупы, не разбивая яйца . . . 431
Размеры наших монет 431
Монета в миллион рублей 432
Наглядные изображения 433
Наш нормальный вес 435
Великаны и карлики 436
Геометрия Гулливера 437
Почему пыль и облака плавают в воздухе? . . . 440
Глава двенадцатая. Геометрическая экономия . . 443
Как Пахом покупал землю (задача Льва Толстого) . . 443
Трапеция или прямоугольник? 447
Замечательное свойство квадрата 448
Участки другой формы 450
Фигуры с наибольшею площадью 451
Гвозди 454
Тело наибольшего объема 455
Произведение равных множителей 455
Треугольник с наибольшею площадью 457
Самый тяжелый брус 458
Из картонного треугольника 459
Затруднение жестяника 461
Затруднение токаря 462
Как удлинить доску? 465
Кратчайший путь 467

Научно-популярное издание

Перельман Яков Исидорович
ЗАНИМАТЕЛЬНАЯ АЛГЕБРА
ЗАНИМАТЕЛЬНАЯ ГЕОМЕТРИЯ

Корректор *И.Б. Колбягин*
Компьютерная верстка *О.Э. Колесникова*
Компьютерный дизайн обложки *М.А. Соколова*

Подписано в печать 20.10.99. Формат $84 \times 108^1/_{32}$.
Усл. печ. л. 25,20. Тираж 10 000 экз. Заказ № 3915.

Налоговая льгота — общероссийский классификатор
продукции ОК-00-93, том 2; 953000 — книги, брошюры

Гигиенический сертификат
№ 77.ЦС.01.952.П.01659.Т.98. от 01.09.98 г.

ООО «Фирма «Издательство АСТ»
ЛР № 066236 от 22.12.98
366720, РФ, РИ, Назрань, ул. Московская, 13 а.
Наши электронные адреса: www.ast.ru
E-mail: astpub@aha.ru

Отпечатано с готовых диапозитивов
на Книжной фабрике № 1 Госкомпечати России
144003, г. Электросталь Московской обл., ул. Тевосяна, 25.

ЛУЧШИЕ КНИГИ
ДЛЯ ВСЕХ И ДЛЯ КАЖДОГО

- **Любителям крутого детектива** — романы Фридриха Незнанского, Эдуарда Тополя, Владимира Шитова, Виктора Пронина, суперсериалы Андрея Воронина "Комбат", "Слепой", "Му-му", "Атаман", а также классики детективного жанра – А.Кристи и Дж.Х.Чейз.

- **Сенсационные документально-художественные произведения** Виктора Суворова; приоткрывающие завесу тайн кремлевских обитателей книги Валентины Красковой и Ларисы Васильевой, а также уникальная серия "Всемирная история в лицах".

- **Для увлекающихся таинственным и необъяснимым** – серии "Линия судьбы", "Уроки колдовства", "Энциклопедия загадочного и неведомого", "Энциклопедия тайн и сенсаций", "Великие пророки", "Необъяснимые явления".

- **Поклонникам любовного романа** — произведения "королей" жанра: Дж.Макнот, Д.Линдсей, Б.Смолл, Дж.Коллинз, С.Браун, Б.Картленд, Дж.Остен, сестер Бронте, Д.Стил - в сериях "Шарм", "Очарование", "Страсть", "Интрига", "Обольщение", "Рандеву".

- **Полные собрания бестселлеров** Стивена Кинга и Сидни Шелдона.

- **Почитателям фантастики** — циклы романов Р.Асприна, Р.Джордана, А.Сапковского, Т.Гудкайнда, Г.Кука, К.Сташефа, а также самое полное собрание произведений братьев Стругацких.

- **Любителям приключенческого жанра** — "Новая библиотека приключений и фантастики", где читатель встретится с героями произведений А.К.Дойла, А.Дюма, Г.Манна, Г.Сенкевича, Р.Желязны и Р.Шекли.

- **Популярнейшие многотомные детские энциклопедии:** "Всё обо всем", "Я познаю мир", "Всё обо всех".

- **Уникальные издания** "Современная энциклопедия для девочек", "Современная энциклопедия для мальчиков".

- **Лучшие серии для самых маленьких** – "Моя первая библиотека", "Русские народные сказки", "Фигурные книжки-игрушки", а также незаменимые "Азбука" и "Букварь".

- **Замечательные книги известных детских авторов:** Э.Успенского, А.Волкова, Н.Носова, Л.Толстого, С.Маршака, К.Чуковского, А.Барто, А.Линдгрен.

- **Школьникам и студентам** – книги и серии "Справочник школьника", "Школа классики", "Справочник абитуриента", "333 лучших школьных сочинений", "Все произведения школьной программы в кратком изложении".

- **Богатый выбор учебников, словарей, справочников по решению задач, пособий для подготовки к экзаменам. А также разнообразная энциклопедическая и прикладная литература на любой вкус.**

Все эти и многие другие издания вы можете приобрести по почте, заказав

БЕСПЛАТНЫЙ КАТАЛОГ

По адресу: 107140, Москва, а/я 140. "Книги по почте".

Москвичей и гостей столицы приглашаем посетить московские фирменные магазины издательской группы "АСТ" по адресам:

Каретный ряд, д.5/10. Тел.: 299-6584, 209-6601.　　Арбат, д.12. Тел. 291-6101.
Звездный бульвар, д.21. Тел. 232-1905.　　Татарская, д.14. Тел. 959-2095.
Б.Факельный пер., д.3. Тел. 911-2107.　　Луганская, д.7 Тел. 322-2822
2-я Владимирская, д.52. Тел. 306-1898.

ИЗДАТЕЛЬСКАЯ ГРУППА «АСТ»

ПРЕДЛАГАЕТ
КНИГИ ДЛЯ ШКОЛЬНИКОВ

В.В. Волина

«Веселая математика»

Эта уникальная книга превращает сухую науку в живую увлекательную игру, где есть все, что любят дети: кроссворды и лабиринты, загадки и путаницы, выдумки и магические квадраты. Книга пробуждает интерес к предмету, развивает математическое мышление, логику, память.

"Веселая математика", созданная талантливым педагогом-экспериментатором В. Волиной и проверенная на практике ее многочисленными последователями, станет прекрасным пособием для учителей начальных школ, воспитателей детских садов и конечно же родителей.

С. Лойд

«Самые знаменитые головоломки мира»

Предлагаемый вашему вниманию сборник математических задач и увлекательных головоломок, принадлежащих перу одного из знаменитых классиков этого жанра Сэма Лойда, получил широкую известность во всем мире и выдержал множество переизданий. Оригинальные и подчас весьма неожиданные головоломки облечены в форму занимательных историй, они различаются по степени сложности, от задач-шуток до парадоксальных вопросов, и требуют от читателя большой изобретательности и находчивости. Книга поможет развить воображение, логическое мышление и наблюдательность игрока (ведь занимательная математика представляет собой одну из форм интеллектуальной игры), она несомненно доставит вам немало приятных минут.

ИЗДАТЕЛЬСКАЯ ГРУППА «АСТ»

**ПРЕДЛАГАЕТ
УЧЕБНОЕ ПОСОБИЕ ПО ФИЗИКЕ**

Я.И. Перельман

«Занимательная физика»

Это одно из лучших классических пособий по физике, выдержавшее более шестнадцати переизданий. Книга призвана оживить и расширить знания, полученные ребенком в школе, научить его творчески мыслить, приобщить к научному познанию окружающего мира. Хитрые головоломки, замысловатые вопросы, забавные задачи, парадоксы, отрывки из известных приключенческих романов, раскрывающие физическую природу различных явлений, заинтересуют даже самого непоседливого ребенка. Книга поможет ему понять и полюбить физику, добиться успеха в изучении этого предмета.

ГОТОВИТСЯ К ИЗДАНИЮ

Я.И. Перельман

«Занимательная механика. Знаете ли Вы физику?»

Предлагаем вашему вниманию уникальное пособие по физике и механике. Цель этой книги: развить интеллект ребенка, восстановить в его памяти пройденный материал и максимально дополнить школьную программу, привить ему интерес к самостоятельным занятиям, благодаря которым любознательный читатель приобретет недостающие знания.

Занимательные сопоставления, примеры применения основных законов механики в технике, спорте и даже в цирковых трюках, а также увлекательные физические викторины без сомнения вызовут интерес у юного читателя.

В работе над книгой автором был использован оригинальный материал, не вошедший в предыдущие издания.

ИЗДАТЕЛЬСКАЯ ГРУППА «АСТ»

*ПРЕДЛАГАЕТ
УНИКАЛЬНОЕ СПРАВОЧНОЕ ИЗДАНИЕ
ПО ЛИТЕРАТУРЕ*

«ЭНЦИКЛОПЕДИЯ ЛИТЕРАТУРНЫХ ГЕРОЕВ»
в 9 томах

Такого издания еще не было! Оно с полным правом могло бы называться «Кто есть кто в мире литературной классики». На его страницах перед вами оживут герои самых знаменитых книг, созданных писателями разных стран и народов с античных времен до наших дней: Анна Каренина и Дон Жуан, Гамлет и Татьяна Ларина, Консуэло и Одиссей, и даже Добрыня Никитич. Именные и предметные указатели томов помогут легко отыскать основные сведения об авторе и его творчестве, статьи об основных литературных персонажах.

«Энциклопедия литературных героев» сделает вас подлинным эрудитом и, несомненно, станет вашим настольным изданием.

*Русский фольклор
и древнерусская литература*

*Русская литература
XVII – первой половины XIX века*

*Русская литература
второй половины XIX века*

Русская литература XX века

*Зарубежная литература.
Античность. Средние века*

в 2 книгах

*Зарубежная литература. Возрождение.
Барокко. Классицизм*

Зарубежная литература XVIII – XIX веков

Зарубежная литература XX века